Geschichte

der

Bergbau- und Hüttentechnik.

Von

Dr.-Ing. Fr. Freise.

Erster Band: **Das Altertum.**

Mit 87 Textfiguren.

Berlin.
Verlag von Julius Springer.
1908.

ISBN-13: 978-3-642-89697-2 e-ISBN-13: 978-3-642-91554-3
DOI: 10.1007/978-3-642-91554-3

Altenburg
Piererſche Hofbuchdruckerei
Stephan Geibel & Co.

Vorwort.

Mit dem auf den folgenden Blättern begonnenen Werke, welches die technische Entwicklung des Bergbaus und des Hüttenwesens zu schildern bestimmt ist, beabsichtigt der Verfasser weniger, eine bei dem heute wieder sehr regen Interesse an geschichtlichen Forschungen im Gebiete der Technik vielleicht »fühlbar gewordene Lücke« zu füllen, als vielmehr, soweit dies überhaupt ein einzelner vermag, die bisher noch wie ein Haufwerk zusammenhangloser Steine verstreuten, oft in der Hand zerbröckelnden Tatsachen durch ein geistiges Band in gegenseitigen Konnex zu bringen.

Wie Altertums- und Völkerkunde unentbehrliche Hilfswissenschaften der Weltgeschichte geworden sind, so muß sich auch die Geschichte der Bergbaukunst zur Betriebsgeschichte von Gruben und Bergbaurevieren verhalten, und erst dann wird sich diese zu ihrem letzten und höchsten Zwecke, zur Beurteilung verlassener Grubenfelder und zur Wiederaufnahme alten Bergbaus die Hand zu bieten, entwickelt haben, wenn ihr die Geschichte der Bergbaukunst zur Seite steht. Denn erst dann vermag man aus den alten Gruben und deren Resten die schärfsten Schlüsse zu ziehen, und nur nach genauer Kenntnis des Werdeganges unserer heutigen Technik können sich verlassene Gruben als chancenreich empfehlen, selbst solche, über die jede historische Überlieferung schweigt.

Im günstigsten Falle verhält sich zur Betriebsgeschichte des Bergbaus seine Kunstgeschichte wie das lebendig sprudelnde gesprochene Wort zum toten Buchstaben schriftlicher Darstellung, und auch dies nur, wenn beide Zweige der Überlieferung in gleichem Grade der Vollständigkeit vorliegen. Wie oft ist aber nicht die Betriebsgeschichte sagenhaft, nur verschwommen umrissen, unvollständig und mehr oder weniger unzuverlässig!

Die archäologischen Forschungen sind im Gegensatze hierzu weit wertvoller, weil sie als Grundlage sichtbare Gegenstände betrachten, eine Fülle von ungehemmten Äußerungen pulsierenden Lebens, die nicht durch den Lauf der Zeiten in ihrer Beweissicherheit gemindert wird. So vermag die Bergbauarchäologie im einzelnen praktischen Falle vollwertigen Ersatz für den Mangel an Geschichte zu leisten, nicht aber kann für den Mangel an archäologischem Material Ersatz in historischen Nachrichten gesucht werden.

Stoff zu bergbauarchäologischen Arbeiten liegt in alten Bauen, Halden und Pingen in allen Teilen der Welt vor, möchte er nur etwas weniger verkannt und um so öfter dem Schicksale des Vergessenwerdens durch systematische Durchforschung entrissen werden!

Den Stoff des Themas beabsichtigt Verfasser in zwei Teilen vor zulegen, von denen der erste die Technik des Berg- und Hüttenwesens im Altertum umfaßt, während der zweite Teil die spätere Zeit bis etwa um 1770, zum anbrechenden Zeitalter der Dampfmaschine, behandeln soll. Von einer Bearbeitung der späteren Zeit, bis etwa zum Ende des XIX. Jahrhunderts, wurde nicht so sehr wegen der großen Stoffülle, sondern aus dem Grunde abgesehen, weil der moderne großartige technische Aufschwung, auf manchen Gebieten noch nicht abgeschlossen, eine historische Würdigung kaum zuläßt, andererseits aber auch in den Spezialwerken der Berg- und Hüttentechnik seine Behandlung gefunden hat.

Innerhalb eines jeden Teiles soll eine Scheidung nach den Disziplinen: Bergbautechnik, Aufbereitungswesen, Hüttentechnik, Platz greifen.

Darnach aber mag das Werk für sich selber Zeugnis ablegen; mit diesem Wunsche übergibt es der Verfasser der Öffentlichkeit, indessen nicht ohne den Förderern desselben den schuldigen Dank auszusprechen.

Neben meinem verehrten Lehrer, Geh. Bergrat Prof. Lengemann-Aachen, und meinem väterlichen Freunde Dr. A. Gurlt-Bonn, denen ich vielseitige Anregung verdanke, welch beide aber leider bereits für die Wissenschaft zu früh ihre letzte Schicht verfuhren, gedenke ich hier der Herren Prof. Hoppe-Clausthal, Prof. Treptow-Freiberg, Dr. L. Beck-Biebrich und nicht am letzten des Hüters der literarischen Schätze der Kgl. techn. Hochschule zu Aachen, des Kgl. Bibliothekars H. Peppermüller, deren stets bereite Hilfe meiner Arbeit eine Ursache wesentlicher Vervollständigung geworden ist.

Ihnen allen ein dankbares Glückauf!

Frankfurt a. M., Oktober 1907.

Der Verfasser.

Inhaltsverzeichnis.

Die Bergbautechnik im Altertum.

Einleitung.

Ursprung und Verbreitung des Bergbaus.

Der antike Bergwerksbetrieb kannte eigentlich nur sieben Metalle, deren Erze bergmännisch bearbeitet wurden; von diesen ist das Gold, weil es zu den wenigen Metallen gehört, die in der Natur bei außerordentlicher Verbreitung größtenteils gediegen vorkommen, und weil es in diesem Zustande außerordentlich geeignet ist, schon durch seine äußere Erscheinung die Aufmerksamkeit des Menschen auf sich zu lenken, dazu aus dem Sande vieler Flüsse und Seifengebirge unschwer gewonnen werden kann, jedenfalls das erste gewesen, welches den Menschen zur Bergarbeit anlockte. Diese sich rein aus der Art des Vorkommens ergebende Wahrscheinlichkeit wird durch die Geschichte genugsam bestätigt; von den ersten Anfängen menschlichen Geschehens bis hinauf zu dem aus phantastisch ausgeschmückten Überlieferungen mühsam herausgeschälten Körnchen Wahrheit ist das Gold mit dem Wandel des Menschen aufs innigste verknüpft. Das Ophir der Bibel, das Goldvließ der griechischen Mythologie, das Ameisen- und Greifengold der Inder und einäugigen Arimaspuer, alle diese in das Gewand der Sage gekleideten Überlieferungen bekunden nicht nur die überaus alte Kenntnis vom Golde, sondern werfen auch zum Teil ein recht klares Licht auf die Art seines Bekanntwerdens und seiner Gewinnung.

Wer zuerst den Spuren des gelben Metalles auf und in der Erde nachging, ist unbekannt, ob es die Turanier am Abhange des Altai, ob es die Arier Indiens oder die Negritier Afrikas waren, ist nicht zu unterscheiden; jedenfalls ist allenthalben zugestanden, daß das Gold das älteste aller Metalle war, und in diesem Sinne lassen auch die Archäologen das goldene Zeitalter Hesiods gelten.

Das Suchen nach Gold brachte die Menschen in neue Beziehungen zur Natur, zumal deshalb, weil das Gold in der Natur mit fast sämtlichen anderen Metallen vergesellschaftet vorkommt. Magneteisen und Zinnstein kommen mit den Goldflitterchen zusammen im Sande der Flüsse und Seifen vor; Kupfer, Silber und Blei vereinigen die Haupterze dieser Metalle, Kupferkies, Bleiglanz und deren Umwandlungsprodukte, mit dem Gold. Das Ausschmelzen dieses Metalles aus den Erzen oder dem Sande konnte darum leicht auch zur Kenntnis der anderen Metalle führen.

Bedeutend mehr Schwierigkeiten hat die Frage nach dem ältesten Nutzmetall geboten. Schon in sehr alter Zeit haben sowohl Kupfer als Bronze als auch Eisen Anwendung zu Waffen und Werkzeugen gefunden. Eine vielverbreitete Anschauung ist die von dem höheren Alter des Kupfers und der Bronze gegenüber dem Eisen, hervorgerufen einerseits durch die Ergebnisse der Ausgrabungen, dann aber auch durch die Ansichten und Mitteilungen der alten Poeten und Schriftsteller. Wenn man in den Altertumsfundstätten Kupfer und Bronze in zahllosen, Eisen indes in relativ wenigen Fällen fand, so ist der Grund nur darin zu suchen, daß das Eisen in feuchtem Erdreich sehr leicht total durch Rosten vernichtet wird, während Gegenstände aus Kupfer oder gar aus Bronze dem Untergang lange widerstehen.

Von den alten Autoren war es zuerst Hesiod, der der Lehre von der Aufeinanderfolge mehrerer Metalle Ausdruck gegeben hat. Er kennt seit Erschaffung der Welt fünf Ären, das goldene, das silberne, das eherne, das Zeitalter der Heroen und endlich das eiserne, in dem die Gegenwart lebt. Auch Lucretius vertritt diese Ansicht, die er mit den Worten vorlegt: „Sed prius aeris erat quam ferri cognitus usus“ (Cursus de rer. nat. V, 1286). Diese Reihenfolge der Metalle bezw. der Zeitalter findet sich indes auch bei Indern und Persern, sogar die alten Mexikaner nahmen vier ähnliche Weltperioden an; die Anschauungsweise erklärt sich einfach aus dem dem Menschen eigenen Bedürfnisse, die Vergangenheit als besser als die Gegenwart anzusehen, ist aber durchaus hypothetisch und durch sachliche, namentlich metallurgische Argumente zu widerlegen.

Die Bronze ist als Legierung von Kupfer und Zinn nur aus dem Zusammenschmelzen von metallischem Kupfer mit Zinn, nicht aber aus dem Einschmelzen von zufällig beide Metalle enthaltenden Erzen zu erzeugen. Die Bronzebereitung setzt demnach das Darstellen von Kupfer aus den Erzen voraus. Daß das Kupfer lange bekannt war, bevor die Bronze aufkam, steht außer Zweifel; die Frage würde also nunmehr die sein, ob das Kupfer älter sei als das Eisen.

Technische Gründe befürworten nicht ein höheres Alter des Kupfers. Zwar kommt es gediegen vor, äußerst selten indes in Massen, aus denen man das gewünschte Werkzeug ohne weiteres herstellen kann; ein solches Beispiel bietet nur das Kupfer vom Oberen See in Nordamerika, aus dessen großen Klumpen die Indianer der Umgegend durch einfaches Ausschmieden Werkzeuge schaffen konnten, ohne indes, wie es allen Anschein hat, mit dem Ausschmelzen des Metalls bekannt zu werden. Für die Metallerzeugung im Großen kommt aber nur das Ausschmelzen von Erzen in Betracht. Die Kupfererze sind aber weit seltener und schwieriger zu gewinnen als Eisenerze, wenn sie sich auch als Oxyde durch lebhafte blaue oder grüne oder metallglänzende Farben vor jenen auszeichnen. Die Sulfide des Kupfers können viel weniger in Betracht kommen, da sich ihrer Bearbeitung auf Metall bedeutend größere Schwierigkeiten entgegenstellen. Aus den Oxyden des Kupfers aber ist das Metall durch eine analoge Behandlung zu gewinnen, wie das Eisen aus seinen Oxyden, nämlich durch Reduktion mit Kohlenstoff (im Altertume Holzkohle); ein Hauptunterschied ist nur die wesentlich verschiedene Temperatur zum Ausschmelzen. Um Kupfer zu erhalten, muß man die Oxyde bis über den Schmelzpunkt des Metalles, d. h. bis über 1200°, erhitzen; Eisen erfolgt dagegen infolge des Weichwerdens vor dem Schmelzen bereits bei einer Temperatur von 650—700° als eine zwar nicht reine und geschmolzene, sondern als eine lose zusammenhängende, schwammige Masse, die sich durch wiederholtes Glühen und Ausschmieden von den Schlacken befreien und zu einem schmiedbaren Material verarbeiten läßt.

Bei den unvollkommenen Hilfsmitteln der antiken Metallurgie machte es aber einen gewaltigen Unterschied, ob die Metallerzeugung bei 700° oder bei 1200° auszuführen war. Deshalb dürfen wir wohl behaupten, daß technische Gründe nicht vorliegen, dem Kupfer ein höheres Alter als dem Eisen zuzuschreiben, daß vielmehr alles für die Priorität des Eisens spricht. Uns möge indes hier das geschichtliche Faktum genügen, daß Kupfer und Eisen den ältesten Kulturvölkern bei ihrem Eintritt in die Geschichte bereits bekannt waren.

Wer von den alten Kulturvölkern Eisen und Kupfer zuerst gegraben und verschmolzen habe, ist nicht zu sagen; Ägypten, Vorderindien, der malaiische Archipel und Hinterindien, das chinesische Reich und der turanische Norden Asiens stehen in dieser Frage als selbständige metallurgische Reiche nebeneinander. Von Vorderindien und Ägypten aus scheint sich die Kunst des Bergbaus auf diese Metalle und die Verarbeitung derselben auf die Semiten Asiens, von diesen auf den europäischen Kulturkreis übertragen zu haben.

Wie steht es dagegen um die Bronzefrage? Die Kenntnis der Bronze setzt die des Kupfers voraus; bei den Völkern, welche selbständig zur Erfindung der Bronze geführt wurden, muß daher der

Bronzezeit eine Kupferzeit vorausgegangen sein. Dies bestätigt sich auch bei allen metallurgisch originellen alten Kulturvölkern, z. B. Ägyptern, Indern, Chinesen. Anders verhält es sich indes bei jenen Völkern, denen die Metalle aus anderen Gegenden zugeführt werden.

Das Zinn ist ein relativ seltenes Metall; die für die antike Metallurgie wichtigen Fundstätten sind der Parapamisus, Hinterindien und der Archipel, ferner Spanien und Cornwall. Auf den Ursprungsort der Zinngewinnung führt uns der griechische Name des Metalls, Kassiteros. Er stammt aus Asien und zwar aus den semitischen Sprachen und ist von diesen in das Sanskrit als Kastira übergegangen. Arabisch und aramäisch heißt das Metall Kasdir; es scheint also, daß den Semiten das Zinn am ehesten bekannt geworden ist, wenn wir auch nicht nachweisen, sondern nur vermuten können, wo sie es gewonnen haben. Es scheint sehr möglich, daß es durch Landhandel aus dem Gebiete der Drangen am Parapamisus oder auch durch Küstenschiffahrt nach dem Persischen und Arabischen Meerbusen und von da nach dem Westen gekommen ist. Die Erfindung der Bronze scheint dagegen nicht aus Indien zu stammen; vielmehr ist anzunehmen, daß von den Semiten Westasiens, möglicherweise auch von der turanischen Urbevölkerung des unteren Euphratlandes zuerst Bronze dargestellt wurde. Ihre große Bedeutung für die Kultur, ihre allgemeine Anwendung und Verbreitung erhielt sie aber erst durch die Seefahrten der Phönizier.

Zugleich mit den Phöniziern erscheinen als seehandeltreibendes Volk des östlichen Mittelmeeres die Karer, bald als Bundesgenossen, bald als Gegner der Phönizier. Sie sind ein wahrscheinlich nicht indogermanisches Volk Kleinasiens, am südwestlichsten Teil der Taurushalbinsel wohnend, die mit ihren zahlreichen Buchten, Häfen und vorliegenden Inseln der Schiffahrt einen überaus günstigen Boden zur Entwicklung bot. Im Gedächtnisse der Griechen finden wir die Karer als Seeherrscher an der Küste Kleinasiens bis nach Lesbos hinauf, über den Archipel nach Hellas hinüber und im Bunde mit den Phöniziern selbst an der atlantischen Küste Lybiens. »Karische Mauern« werden außerhalb der »Säulen des Herkules« erwähnt.

Ungeklärt ist ihre ethnische Zugehörigkeit; Movers und Kiepert halten sie für Semiten, Kiepert gibt aber zu, daß die Eigennamen ihrer Sprache für ein nichtsemitisches Element das Wort reden, das etwa aus der Sprache der unterworfenen Leleger stammen kann. Von Herodot erfahren wir übrigens noch von einem zweiten vorkarischen Stamm, den Kauniern, von den Karern durch Sitte und Kultus, nicht aber durch die Sprache unterschieden.

Hommel zählt die Karer, Lydier, Lycier sowie die Ureinwohner

Griechenlands zu einer pelasgisch-alarodischen Sprachgruppe, die weder semitisch noch indogermanisch noch turanisch sein soll. Für die Stammesverwandtschaft mit den Lydiern sprechen die gemeinsamen Festfeiern der beiden Volksgenossenschaften. Ihre Kultur stand, wie die aller frühgeschichtlicher Völker Vorderasiens, unter dem Einflusse der Chaldäer und Assyrer, und ihr verdanken wir die ältesten Reste höherer Kultur auf griechischem Boden.

Diese Reste sind an zwei Punkten der Argolis in unvergleichlicher Fülle und Großartigkeit zutage getreten. Tiryns und Mykenä sind die Etappen des Vordringens asiatischer Kulturträger, an deren Burgen wir die als zyklopisch bezeichnete Bauart und die Dimensionen der Blöcke noch heute bewundern. Kanäle werden angelegt, Sümpfe ausgetrocknet, Seen in Kulturland umgewandelt, Tempel erbaut und fremde Götterdienste eingerichtet, die sich alle auf ägyptisch-phönizische Gottheiten beziehen. Von besonderer Bedeutung für uns ist Ptah-Hephaistos, der Schmiedegott, den die Hieroglyphen als ungeborenes, daher schwachfüßiges Kind darstellen (Hinweis auf den Bergbau als den in der Tiefe lebendigen Sprossen der Erde; auch auf seiner Wanderung zu den Griechen, Germanen und Slaven behielt er die schwachen Beine, auch Vulkan und Wieland - Welent — sind hinkende Gottheiten).

Gleich wichtig ist Hathor-Hekate-Isis, die Göttin der Unterwelt, und mit der Schwester Sate, der Oberraumgöttin, als Emanation der Urraumgottheit Pacht gedacht. Hathor ist Vorsteherin des Bergbaus und als solche schon von Chufu und seinen Vorgängern auf der Sinaihalbinsel dargestellt. Als Isis finden wir sie am Rhein und am nordischen Erzberge versinnbildlicht und in Inschriften dankend erwähnt.

Daß in der Tat ägyptisch-asiatische Auswanderer auf den metallreichen griechischen Inseln und auf dem Festlande der Balkanhalbinsel zuerst den Bergbau und die Metallbearbeitung betrieben, beweist die Nachricht, daß Daktylen und Telchinen zuerst auf Kreta und Rhodos Eisen schmiedeten; die Namen bedeuten nämlich nichts anderes als »Erzhauer« und »Eisenschmied«.

Das hohe Alter des Berg- und Hüttenbetriebes deutet aber die Sage an, daß die Stahlsichel des Kronos von den Daktylen und Telchinen verfertigt war.

Wie lebhaft sich der Hüttenbetrieb auf den Inseln des griechischen Meeres entfaltete, beweise aus der Fülle der Tatsachen nur die Benennung von Rhodos als Telchinis, von Lemnos als »Feueresse« (bei Anakreon).

Auf Andros lagern heute noch ca. 50 000 t 30—35 % haltender Eisenerze als Zeugen eines langen und intensiven Bergbaus.

Weitere Entdeckungs- und Kolonisationszüge asiatischer Siedler gingen nach Italien. Hier waren es zunächst die enormen Eisenerzvorräte Elbas, die zur Bearbeitung reizten und nach deren Erschöpfung die Lagerstätten des Festlandes in Angriff genommen wurden, bis hier Holzmangel die Industrie zum Erliegen brachte und zunächst die Etrusker nach Inbesitznahme der Poländer in die reichen norischen Eisenerzfelder einrückten.

Den Etruskern folgten die Invasionen der Gallier, dann die Römer und nach diesen die Germanen.

Daß die Hellenen die Erben technischer Fertigkeit älterer Bergleute waren, erhellt außer aus den Sagenzyklen, welche die Taten eines Herakles oder Kadmos zum Gegenstande haben, aus der Sprache der Bergbautechnik und aus den Mysterienkulten, die an den Namen der Kabiren anknüpfen.

Die Kabiren oder Patäken (Παταικοί) sind die Kinder Ptahs, des Erbauers der Welt, dessen Name, nicht ägyptisch, sondern phönizisch, von patakh = öffnen abgeleitet ist und den Gott bezeichnet, der den Schoß der Erde öffnet, also die Metallschätze darbietet. Die Sitze des Kabirenkults waren Berytus, Tripolis, Orthosia, Tyros, Paltos, Samothrace, Kreta, Kasius in Ägypten, Memphis, Delos, Puteoli und eine Reihe von spanischen Städten. Selbst bis nach Britannien ist der Kultus gedrungen. Abgebildet erscheinen die Kabiren mit dem Leder oder im Schmiedeanzuge mit Hammer und Zange; sie deuten also unmittelbar auf Bergbau und Metallverarbeitung hin.

In wieweit die griechische Fertigkeit das von den Phöniziern überkommene Erbe des Bergbaus zu pflegen und zu mehren verstand, läßt sich mangels der Möglichkeit eines Vergleiches nicht genau feststellen. Immerhin kann man beobachten, daß sich der griechische Grubenbetrieb von dem in anderen Gebieten geübten etwas unterscheidet; in diesem Sinne kann man von einem den Griechen eigentümlichen, selbständigen Bergbau reden.

Bei der Betrachtung der kunstmäßigen Gestaltung des Bergbaus bei den Römern stoßen wir indes auf Schritt und Tritt auf die Tatsache, daß die Römer den Bergbau um nichts vervollkommnet haben, vielmehr, trotzdem sie jahrhundertelang an demselben ansässig waren, auf dem ursprünglichen und primitiven Standpunkte der Technik stehen geblieben sind. Man braucht nur die Kapitel zu lesen, die Plinius über das Bergwesen geschrieben hat. Abgesehen davon, daß er in manchem überhaupt äußerst unklar ist, zeigen schon die vielen, fremden und unbekannten Idiomen angehörigen und wahrscheinlich noch entstellten Bezeichnungen, deren er sich für Gegenstände des Bergbaus bedienen muß, daß die lateinische Sprache nicht einmal über diese Benennungen verfügte, um die fremden Ausdrücke entbehrlich zu machen.

Selbst nicht der Ausdruck für Grube, metallum, bezw. metalla, ist urrömisch, vielmehr griechisch oder phönizisch; auch bezeichnet es sowohl Metall- als Steingruben, auch Kreide-, Alaun- und Schwefelgewinnungen. In den Pandekten heißen z. B. die Marmorbrüche »marmorum metalla«. Das spätlateinische mina, welches in die neueren Sprachen übergegangen ist, stammt nach v. Kobell von menare = betreiben, also mina = der Betrieb. Andere Erklärungen leiten es ab von den Sisaponensischen Zinnobergruben, die nach Plinius (XXXIII, 40) »miniariae Sisaponenses« hießen, woraus durch Elision mina, ursprünglich Miniumgrube, dann allgemein jedes Bergwerk gebildet sein könnte.

Dieser Mangel an Originalität hängt wohl mit der Abstammung des Römers zusammen, dem als staatswissenschaftlich und politisch gebildeten Bürger eines Ackerbaustaates jegliches Interesse an bergmännischen Unternehmungen abging, der vielmehr den Bergbau nur als Einnahmequelle zu schätzen wußte, deren Ausbeutung den daran ansässigen »Barbaren« zu überlassen sei. Eben dieser Interesselosigkeit ist es auch zuzuschreiben, daß die römischen Autoren kaum etwas über den Bergbau geschrieben haben, die meisten Aufzeichnungen darüber vielmehr von Nichtrömern zusammengetragen sind.

Weil fast alle Bergwerke der Alten Welt im Laufe von mehreren Jahrhunderten in die Hand der Römer kamen, wurde ihr Bergbau der verbreitetste, aber auch der am wenigsten eigentümliche. Die Eroberung von Mittelitalien, wo die Etrusker bereits regen Betrieb auf Metalle unterhielten, brachte Rom erst in den Besitz von Gruben, und erst kurz vor den punischen Kriegen kam die Prägung von Silbermünzen auf. Nach Besiegung der Kathager fielen ihnen deren Gruben in Sizilien, Sardinien und Spanien in die Hände. Durch die Kriege in den östlichen Ländern gelangten sie auch in den Besitz der Gruben in Kleinasien, Griechenland und Mazedonien, während ihnen die Bergwerke in Asien und Ägypten sowie in Nordspanien, Gallien, dem Rheingebiete und Britannien durch Cäsar, Pompejus und Augustus zufielen.

Unter Valens begann 375 n. Chr. die Völkerwanderung, die in mehr als ein Jahrhundert dauernden Kriegszügen das weströmische Reich zertrümmerte und damit die unter Roms Herrschaft ausgebildete Zivilisation fast vollkommen vernichtete sowie auch den Bergbau notwendigerweise zugrunde richtete.

Sucht man im mittleren Europa einen historischen Anschluß der weiteren Entwicklung des Bergbaus an die Römerzeit, so kann man ihn nur bei den seßhaft gebliebenen Stämmen der Alamannen, Franken und Thüringer finden, also in den Tälern von Rhein und Main, am Thüringerwald, Frankenwald, Fichtelgebirge und Böhmerwald; man kann in der Tat nachweisen, daß die Wiege des deutschen Bergbaus in dem von der Völkerwanderung am meisten verschont gebliebenen Ostfranken gestanden hat.

Wenn demnach auch die Römer nicht unmittelbar die Lehrmeister der Barbaren gewesen sind, so waren sie es mittelbar, indem diese letzteren aus den Überbleibseln des römischen Berg- und Hüttenwesens, aus Werkzeugen, Öfen und Gerätschaften aller Art, die Kunst wiedererlernen konnten, welche die Römer bereits vor ihnen ausgeübt, und es ist aller Grund vorhanden, anzunehmen, daß sie es auch taten, wenn auch ein großer Teil der bergmännischen Kunstfertigkeit, die sich die Römer schon zu eigen gemacht hatten, wieder verloren ging und erst nach jahrhundertelangem Rückschlag wieder erfunden wurde.

In den dauernden Stürmen und Völkerkriegen des frühesten Mittelalters erlitt aber der Bergbau in den vormals römischen Ländern eine empfindliche Störung und Unterbrechung; nur in Deutschland hat er sich von seiner Wiedergeburt bis heute ununterbrochen fortgesetzt, und so wurde Deutschland die Schule der Bergbaukunst, nicht nur für Europa, sondern für die gesamte zivilisierte Welt.

I.

Die Bergbautechnik.

a) Aufsuchung von Lagerstätten, Schürfarbeiten.

Nur äußerst wenig ist bei den alten Autoren von der Ausbildung desjenigen bergmännischen Betriebszweiges zu finden, dessen Zweck die Feststellung des Vorkommens von nutzbaren Mineralien ist.

Sowohl die Ägypter als auch die Phönizier und die Griechen besaßen einige Kenntnisse in der Geologie und der Lagerstättenlehre; in Ägypten war eine Schule der Naturwissenschaften bei einem Tempel des Welterbauers Ptah in der Stadt On (Heliopolis); auch Plato und Herodot haben hier Unterricht genommen, wo die Geheimnislehrer der Tiefe Träger aller Kenntnisse dessen waren, »was der Erde verschlossener Abgrund birgt«. Man muß es also verstanden haben, nach gewissen äußerlichen Anzeichen, vielleicht den Ausblühungen des Bodens, dem Pflanzenwuchse oder ähnlichen Indikationen, das Vorkommen von nutzbaren Minerallagerstätten zu bestimmen, wenn auch in den meisten Fällen Zufall auf die Entdeckung eines Erzvorkommens geführt haben mag, wie z. B. die Sage dartut, welche den Mandrobulos auf Kreta durch einen Stier auf die Lagerstätte geleitet werden läßt, oder wie aus der strabonischen Mitteilung hervorgeht, daß in den Pyrenäen ein Landmann die anstehenden Erze mit dem Pfluge herausgebracht habe.

Die Indikation von Eisenerzlagerstätten durch Bodenfärbungen erwähnt z. B. Plinius d. Ä. ausdrücklich (Nat. hist. XXXIV, 142) mit den Worten: Ferri metalla ubique propemodo reperiuntur, minimaque difficultate agnoscuntur, colore ipso terrae manifesto.

Bestimmt lassen sich systematische Kenntnisse der Vorkommensweise von Erzlagerstätten bei den Phöniziern voraussetzen, sind diese doch das einzige Volk des Altertums gewesen, welches planmäßig auf Silber schürfte und an den Fundpunkten dann Bergbaukolonien anlegte. Solche Unternehmungen sind aber ohne jene Kenntnisse nicht denkbar, zumal das Silber nicht wie das Gold an der Erdoberfläche vorkommt, sondern aus Gängen gewonnen werden muß, deren Ausbiß nur dem erfahrenen Bergmann den Reichtum der unteren Teufen verrät, die Metallgewinnung aus dem silberhaltigen Bleiglanz — dies ist fast allenthalben das Silbererz der Phönizier — aber verwickelt und schwierig ist; nennt doch der Dichter des biblischen Buches Hiob das Silber recht anschaulich »das Silber der Mühen«.

Auch die Wünschelrute scheint bereits ihre Rolle beim Schürfen gespielt zu haben. Die Bezeichnung der Wünschelrute als virgula divina (z. B. bei Cicero in dem Buche über die Pflichten, c. 1, 44) oder als virgula Mercurialis und ihre Ähnlichkeit mit dem Zauberstabe des Merkur bezw. dem κηρύκειον des Hermes lassen über das Alter und die Abstammung der Wünschelrute keinen Zweifel zu. Dem caduceus des Merkur legt bekanntlich die Sage hauptsächlich die Kraft bei, einzuschläfern und zu wecken, im Anschluß an den Beruf des Merkur; dies deutet aber neben den anderen Berufsfunktionen des Gottes recht deutlich darauf hin, daß er auch die im Schoße der Erde schlummernden Metalle durch Berühren mit seinem Stabe zum Erwachen über Tage rufen konnte.

Eine andere Stütze für die aufgestellte Behauptung gibt die Sage von dem Argonautenzuge der Griechen nach Colchis, der ja in Szene gesetzt wurde, um das goldne Vließ zu holen, d. h. um aus den goldhaltigen Flüssen des Kaukasus, z. B. des Phasis — heute Rion —, mit Hilfe von rauhen Fellen Gold zu gewinnen.

Einer der Teilnehmer an dem Zuge war Lynceus, der als so scharfsichtig geschildert wird, daß er (übrigens der Steuermann des das Goldvließ holenden Schiffes) die Metalle im Schoße der Erde durch Baumstämme hindurch habe sehen können. Die »Baumstämme« erinnern unmittelbar an die Wünschelrute; auch der Name des Schiffsführers, Lynceus, ist etymologisch verwandt mit dem des seit uralter Zeit wegen seiner Gesichtsschärfe bekannten Luchses, dem nach Plinius (Nat. hist. VIII, 57) das Verscharren des Urins, aus dem dann Edelsteine (lyncurium) entstünden, nachgesagt wird. (Frantz in »Berg- u. Hüttenm. Zeitschr.« 1880, S. 41.)

Daß man beim Schürfen auch bereits mit dem Sichertroge arbeitete, scheint aus einer Stelle bei Plinius (XXXIII, 21) hervorzugehen, wo es u. a. heißt: »Man wäscht den Goldsand aus und schließt aus dem Rückstande, ob sich die Grubenarbeit lohnen wird.« In den meisten Fällen, namentlich aber bei vollständig unterirdischer und nur nach äußeren Anzeichen (vielleicht Ausblühungen und Färbungen des Bodens) vermuteter Mineralablagerung, war es aber ein bedeutendes wirtschaftliches Wagnis, Untersuchungsarbeiten zur Einrichtung von neuen Gruben (καινοτομίαι) zu veranstalten, wie dies auch Xenophon für die Gruben von Laurion speziell hervorhebt.

b) Inangriffnahme der Lagerstätten, Grubenbaue.

Die Inbetriebnahme der Minerallagerstätten geschah entweder in Tagebauen oder in Grubenbauen. Erstere boten ja auf offenliegenden Lagerstätten, wie Seifen, Gesteinswänden, oberflächlichen Eisensteinvorkommen, bequeme Gelegenheit zur Anlegung von großen Massen von Arbeitern und wurden auch so lange als offene Baue in Betrieb gehalten, als es ohne erhebliche Förderschwierigkeit tunlich war.

Großartige Beispiele von Tagebauen bieten die bis zu mehreren Dutzend Metern in die Tiefe gehenden Goldgewinnungsstätten der Ägypter im Wadi Ollaqi und am Djebel Hammamat, die thasischen und mazedonischen Goldseifenbaue der Phönizier und Griechen, die Kupfer-, Blei-, Silber- und Eisenbergbaue aus der Etruskerepoche zu Campiglia und am Monte Catini, sowie auf Elba, ferner die ans Gigantenhafte grenzenden ungeheuren Massenbewegungen auf goldhaltigen Lagerstätten im nordwestlichen Spanien seitens der Römer, nicht weniger die numidischen und ägyptischen Bausteinbrüche der letzteren.

Auf einen der bedeutenden Minenplätze am Wadi Ollaqi, deren erste Aufnahme schon Setos I., allerdings wegen Wassermangels mit nur geringem Erfolge, veranlaßt hatte, bezieht sich die älteste kartographische Darstellung, die wir überhaupt besitzen. Das Original ist in Turin aufbewahrt; Fig. 1 zeigt eine auf etwa zwei Drittel der natürlichen Größe reduzierte Reproduktion desselben.

Auf der mit einer sehr charakteristischen Bergzeichnung ausgestatteten Karte sind zwei parallele Täler *I*, *II* dargestellt, von denen das unterste mit Steinblöcken oder Gestrüpp bedeckt zu sein scheint; beide sind durch ein gewundenes Quertal *IV* verbunden, von welchem in der Richtung der beiden ersteren Täler ein Weg *III* abzweigt, an dem sich im Original die Bezeichnung findet: »Weg, der an das Meer hinabführt.« Bei *B* steht die Bezeichnung »Goldberg», bei *A* heißt es: »Berge, in denen man das Gold wäscht; sie zeigen aber diese rote Farbe«. Rechts liegen an einem Berge große Gebäude, darunter ein Heiligtum des Gottes Ammon. Die kleineren Häuser bei *H* sollen (nach Erman, Ägypten und ägyptisches Leben im Altertum, Tübingen 1885—87, Band II, S. 619) Arbeiterwohnungen sein. *T* ist ein Teich, *S* auf dem dunkel angelegten Kulturboden eine große Stele des Pharao Setos I.

Charakteristisch ist dieses Grubenbild durch die von ihm gezeigte ziemliche Regelmäßigkeit in der Auffahrung der Gewinnungs stätten, von der das Altertum sonst sehr wenig gekannt hat.

In der unterirdischen Inangriffnahme der Lagerstätte hat das Altertum nur in der Beziehung ein bestimmtes System merkbar herausgebildet, als man, wenn überhaupt, dann höchstens mit dem Schachte das Nebengestein durchbrach, im übrigen aber mit ängstlicher Sorgfalt der Lagerstätte nachfuhr. Diesem durch die Beschaffenheit des Arbeitsgerätes gegenüber dem Gestein veranlaßten Vorgehen entsprechend sind die Grubenbaue auf Gängen langgestreckt, geteilt, gewunden, auf Stöcken, Lagern, Nestern aber geräumig, hoch und kurz gestreckt.

Fig. 1.

Eine Einteilung der Lagerstätte in verschiedene Sohlen ist bisher erst in wenigen Fällen bekannt geworden. So beuteten die laurischen Grubenbesitzer die mächtigeren Lager in zwei um einige Meter von einander entfernten Horizonten aus in der Weise, wie dies die Fig. 2 zeigt. Von dem von den Römern allerdings nur auf kurze Zeit an der unteren Lahn betriebenen Bergbau bei der heutigen Friedrichssegener Hütte ist durch Dahms' Untersuchungen (vgl. »Bonner Jahrb.», Heft 101)

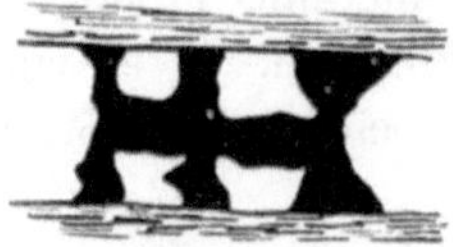

Fig. 2.

bekannt geworden, daß in Abständen von 25—36 m mehrere Strecken untereinander, durch Gesenke verbunden, aufgefahren waren und dem Abbaubetriebe als Ausgang gedient hatten, also einen mehrfachen Unterwerksbau darstellten, der natürlich dem ganzen Betriebe, namentlich aber der Förderung und Wetterversorgung, nur hinderlich sein konnte.

Bei Carthagena, dem römischen Nova Carthago, sind von einem Hauptschachte aus in verschiedenen Sohlen Strecken getrieben worden, vor denen aus man den im Glimmer- und Tonschiefer des Cerro de Santo Espiritu vorhandenen Bleiglanz und Cerussit gewann. Der Schacht hat insgesamt 86 m Tiefe (Revista minera, Bd. I, S. 166, Bd. III, S. 555).

Abgesehen von diesen wenigen, fast als Ausnahmen zu charakterisierenden Fällen einer Einteilung des Lagerstättenkörpers hat das Altertum von einem System in der Auffahrung von Grubenbauen nichts gekannt; man ging den erzführenden Partien nach, solange sie sich als bauwürdig erwiesen, mochten sie sich ausdehnen und in ihrer Lage ändern, wie sie wollten.

Was nun die Gestalt der Schächte anlangt, so teuften die Ägypter und Griechen stets runde oder viereckige Schächte ab, während die etruskischen und römischen Schächte in der Mehrzahl der Fälle rechteckig sind.

Von den ägyptischen Schachtbauen zum eigentlichen Bergbaubetriebe hat sich infolge Gesteinsverwitterung und Weiterbearbeitung der Gruben in späteren Zeiten nicht viel mehr erhalten; als besonders interessante Bauten sind an dieser Stelle aber mehrere Brunnenschachtanlagen zu erwähnen, die entweder in imposanten Resten erhalten sind oder aber bis auf den heutigen Tag in Benutzung stehen und von der außerordentlich hohen Alter und dem großen Umfange derartige Arbeiten beredtes Zeugnis ablegen. Das großartigste Bauwerk dieser Art ist der Josefsbrunnen bei Kairo, über dessen Erbauungszeit uns genaue zuverlässige Angaben fehlen. Er besteht aus zwei untereinanderliegenden Brunnenschächten von rechteckigem Querschnitte, die durch eine große ebenso wie die Schächte im Felsen ausgearbeitete Kammer miteinander in Verbindung stehen. Die Seiten des oberen Schachtes hatten 7,7 und 6,6 m Länge, die Tiefe dieses Teiles betrug 50 m; der untere Schachtteil war 4,6 · 2,9 qm groß und wies 40 m Tiefe auf. Die Sohle des unteren Schachtes stand in der wasserführenden Schicht. In jedem Schachtteile befand sich ein von Ochsen in Bewegung zu setzendes Becherwerk, welches aus an einer endlosen Kette befestigten Tongefäßen bestand. Das untere Becherwerk hob das Wasser in ein in der Verbindungskammer befindliches Reservoir, aus dem das obere Becherwerk das Wasser entnahm, um es bis zu Tage zu heben. Ein Spiralgang von 2 m Breite und 2,2 m Höhe, um den oberen Schacht ausgehauen, hatte den Zweck, die zum Göpelbetriebe nötigen Tiere in den Kammerraum zu schaffen.

Ähnliche Schachtbauten aus sehr alter Zeit sind ferner ein noch heute benutzter Brunnen zur Ansammlung von Tagewassern bei den Pyramiden von Gizeh, welcher gleichzeitig mit diesen Monumenten entstanden sein wird, ein von dem Sohne Ramses' II. erbauter Brunnen im Wadi Jasous, noch jetzt für den Hafen Annäum am Roten Meere gebraucht, der Davidsbrunnen zwischen Bethlehem und Jerusalem, endlich der über 3600 Jahre alte, 30 m tiefe und 3 m weite Jakobsbrunnen bei Sichem.

Diesen geschichtlich datierbaren Bauen stehen solche von ähnlich großen Formen zur Seite, deren Entstehung in prähistorische Zeit hinaufreicht. Wir denken hierbei an die Schächte, mit welchen die neolithische Bevölkerung den geschätzten Feuersteinvorkommen nachgegangen ist. An einigen Orten Frankreichs (Bas-Meudon bei Paris; Petit Morin, Marne; Nointel, Oise; Mur-de-Barrez, Aveyron), Belgiens (Spiennes) und Englands (Brandon) hat man diese Betriebsstätten gefunden. Die Schächte von Mur-de-Barrez liegen in den Süßwasserschichten an dem Ufer des in die Truyère fließenden Goult, in einem Terrain mit zahlreichen Feuersteinbänken in horizontaler Lagerung. An der Mündung sind sie etwas erweitert, in ihrem Verlauf nicht ganz vertikal. Minderwertige Feuersteinbänke wurden übergraben, bis man eine tiefere Lage fand, deren Knollenmaterial alle wünschenswerten Eigenschaften besaß.

Bei Brandon sind auf einer ca. 20 Morgen großen Fläche 254 Schächte von mehr als 6 m Weite und ca. 15 m Teufe durch ein oberes minderwertiges Flintlager in eine tiefere Schicht mit härterem Feuerstein getrieben worden. An der Sohle sind die das Lager aufschließenden Strecken aufgefahren worden.

Im Gegensatz zu diesen Bauen finden wir bei den übrigen bergbautreibenden Völkern des Altertums nur mäßig große, nach unseren Begriffen sogar meist sehr enge Schachtbauten.

Im laurischen Gebiete sind ursprünglich wohl an 2000 brunnenartige Schächte vorhanden gewesen, wenn auch der moderne Betrieb manche derselben vernichtet oder umgestaltet hat, so sind doch noch so viele erhalten, daß man eine deutliche Vorstellung von ihnen gewinnen kann. Durchweg sind sie in rechteckigem Grundrisse abgeteuft und haben 1,25·1,4 bis 1,5·1,9 qm Querschnitt. Sehr alte Schächte, z. B. bei Kamarésa, sind halbrund mit 1,9—2,0 m Durchmesser abgeteuft. In diesem Falle handelt es sich aber zumeist um nicht saigere Schächte. Vollkommen lotrechte Baue sind überhaupt relativ selten;

meistens decken sich Schachtmündung und -Sohle nur so weit, daß eine Achsenabweichung von etwa 10° erkennbar ist.

Die Teufe der heute noch vom Volke als φρέατα, Brunnen, bezeichneten Anlagen ist nicht allenthalben die gleiche; die tiefsten gehen bis 111 m. Die Schächte im Tale Beraéko sind 15—45 m, die in Kamarésa 25—55 m, die im östlichen Gebiete von Thérikos und Ergastiria 10—35 m tief.

Die senkrechten Schächte haben meistens mit tonnlägigen in Verbindung gestanden. Etliche Schächte beginnen schief, um bei etwa 5 m Tiefe in die senkrechte Richtung überzugehen; an anderen Stellen sind knapp nebeneinander zwei Schächte abgeteuft worden, von denen der eine, um mehrere Meter kürzer, an der Sohle mit dem anderen durchschlägig gemacht war und diesem als Wetterschacht diente. Letzterer weist meist nur 60—80 cm Weite auf, so daß man fast zu der Annahme versucht sein mag, daß ein solcher Bau, dessen kaminartige Beschaffenheit einer Abteufarbeit sehr ungünstig sein mußte, durch Aufhauen hergestellt worden sei.

In den tonnlägigen Schachtpartieen findet man allenthalben sorgfältig ausgehauene Trittstufen mit Rast- und Ausweichstellen für die Fördersklaven; kleine Rinnen und muschelartige Vertiefungen auf der Sohle dienten zur Sammlung des aus dem Gestein hervorsickernden Wassers. Bei den senkrechten Schächten zeigen sich Bühnlöcher in den Stößen, die entweder zur Lagerung von Bühneneinstrichen gedient haben oder vielleicht als Einsatzlöcher für die zur Förderung und Befahrung notwendigen Fahrten oder Leitern anzusehen sind.

Die Ausführung der Schachtbauten zeugt von einer außerordentlichen Sorgfalt und läßt die Anwendung von Visierlineal (διόπτρα), Richtscheit und Wasserwage, deren Verwendung auch Heron von Alexandrien (im 3. Jahrhundert v. Chr.) andeutet, erkennen.

In den Figuren 3 und 4 sind (nach Kordellas, Le Laurium, Marseille 1871) laurische Schächte dargestellt. Es bedeutet dabei *a* einen flachen Förderschacht, *b* einen lotrechten Förderschacht und *c* einen Wetterschacht. Ardaillon berechnet (Les mines du Laurion dans l'antiquité, Paris 1897, S. 30) die Bauzeit eines 100 m tiefen Schachtes von 2 qm Querschnitt auf drei Jahre fünf Monate für mittelfesten Kalkstein.

Nimmt man eine Belegschaft von 8 Mann für das Abteufen eines Schachtes an, und zwar unter Voraussetzung von 2 je zwölfstündigen Schichten je 2 Mann vor Ort und je 2 Mann zur Förderung, so kann man den Preis eines Meters Schacht berechnen. Nach Vitruv (VII, 3) und anderen Autoren kostete ein Sklave an Pacht pro Tag 1 Obolus, außerdem an Unterhalt und Kost einen weiteren Obolus; an Arbeitstagen rechnet Xenophon 360 auf ein Jahr. Damit ermittelt sich der Preis für die 100 m Schacht zu (3 · 360 + 150) · 8 · 2 = 19680 att. Obolen oder (zum Satze von 12 Pfg. = 1 Obol) zu 2361,60 Mk. 1 m Schacht kostete somit rund 24 Mk. heutigen Geldes.

Die von den Römern herrührenden, stets paarweise mit nur wenigen Meter Abstand angelegten Schächte sind, von verschwindenden Ausnahmen von elliptischen Schächten (z. B. in Portugal, vgl. Karstens Arch. f. Mineral. VI, 270 nach Eschwege) abgesehen, rechtwinklig viereckig und, sofern sie nicht in ganz festem Gestein stehen, wenigstens in der oberen Partie ausgemauert. Ihre durchschnittliche Weite beträgt 1,2—2,5 m. Gobet (Les anciens minéralogistes de la France I, 122, 127) hat in den Pyrenäen auch fast runde Schächte von 8—10 m Durchmesser gesehen. Ausnahmslos sehr groß sind die ursprünglich etruskischen Schächte, deren man viele am Monte Calvi und an anderen Orten gefunden hat

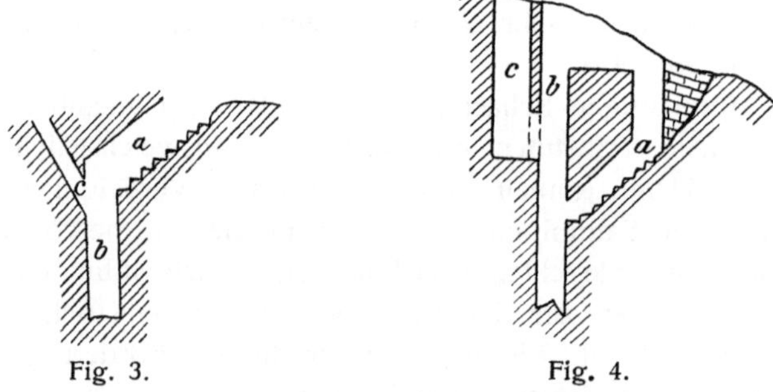

Fig. 3. Fig. 4.

bei »la gran Cava« hat ein mehr als 100 m tiefer elliptischer Schacht 12 m langen und 5 m kurzen Durchmesser gehabt.

Die der Verbindung mehrerer untereinanderliegender Grubenbaue dienenden blinden Schächte sind während des ganzen Altertums in äußerst engen Maßen gehalten worden, oft nur 0,5 m weit, so daß man kaum begreift, wie ein Mann darin hat arbeiten können; dabei sind die Baue oftmals recht unregelmäßig im Querschnitt und im Einfallen.

Auch die Strecken und Stollen sind im Grubenbetriebe mit nur wenigen Ausnahmen äußerst enge und meist sehr unregelmäßig nach Streichen und Fallen getrieben. Durchschnittlich ist die Breite 2,0—2,2 Fuß, die Höhe 3,0—3,5 Fuß; die Firste ist abgerundet, wenn die Strecke mittels Eisens aufgefahren wurde, spitzbogig gestaltet aber bei Anwendung des Feuersetzens. Gesprenge sind nicht selten in der Streckensohle; Stufen finden sich dort, wo das Einfallen des Baues so stark ist, daß es ein Fahren auf der freien Sohle nicht mehr gestattet. Die Stöße sind meistens außerordentlich glatt ausgehauen, nicht selten auch in deutlich ersichtlicher Weise von den Körpern der die Strecken passierenden Arbeiter im Laufe langer Zeiträume geglättet, wie man z. B. in den in prähistorischer Zeit aufgenommenen, später römischen Bauen von El Aramo in Asturien mehrmals beobachtet hat. Doch haben die Römer auch nach heutigen Begriffen fahrbare Strecken und Stollen gekannt. Gobet beschreibt (l. c. II, 485) aus den hohen Pyrenäen einen 2 m hohen, sehr schönen römischen Stollen. Nach Murchison (Silurian System, London 1839, S. 367) ist in Wales eine Römergrube, die einen ganzen Hügel durchlöchert hat, mit 8 Fuß hohen Strecken versehen gewesen. Bei den gleichfalls römischen Grubenbetrieben auf den Erzgängen des nordöstlichen Abhanges des Kvarac-Gebirges in Bosnien sind (nach Pogatschnigg in »Wissenschaftl. Mitteil. aus Bosnien und Herzegovina«, Bd. II, 1894, S. 156) die Strecken in Dimensionen gehalten, welche Fuhrwerken gestatteten, das Haufwerk herauszubringen. Der im Streichen getriebene Kovačica-Stollen z. B. hat eine Höhe von 3 m und eine Breite von 2,5 m. Er zeigt dazu eine auffallende Regelmäßigkeit und Sorgfalt in der Ausführung.

Im übrigen begegnen wir im Altertum großen Stollenbauten, die mit unseren Tunnels zu vergleichen wären, fast nur auf dem Gebiete der Städtebewässerung und -entwässerung. Eins der bedeutendsten Bauwerke dieser Art ist unstreitig der von Herodot (III, 60) erwähnte Tunnel des Eupalinus von Megara auf Samos, der dazu bestimmt war, die Stadt Samos im Falle einer Belagerung mit Trinkwasser versorgt zu erhalten. Am Abhange des etwa 240 m hohen, von dem alten Kastell von Samos gekrönten Berge Castri beginnend, zieht er sich 1500 m lang durch den Berg und mündet auf der Gegenseite einige Meter unter dem Boden in eine unterirdische Wasserleitung. Der Tunnel ist bei 1,8 m Höhe 1,75 m breit. Etwa 400 m vom Mundloche macht der Tunnel ein Knie. Unter der Sohle des Tunnels liegen in einem 0,70 m tiefen und 0,80 m breiten, überwölbten und mit zusammen 28 die Reinigung und Ausbesserung erleichternden Öffnungen versehenen Kanale die eigentlichen Wasserleitungsrohre aus Ton, 65—67 cm lang, 3—4 cm wandstark und 80—85 cm im Umfang messend. Jedes zweite Rohr wies in seinem Scheitel eine Öffnung auf, deren Zweck wohl die Entlastung der allerseits freiliegenden Rohre vom Wasserdrucke war. Am einen Ende des Tunnels setzt sich die Leitung bis unter das alte Samos fort; am anderen Ende fließt ein heute nur schwacher, vor alters aber jedenfalls bedeutend stärkerer Wasserlauf vorbei, der das Wasser an die jetzt noch den Brunnen des Klosters St. Johann speisende Leitung abgibt. Entdeckt und wieder ans Licht gezogen wurde die in Erfindung und Ausführung gleich geniale Anlage, die man getrost den imposantesten Schöpfungen der Neuzeit an die Seite stellen kann, im Anfange der 80er Jahre vergangenen Jahrhunderts von dem Gouverneur der Insel Abyssides Pascha.

Von anderen großartigen Stollenbauten seien folgende genannt:

Semiramis ließ (nach Diod. II, 13) den Orontesberg durchstechen, um das zwölf Meilen entfernte Ekbatana mit Wasser zu versorgen. Der Tunnel war 15 Fuß breit und 40 Fuß hoch.

Unter dem Euphrat her wurde ein in Ziegeln gewölbter Tunnel von 15 Fuß Breite und 12 Fuß Höhe nach Babylon gegraben, der ebenso lang war wie die von Semiramis gebaute Brücke (5 Stadien) (Diodor. II, 8).

Aus dem 8. vorchristlichen Jahrhundert stammt der Siloahtunnel, durch den das Wasser der östlich von Jerusalem gelegenen Marienquelle in die Stadt geleitet wurde. Über diesen Bau, auf den Prof. theol. Bertholet in Zürich anläßlich des Durchschlages des Simplontunnels aufmerksam gemacht hat, gibt eine 1880 im Tunnel entdeckte althebräische Inschrift Aufschluß, welche lautet: »(Vollendet ist) die Durchstechung. Und dies war der Hergang der Durchstechung. Als noch die Hacke des einen gegen den anderen und als noch drei Ellen (zu durchstechen) waren, so (vernahm man) die Stimme des einen, der dem anderen zurief; denn es war (ein Spalt?) im Felsen von der südlichen Seite her. Und am Tage der Durchstechung schlugen die Hauer einander entgegen, Hacke auf Hacke. Da flossen die Wasser vom Ausgang in den Teich, 1200 Ellen weit. Und 100 Ellen war die Höhe des Felsens über dem Kopfe der Steinhauer.«

Diese Worte beweisen einen Betrieb mit Ort und Gegenort, der auch durch den Augenschein bestätigt wird, welcher die Meißelhiebe im nördlichen und im südlichen Stollenteil in einander entgegengesetzter Richtung zeigt. Im Innern zeigt sich, daß man mehrfach angefangene Stollen verließ, wohl um die Richtung zu korrigieren. Schließlich mag der in der Inschrift hervorgehobene Umstand, daß man sich gegenseitig zu hören anfing, den einzigen Kompaß gegeben haben. Das Resultat war dann auch, daß man sich ziemlich weit von der geraden Linie entfernte, indem der Tunnel insgesamt 535 m lang geworden ist, während die Luftlinie zwischen Anfangs- und Endpunkt des Stollens nur 335 m beträgt. Der Durchschlag liegt nahe der Mitte des Baues. Die Breite des Stollens beträgt 60—80 cm, die Höhe sinkt von 3 m am südlichen Mundloche, wo man vermutlich eine Felsspalte mit benutzte, auf 0,46 m am Durchschlag, wahrscheinlich infolge des festeren Gesteins in der Mitte, und nimmt gegen den Nordausgang wieder bis auf 1,8 m zu. Auffallend genau ist die Sohle horizontal gehalten worden (Org. d. V. d. Bohrt. 1905, Nr. 18, S. 10).

Auf griechischem Boden bieten wohl die nach Curtius in die mazedonische Zeit zu setzenden Versuche zur Entwässerung des Copaissees die bedeutendsten Beispiele von Stollen bzw. Tunnelbauten. Die vorgeschichtlichen Bewohner Böotiens, die Minyer, hatten es verstanden, die großen von Westen her in den Copaissee einströmenden Wassermassen durch drei von Deichen geschützte Kanäle nach Osten zu leiten, wo sie durch natürliche unterirdische Schluchten nach dem Meere abflossen. Dadurch schafften die Minyer auf dem etwa $4^1/_3$ Quadratmeilen großen Seeboden eine fruchtbare, von einem Kranze blühender Städte umgebene, trefflich bewässerte Landschaft, an deren Spitze das mächtige Orchomenos stand, in der so viele Einkünfte zusammenströmten, wie in dem hunderttorigen Theben.

Infolge von Verstopfung der die Wasser ableitenden Schluchten hatten dann, als Theben zu seiner Befreiung aus dem bis ans Meer reichenden Machtgebiet von Orchomenos den Nachbarkrieg begann, die Fluten wiederum die Schutzdämme überschwemmt und die Landschaft in einen ungesunden, öden Sumpf verwandelt, als der sie jahrhundertelang berüchtigt war. Um nun dem Wasser wieder einen, jetzt künstlichen, Abfluß zu verschaffen, versuchte Alexander der Große durch seinen Ingenieur Krates in der Nordostecke der Bucht Topolia einen Tunnel in der Richtung nach dem Meere treiben zu lassen. Der Bau erreichte eine Länge von fast 2000 m, die Durchführung der Entwässerungsarbeiten scheiterte jedoch an der Uneinigkeit der umwohnenden Griechen.

Das älteste und zugleich bedeutendste Beispiel eines in großen Dimensionen gehaltenen Stollens aus der Zeit der Römerherrschaft ist wohl die angeblich schon von dem Könige Tarquinius Priscus — also noch unter dem stark wirkenden Einflusse der Etrusker — erbaute Cloaca maxima, deren Zweck die Trockenlegung des sumpfigen Tales des Forum Romanum, Velabrum und Forum Boarium war und deren 800 m langer, 2,15—4 m breiter und über 3 m hoher, in Tuffquadern gewölbter Hauptstrang heute noch funktioniert. Nach Plinius (hist. nat. XXXVI, 24) waren die Gewölbe so geräumig, daß man mit einem breit geladenen Fuder Heu darin fahren konnte: Amplitudinem cavis eam fecisse dicunt, ut vehem feni, large onustam transmitterent.

Ebenbürtig ist das im sechsten Jahre der Belagerung von Veji, d. h. a. 398 v. Chr., in Befolgung eines delphischen Orakelspruches begonnene Emissarium des Albaner Sees, welches behufs Verhinderung der periodischen Überschwemmungen der Campagna und der Nutzung des Wassers angelegt wurde. Einen anderen großartigen Stollenbau stellt das vom Kaiser Claudius hergestellte Emissarium des Fuciner Sees dar. Wenn infolge anhaltender Regengüsse oder mehrerer aufeinanderfolgender nasser Jahre sich die Wasserzuflüsse aus den den See umgebenden Abruzzenbergen mehrten, stieg der Wasserspiegel des Sees, der eines unmittelbaren Abflusses entbehrte, und von dem benachbarten Garigliano (Liris), der in den Busen von Gaëta mündet, durch den 300 m hohen, steilabfallenden Rücken des heutigen Monte Salviano getrennt war, oft um 10—12 m, so daß die im Uferbereiche gelegenen Orte wiederholt überschwemmt und die stark bebauten Landstriche verwüstet wurden. Um diesen Mißständen zu steuern, ordnete Claudius eine Tieferlegung des Sees an und ließ nach dem Liris einen 5700 m langen Abzugsstollen graben, dessen Höhe 3 m, dessen Breite 1,8 m und dessen Gefälle 1,5 ‰ betrug. Hierdurch wurde, wie Spuren von römischen Städten im Seegebiet dartun, die Seefläche von 15 000 auf 7000 ha vermindert. Wie Sueton berichtet, waren 30 000 Menschen elf Jahre lang beim Bau tätig. Zur Richtungsanweisung und Förderung waren 40 seigere Schächte von 80—122 m Tiefe und eine noch größere Zahl flacher Schächte von 16—20 ° Neigung vorhanden. Plinius beweist uns den Orts- und Gegenortsbetrieb übrigens unzweifelhaft; er teilt nämlich (h. n. XXXVI, 24) mit, daß man das Wasser mit Maschinen gehoben habe und daß alles im Finstern (bei Lampenlicht) verrichtet worden sei. — Cum corrivatio aquarum egeretur e vertice machinis ..., omniaque intus in tenebris fierent. Die seigeren Schächte haben 4,3 qm (als Quadrat gestalteten) Querschnitt und boten zum Einhängen der Lote den nötigen Raum [1]).

c) Abbauarten.

Die einzigen Abbaumethoden, über die das Altertum verfügte, waren Strossenbau und Weitungsbau; letzterer wurde entweder von unten nach oben oder von zwei Seiten aus oder in absteigender Richtung betrieben.

Der Strossenbau präsentiert sich ganz von selbst auf allen zutage ausgehenden Lagerstätten und ist auf allen Steinbrüchen des Altertums, ferner in großartigstem Umfange z. B. am steirischen Erz-

---

[1]) Im Laufe der nachrömischen Zeit verfiel das Bauwerk, zumeist infolge der mangelhaften Durchschläge, die dem Wasser eine große Angriffsfläche boten. Außerdem verbrach der Einlauf, und im Innern kamen Einstürze vor. Im Mittelalter (z. B. von Friedrich II.) unternommene Versuche, den Abfluß von neuem zu öffnen, hatten keinen Erfolg. 1816 wurde der Plan von der Regierung von Neapel erwogen; die disponibel gemachten 42 000 Frcs. reichten natürlich bei weitem nicht aus und so unterblieb die Ausführung des Projektes, bis durch die Freigebigkeit des römischen Fürsten Torlonia in den Jahren 1862—1875 mit einem Aufwand von 43 Millionen Frcs. die Ausführung möglich wurde, welche dem See ca. 14 000 ha wertvolles Land abrang.

berge, auf dem Ausgehenden der Elbaner und mittelitalienischen Eisen- und Kupfererzlagerstätten und auf den oberägyptischen Goldvorkommen betrieben worden. Wie kein andrer Abbau gestattete er die Anlegung von großen Arbeiterkolonnen und ermöglichte überdies eine sehr bequeme Förderung und Gewinnung der Massen.

Im unterirdischen Betriebe wandte man in den allermeisten Fällen den Weitungsbau in seinen verschiedenen Modifikationen an. Am planmäßigsten sind dabei die laurischen Bergleute vorgegangen, indem sie je nach der räumlichen Ausdehnung der Lagerstätte nach Streichen und Einfallen die eine oder andre Abart des Weitungsbaues anwandten, die im folgenden dargestellt werden soll.

Nach Erreichung der zur Ausbeutung sich eignenden Lagerstätte fuhren die laurischen Bergleute längs des Kontaktes mit dem Nebengestein eine Strecke (ὑπόνομος, διῶρυξ, διαδυσις, ὄρυγμα — Xenophon, Über d. Staatseinkünfte, IV, 26, Diodor, III, 12, 5, 6, Strabon V, 2, 6, XIV, 5, 28, Pollux VII, 98 —) auf, von der aus sie nach oben und unten, sowie zur Seite in die taube Lagerstätte hinein Untersuchungsstrecken trieben. Fand sich durch diese Vorarbeit, daß man die Hauptmasse der Lagerstätte unter der Kontaktstrecke zu suchen habe, so betrieb man den Weitungsbau von oben nach unten; die ausgewonnenen Räume blieben natürlich leer und das Haufwerk mußte, um auf die Hauptstrecke zu gelangen, nach oben geschafft werden. Blieb dieser als Unterwerk im heutigen Wortsinne zu charakterisierende Weitungsbau wegen der geringen Tiefe der Lagerstätte nur flach, so geschah das Heraufschaffen der gewonnenen Massen durch Handreichung, vertiefte sich indessen der Abbau bedeutend unterhalb der Streckensohle, so vermittelte man den Transport des Haufwerks aus dem Tiefsten nicht selten durch ringsumlaufende Spiralbankette.

Ergab sich aber andererseits, daß das größte Stück der in Angriff zu nehmenden Lagerstätte oberhalb der Strecke anstehe, so war damit die Voraussetzung für einen aufwärts gerichteten und mit Verfüllung der hergestellten Hohlräume durch taube Massen arbeitenden Abbau gegeben. In dem Maße, als man sich von der Hauptstrecke entfernte, mußte man diese für die Abfuhr der gewonnenen Massen durch ansteigende Hilfsstrecken zugänglich machen. Fig. 5 zeigt solche Baue bei *c*; *a* ist die Hauptstrecke, *b* sind am Kontakt herumgeführte Untersuchungsbaue.

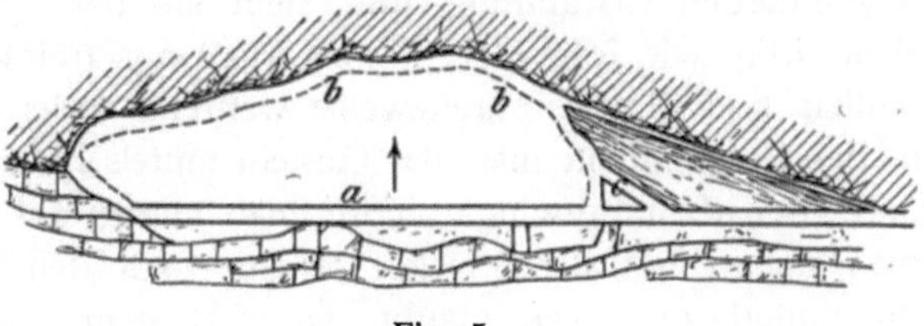

Fig. 5.

Seltener ist die Inangriffnahme einer größeren Lagerstätte in zwei Sohlen zu finden, wie sie bereits in Fig. 2 dargestellt war. Bei den in bezug auf den Inhalt ihrer laurischen Erzlagerstätten äußerst sparsamen Athenern kam eine solche Zweiteilung nur dann vor, wenn es sich um eine relativ arme Partie von großer Mächtigkeit handelte.

Die Ausdehnung der Weitungsbaue war im allgemeinen durch das Maß der bauwürdigen Partien und die Festigkeit des Gesteins gegeben; war die letztere groß genug, so verhieb man selbst Erzmassen von 900—1000 qm Grundfläche, ohne einen Sicherheitspfeiler stehen zu lassen.

Mußte man unbedingt Lagerstättenmasse zur Stützung des hangenden Gesteins in Gestalt von Sicherheitspfeilern, Bergfesten (ὅρμοι, μεσοκρινεῖς, ὁμοερκεῖς) stehen lassen, deren Bestand in Laurion gesetzlich geschützt war, so geschah dies nur in den ärmeren Partieen; dort aber, wo die Ausbeutung eben lohnte, stellte man Mauerpfeiler aus groben Steinen auf.

Auf Gängen folgen die Weitungen tonnlägig dem Einfallen der Lagerstätte, z. B. bei Courmayeur in Piemont (Journ. d. mines, an VII, p. 112), und stehen durch enge Strecken miteinander in Verbindung.

Die alten Japaner betrieben auch unter Tage eine Art von unversetztem Strossenbau, indem sie, dem Laufe der Lagerstätte entsprechend, ein Ort über dem andern mit leichter Neigung aufwärts trieben, bis die Ventilation zu schlecht wurde und man einen Schacht aufbrach.

Ein ganz besonderer Abbau wurde auf den im Nordwesten Spaniens gelegenen Goldvorkommen betrieben, nämlich eine Art von Bruchbau mit nachfolgender Abschwemmarbeit, wodurch das unhaltige Gestein fortgeführt, das haltige dagegen angereichert und gesammelt wurde. Dieser Bauart tut Plinius in seinem 33. Buche, c. 4, 21 mit Bewunderung Erwähnung und stellt sie dabei als der Gigantenarbeit ebenbürtig wie folgt dar: »Von Tage aus treibt man ein System von Stollen und Strecken kreuzweise während vieler Tage und Nächte tief in den Berg, indem man das Gestein mittels Feuersetzens oder Schlägel- und Eisenarbeit bezwingt. Trifft man hierbei auf Kieselstein, so umgeht man diesen mit der Strecke. Wenn man den Berg hinreichend weit durchquert zu haben glaubt, so geht man daran, die zwischen den einzelnen Strecken stehen gelassenen Bergfesten durchzuhauen, um das Zubruchgehen des Hangenden zu beschleunigen. Eine auf der Spitze des Berges stehende Wache beobachtet den Anfang des Niederbrechens und benachrichtigt die Häuer davon, die darauf eilends ihre Arbeit verlassen, während bald darauf der Berg zusammenstürzt. Der ganze Berg zerfällt in Trümmer, der Krach ist entsetzlich, der Luftdruck ganz fürchterlich. Die Leute schauen triumphierend der Vernichtung zu, haben aber noch kein Gold, konnten auch während des Grabens gar nicht wissen, ob sie welches bekommen würden.« Nachdem man den Berg so zu Bruch gebaut, leitete man, um das in den Schuttmassen vorhandene Metall zu gewinnen, unter großen Mühen und Kosten Bäche und Flüsse, oft Meilen weit, über Täler und durch Berge in Gerinnen nach großen Teichen, aus denen man das Wasser auf das Gestein herabstürzen ließ. Den Ablauf fing man unten in mit Ginster ausgelegten Gerinnen auf, wobei man das feine Gold zurückhielt. Durch Trocknen und Verbrennen der Sträucher gewann man das Rohgold, welches man durch Auswaschen von der Asche befreite. Plinius nennt die Produktion aus diesem Bruchbau so bedeutend, daß »Hispanien bereits seine Küste ins Meer hinaus geschoben habe«. Diese Nachricht ist nun zwar stark übertrieben und auch schon deswegen unwahrscheinlich, weil Spaniens Küste im Norden und Nordwesten felsig ist und keine Spur von Anschwemmungen der beschriebenen Art erkennen läßt. Immerhin haben die an Ort und Stelle vorgenommenen Untersuchungen eine enorme Ausdehnung des Bruchbaues ergeben. (Man vergleiche hierzu Breidenbach, Goldvorkommen im nördlichen Spanien, »Zeitschrift für praktische Geologie« 1893, 16). In einem kreisringförmigen Gebiete, dessen Zentrum Lugo ist und dessen Umfang von den Linien Castropol-Pravia-Astorga-Villafranca gebildet wird (Gesamtinhalt 700 000 ha), sind aus etwa 33 Tagebauen rund 15 Millionen Kubikmeter Gestein bearbeitet und weggeschwemmt worden. Dies sind aber sicher nicht alle Arbeiten der Alten; manche mögen ganze Hügel vertilgt und nur große Steinwüsten hinterlassen haben. Im ganzen mögen die Römer wohl 50 Millionen Kubikmeter, d. h. zirka 125 Millionen Tonnen Gebirge bewegt haben, wovon etwa 50 Millionen ins Gebiet des aus dem bis 1950 m ansteigenden Somedogebirge entspringenden Sil gehören. Beuther nimmt (vgl. »Preußische Zeitschrift« 1891, S. 55) als plinianisches Goldland ein von den Städten Coruña, Oporto, Salamanca und Gijon als Ecken begrenztes Gebiet von etwa 10 Millionen Hektar Areal an und Breidenbach setzt hierfür etwa die dreifache der genannten Exkavation an, wonach man die Gesamterdbewegung seitens der Alten auf etwa 500 Millionen Tonnen ansetzen kann.

Auf diese ohne Zweifel recht unwirtschaftliche Verwaschung von Gesteinsmassen mögen die Römer wohl durch Zufall gekommen sein, etwa dadurch, daß ein von selbst oder durch unvorsichtigen Betrieb zu Bruch gegangener Berg von ihnen, denen die Aufwältigung eines zusammengebrochenen Grubenbaues jedenfalls unbekannt war, gelegentlich einmal mit Wasser angegangen worden war, damit sie aus den Massen wenigstens einen Teil des Freigoldes gewinnen konnten.

d) Gewinnungsarbeiten.

Behufs Gewinnung lockerer Massen, etwa Gerölle oder bereits hereingesprengter Gebirgshaufen, wendete man, wie Vegetius in seinem (um 490 n. Chr.) verfaßten Werke über das Kriegswesen (de re militari II, c. 25) bezeugt, Zweizacke, Kratzen[1]), Schaufeln und Tröge an. Diese Gezähestücke führten auch die Kriegsminiertrains mit, die ja im Altertum recht häufig in die Lage kamen, Minengänge zu graben[2]).

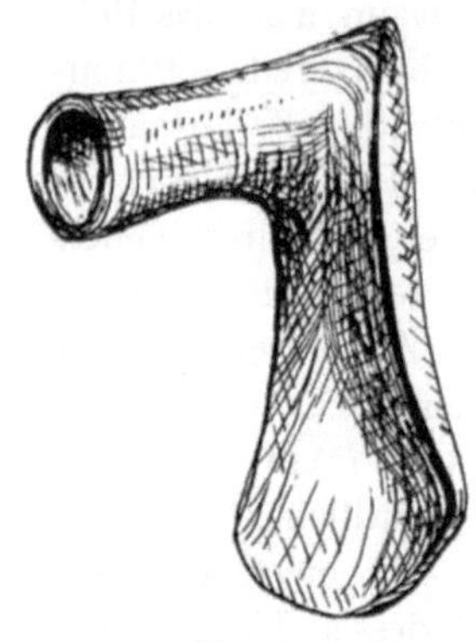

Fig. 6.

Eine zum Hereinschrämen weicher Lagerstättenmassen dienende bronzene Breithaue, deren chaldäisches Original im Museum des Louvre aufbewahrt wird, ist in Fig. 6 dargestellt (nach Chantre, Les entrailles de la terre, Paris 1896).

Das feste Gestein griffen die Alten entweder unmittelbar mit dem Gezähe oder erst mit Feuersetzen an. Die Arbeiten ersterer Klasse charakterisieren sich als:

1. Keilhauenarbeit,
2. Hereintreibearbeit,
3. Arbeit mit Schlägel und Eisen.

Die ältesten Gezähe, die auf uns gekommen sind und zur Keilhauenarbeit dienten, sind in Knieäste gefaßte Hirschgeweihsprossen aus den prähistorischen Kupferbergbauen von El Aramo in Asturien. Ähnlicher Werkzeuge hat man sich ohne Zweifel an manchen andern Orten bedient; sie gehören den Zeiten der größten Primitivität an und wurden in geschichtlicher Zeit durch eiserne, bronzene oder verstählte Spitzhauen oder Keilhauen ersetzt. Diese Geräte kommen schon in Gräbern der ältesten Dynastien Ägyptens in Zeichnungen vor, indem (nach Birch, Proceedings of Soc. of Antiqu. London, V, second series, p. 22) den in die Gräber gelegten Skarabäen außer Zeichnungen von Breithauen, Schaufeln, Körben auch Spitzhacken auf den Rücken graviert waren.

Agatharchides erwähnt die hier in Rede stehenden Gezähe als λατομικός σίδηρος; er sagt (Diodorus III, 103): τυπίσι σιδηραῖς πέτραν κοπτουσι. Thucydides nennt die Gezähe σιδήρια λιθουργά; Plinius

[1]) Die Kratze heißt bei ihm rutrum, von ruo abgeleitet; davon heißt dann rutramina das, was man mit der Kratze gewinnt, also das Grubenklein.

[2]) Perser bei Barka in Afrika um 540 (Her. IV, 200), bei Milet 496 (Her. VI, c. 18), Griechen bei Plataä, Camillus bei Veji, Rhodier gegen Demetrius, Mazedonier bei Lamia (Liv. 36, c. 25), Cäsar bei Uxellodunum (b. G. VIII, 43) und sonstige zahlreiche Fälle.

kennt sie unter der Bezeichnung a c i s c u l u s oder m a l l e u s r o s t r a t u s; Hist. nat. XXXIII, 14 werden von ihm die Hammerschnäbel, malleorum rostra, erwähnt. Sie kommen übrigens auch auf einigen Münzen vor, z. B. auf solchen der den Beinamen acisculus führenden Gens Valeria.

Im Gebiete von L a u r i o n hat man eine Reihe von Spitzhauen gefunden, die den heute noch zu Wieliczka in Anwendung stehenden Schrämhämmern durchaus ähnlich sind, wie sich überhaupt die allgemeine Grundform der Keilhauen bis in unsre Zeit durchgerettet hat. Aus höchstwahrscheinlich römischen Bauen am Mechernicher Bleiberge besitzt Verfasser eine Keilhaue von der daselbst auch heute noch gebräuchlichen Gestalt der Fig. 7.

Fig. 8b.

Von einem am M i t t e r b e r g e gefundenen Bronzepickel gibt Fig. 8 nach M u c h eine Anschauung; das Werkzeug hat abgerundete Kanten und endet in einer stumpfen Spitze, den Schaft nimmt eine Höhlung des Nackens auf. Im H a l l s t ä t t e r Salzbergbau hat man dagegen Hauen von der Form der Fig. 9 gefunden.

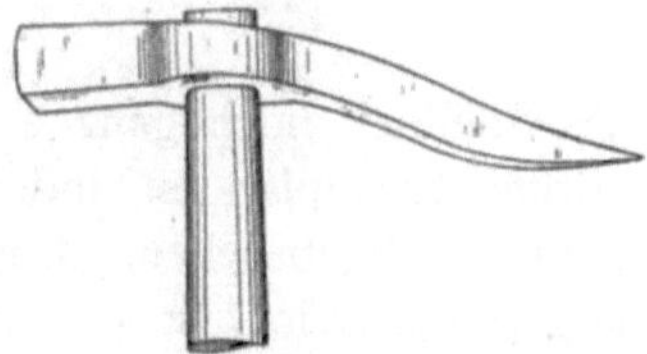

Fig. 7.

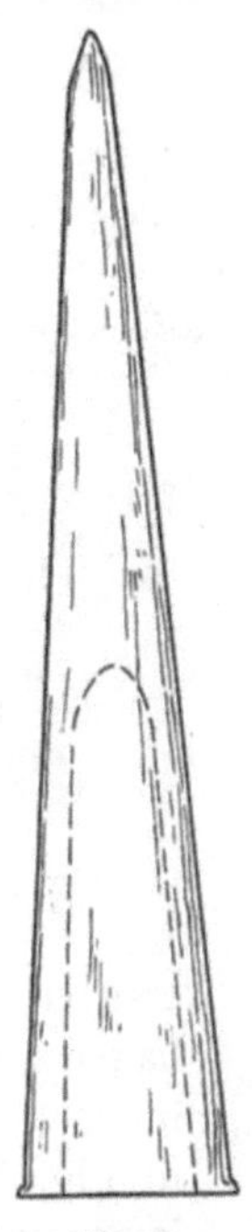

Fig. 8a.

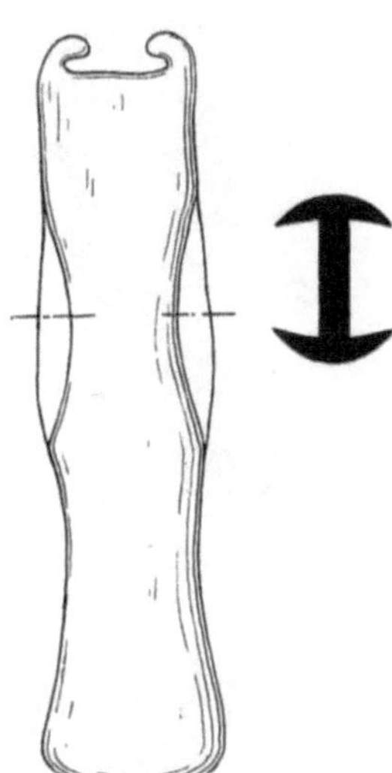

Fig. 9a u. b.

Aus den prähistorischen Steinsalzgruben von Königstahl in der Maramaros ist ein keilhauenähnliches Gerät von der Form der Fig. 10 bekannt geworden, dessen S c h n e i d e parallel zum Helm steht und das Gezähe zum Spalten von Steinsalzblöcken geeignet erscheinen läßt. (Preißig, Österr. Z. f. B.- u. Hüttenwesen, 1877, S. 301, 311, 321.)

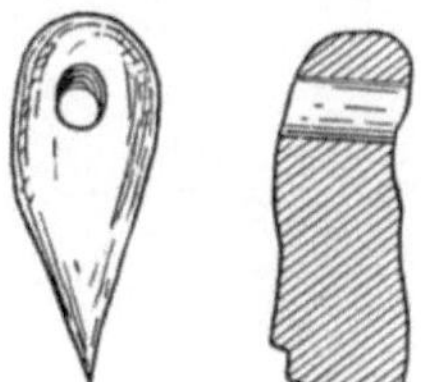

Fig. 10.

Eine größere Anzahl von römischen Bergbauwerkzeugen hat D a c i e n geliefert; sie sind 1888 von Teglás beschrieben (in der Zeitschr. f. B.- u. Hüttenwesen), dessen Darstellung wir folgen.

Die Figuren 11—13 stellen eiserne Spitzhauen dar; bei den beiden

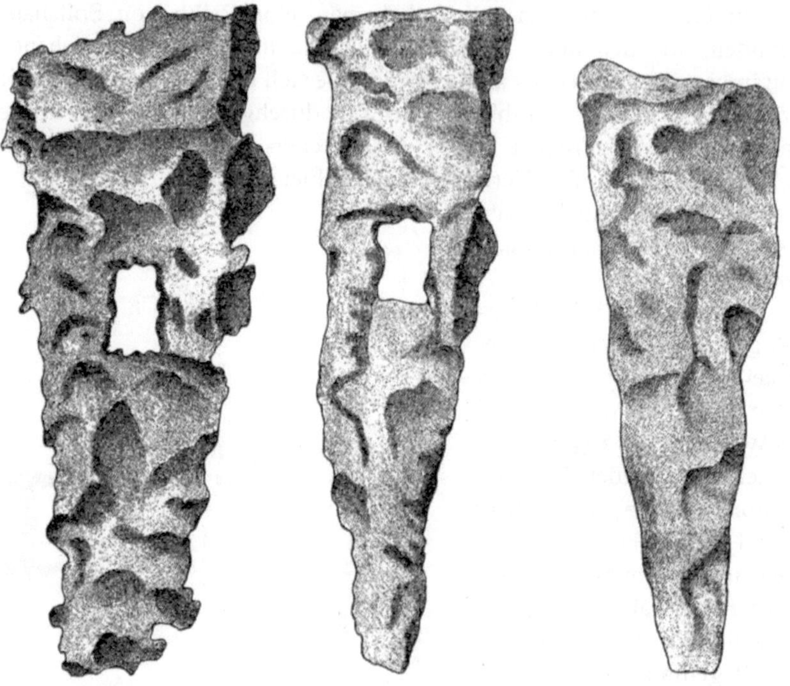

Fig. 11. Fig. 12. Fig. 13.

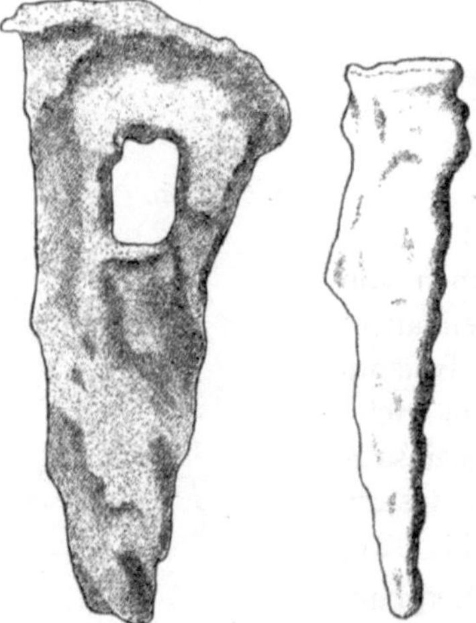

Fig. 14. Fig. 15.

ersteren ist das Stielloch noch ganz erhalten, das dritte Exemplar ist indes unter dem Stielloch abgebrochen. Das in Fig. 11 dargestellte Stück ist 11 cm lang und unten $4^1/_2$ cm breit, das zweite Stück hat $11^1/_2$ cm Länge und gleichfalls verbrochene Spitze.

Das Stück Fig. 14 stammt aus Kàracs im Hunyader Komitat, wo die Römer ausgedehnten Goldbergbaubetrieb unterhielten. Es stimmt in Form und Maßen sehr mit dem in Fig. 15 aus den von Place auf Napoleons III. Befehl angestellten Ausgrabungen von Khorsabad hervorgezogenen Stück überein, gleichfalls mit einem Instrument, welches wir bei Champollion auf Blatt 183 in der Hand eines Steinmetzes sehen.

In dem seit uralten Zeiten durch seinen Eisensteinbergbau, der bei Télek und Gálos seine Fortsetzung findet, bekannten Csernathale fanden sich mehrere zu einer Ausrüstung gehörige Gezähe, von denen das besterhaltene, eine Keilhaue von 2 kg Gewicht und 5 cm Breite, in Fig. 16 dargestellt ist. Das Gerät wurde sowohl zum Spalten als auch zum Zerschlagen benutzt, wie der abgenutzte Kopf beweist. Eine andere Haue, Fig. 17, ist 18 cm lang, das Loch ist 3,5 cm breit und 2 cm hoch, die obere Seite ist 4,5 cm lang. Von der Seite betrachtet ist die Spitze etwas zur Seite gebogen und das Stück 2,5 cm dick.

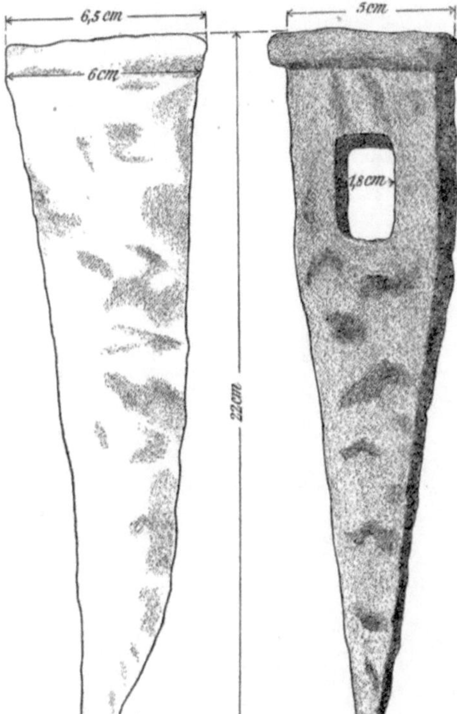

Fig. 16.

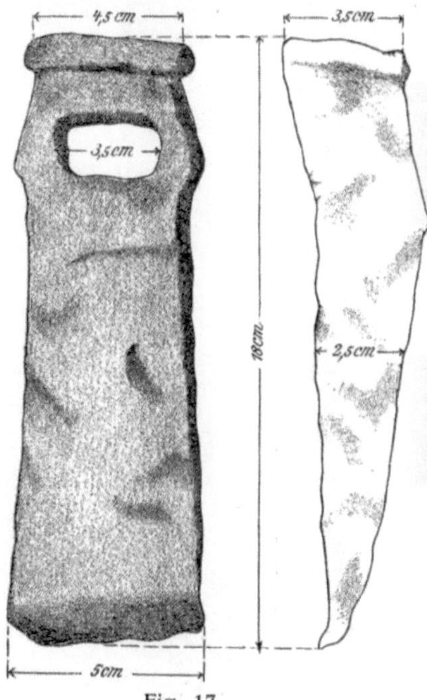

Fig. 17.

Auch in den römischen Gruben von Gyalár am Runkbache sind Gezähe gefunden worden, und zwar zwei Keilhauen, Fig. 18 und 19, von 21 und $24^1/_2$ cm Länge, und $2^1/_2$ cm oberer, sowie 7 cm Kantenbreite. Sie sind 0,96 kg schwer; aus einer anderen Grube stammt das in Fig. 20 gezeichnete Gezähe.

Zur Hereintreibearbeit benutzte man Brechstangen [μόχλιον, μοχλος λιθουργοῦ bei Lucianus, vectis bei Cäsar (b. G. II) genannt], die bis 150 römische Pfund wogen, und Keile aus Holz oder Metall. Die Form der von den Alten benutzten Keile entspricht im allgemeinen der heute gebräuchlichen; die Spitze ist bei den etruskischen und römischen Keilen einfach konisch oder pyramidal; bei den griechischen gradlinig-meißelförmig und bei den Ägyptern zweispitzig-

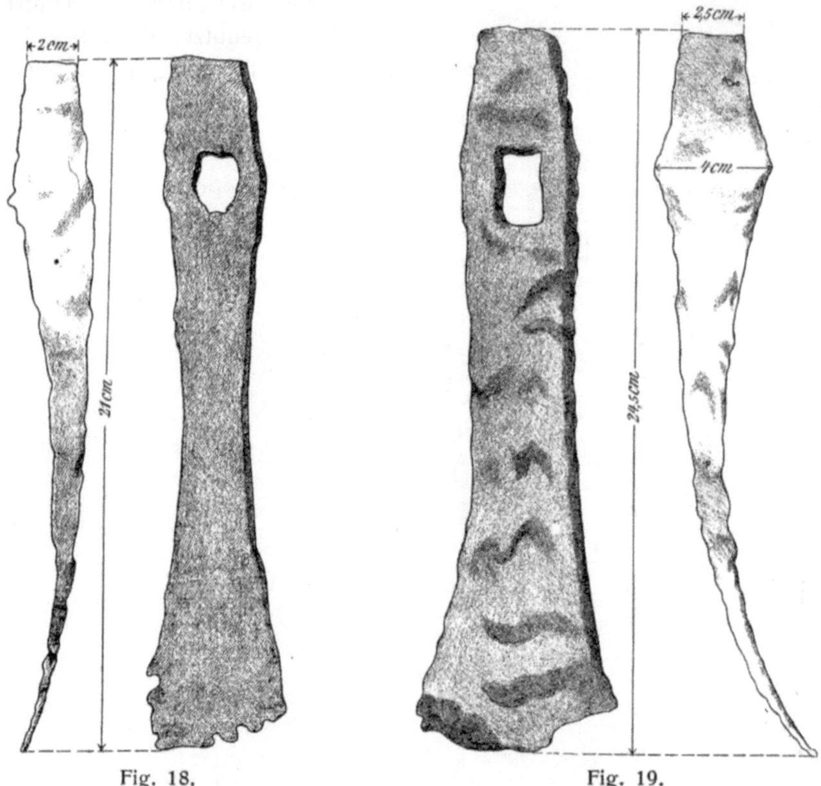

Fig. 18. Fig. 19.

schwalbenschwanzförmig. Die Länge der Instrumente variiert zwischen 6 und 9½ Zoll, das Gewicht zwischen 1 und 3 kg.

Ein 9,5 cm langer und 2 cm breiter römischer Keil aus Télek ist in der der nebenstehenden Fig. 21 dargestellt; er wiegt 0,24 kg. Im Züricher Museum befindet sich ein Pendant dazu.

In Fig. 22 ist ein 0,23 m langer und 0,27 kg schwerer Eisenmeißel aus Télek dargestellt. Ein ähnlich geformtes Instrument sieht man auch auf der 164. Tafel des Champollionschen Atlas zu »Monuments de l'Egypte et de la Nubie, Paris 1835« in der Hand eines Steinmetz, ebenso wiederholt sich die Gestalt dieses Gezähes auf römischen Reliefs und Vasen.

Keile aus hartem — Eichen- oder Buchen- — Holze hat Much am Mitterberge gefunden, ebendort auch Zulagen aus Buchenholz von 10 cm Breite.

Hinsichtlich der Ausführung der Hereintreibearbeit weisen alle Anzeichen darauf hin, daß man, wenigstens in den Steinbrüchen, rings um das abzulösende Gestein zuerst mit

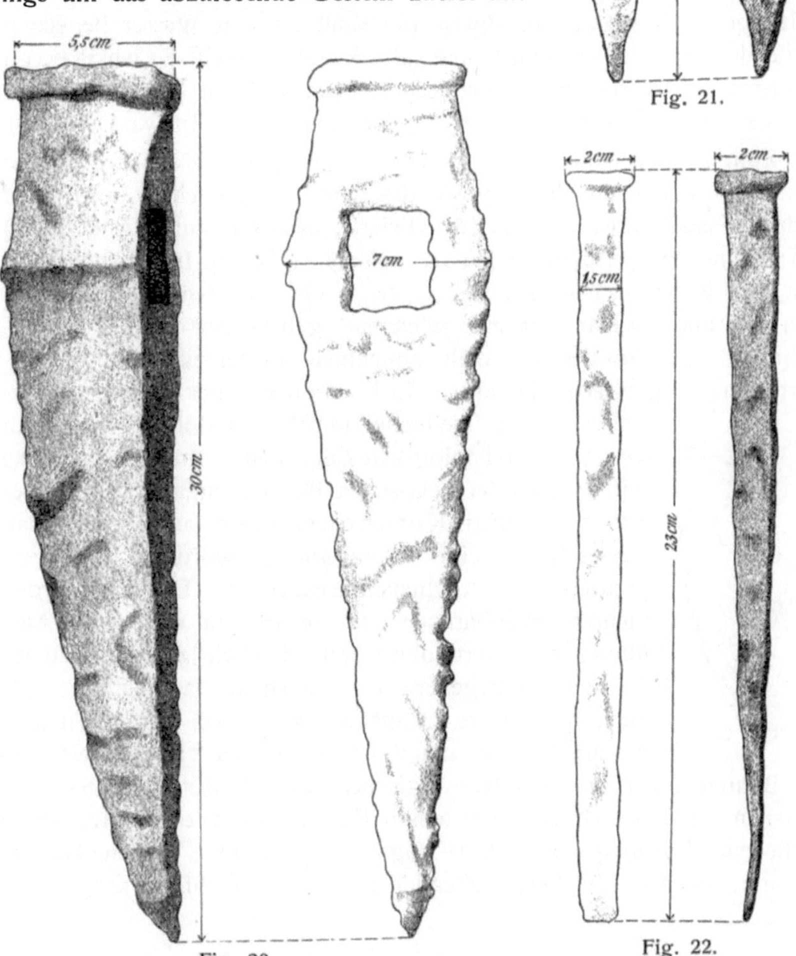

Fig. 21.

Fig. 20.

Fig. 22.

kleinen Werkzeugen Rinnen ausarbeitete, um es dann mit schweren Gezähen abzuheben. In den Brüchen von Syene z. B. hat man (nach

Pococke, Reise nach dem Orient I, 198) rings um den abzuhebenden Block 3 Zoll tiefe Rinnen eingehauen, dann die Hebekeile angesetzt. Analoge Arbeitsvorgänge zeigen die römischen Mühlsteinbrüche am Cap Spartel in Marokko (Berg in Köln. Zeit. 1880, Nr. 126), die Marmorbrüche im Gneiß bei Bona (Fournel, Rich min. de l'Algerie, Paris 1849, S. 34), die Traßgruben bei Plaidt (Ber. d. nrh. Ges. f. N.- u. Heilk. 1869, S. 118) und die Syenitbrüche am Feldberg im Odenwalde.

An Stelle der Schlitze wandte man in vielen Fällen auch Bohrungen in regelmäßigen Abständen an, welche man mit trocknen Holzpflöcken besetzte, um durch die Kraft des mit Wasser benetzten quellenden Holzes Gesteinsbänke abzuheben. Nach Schuchhard (Schliemanns Ausgrabungen, Brockhaus, Leipzig 1890) kann man diese Technik schon an vielen Steinen der Burgmauer von Tiryns sehen [1]).

Zum Bohren solcher die Hereingewinnung vorbereitender Löcher in Steinen benützten die Ägypter das von den Griechen unter dem Namen τέρετρον oder τρύπανον überlieferte, nach Pausanias (Attic. S. 63) von Callimachus erfundene [λίθους πρῶτος ἐτρύπησε] Instrument, von dem wir leider nichts Genaues wissen. Ob es drehend oder etwa nach Art unseres Handbohrens schlagend gehandhabt wurde, ist unbestimmt, doch können wir wohl annehmen, es sei ein Drehbohrinstrument gewesen. Stammen doch schon aus der Steinzeit Werkzeuge, deren Stiellöcher mittels des Bohrers hergestellt sind. Als archäologische Seltenheiten finden wir Stücke mit unvollendet gelassenen Bohrungen und da zeigt es sich, daß man Kernbohrungen angewendet hat. Auch Kerne sind nachgewiesen worden. Im westpreußischen Provinzialmuseum zu Danzig werden mehrere Steinhämmer aufbewahrt, an denen die Ausübung der Kernbohrtechnik deutlich zu erkennen ist. So stellt beigegebene Fig. 23 einen Hammer dar, den man, nachdem er im Stielloch gebrochen war, von neuem durchbohrt hat, um ihn zu behelmen. Ein Beweis, daß das Bohren noch immer relativ einfacher war als das Zurichten und Schleifen eines neuen Hammersteins; Fig. 24 stellt eine unvollendet gebliebene Bohrung dar. Ein ringförmiger Raum, dessen äußerer Durchmesser dem des herzustellenden Loches entspricht, ist ausgebohrt,

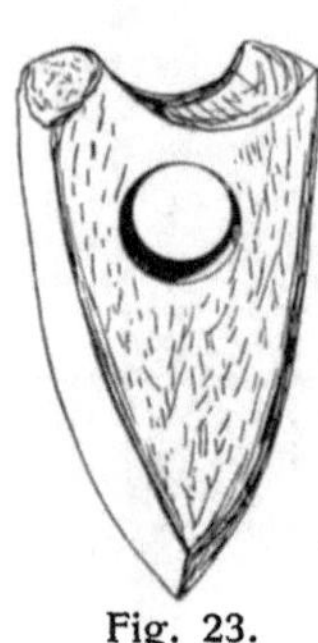
Fig. 23.

[1]) Auf eine dem Bohren ähnliche Bearbeitung weisen gleichfalls zahlreiche Steine des größten auf deutschem Boden vorhandenen Ringwalles auf dem Odilienberge in den Vogesen hin, als dessen Erbauer wohl die keltischen Mediomatriker zu gelten haben. (Mitt. vom Anthropol. Cong. Straßburg. Köln. Ztg. 10. VIII. 1907.)

im Innern ist aber ein Gesteinszylinder stehen geblieben. Wahrscheinlich hat man diese Bohrungen mit harten Röhrenknochen ausgeführt, unter die scharfer, mit Wasser angerührter, Sand gebracht wurde. In mäßig harten Gesteinen mag man mit diesem primitiven Instrumente einiges erreicht haben, in den äußerst harten Graniten, Basalten und anderen Gesteinen, deren die alten Ägypter viele bearbeitet haben, mußte man aber ganz andere Bohrwerkzeuge haben; das Vorhandensein solcher Gezähe ist auch tatsächlich konstatiert worden, wenn man auch das Gerät selbst noch nicht kennen gelernt hat. Der Engländer Flinders Petrie hat nämlich in seinem Buche: »The Pyramids and temples of Gizeh« den unwiderleglichen Beweis geliefert, daß den Ägyptern schon vor wenigstens sechs Jahrtausenden der mit harten Steinen besetzte Kernbohrer bekannt war, dessen Wiederanwendung man allgemein als eine Erfindung der neuesten Zeit (Vorschlag von Leschot, 1864) ansieht und dem wir die großen Schnelligkeits- und Sicherheitserfolge der modernen Bohrtechnik zu danken haben.

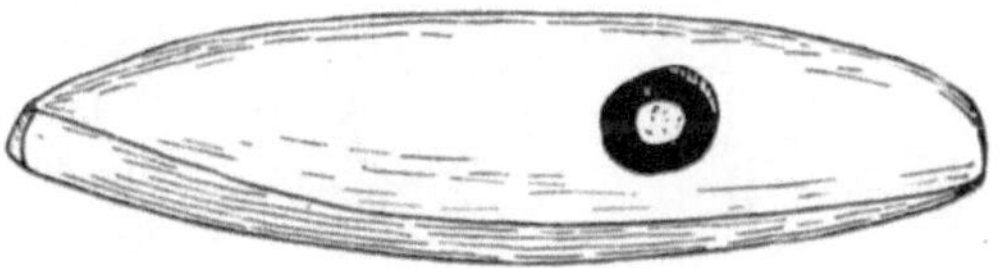

Fig. 24.

Daß den Ägyptern die Verwendung von Edelsteinen zum Schneiden harter Gesteine bekannt war, durfte man schon aus der Existenz der mit Hieroglyphen bedeckten Säulen und Vasen usw. aus harten Materialien vermuten. Die Schriftzeichen sind nicht ausgeschabt oder ausgeschliffen, sondern gefurcht; da die Linien außerordentlich fein sind (nur $^1/_{150}$ Zoll stark), so ist es klar, daß die schneidende Spitze viel härter als der Quarz sein mußte, den sie schnitt. Die parallelen Linien sind oft nur 1 mm voneinander entfernt geschnitten; wir können daher unbedenklich annehmen, daß das Einschneiden mittels Edelsteinspitzen vorgenommen wurde. Die aus »Freise, Die Anwendung des Diamanten in der Technik der Steinbearbeitung«, Steinbruch 1906, S. 143, nach »Fauck, Neuerungen in der Tiefbohrtechnik, 1889« entnommene Fig. 25 stellt einen aus einem Bohrloche in Gizeh ausgebrochenen Granitkern dar, an dem weitere Anzeichen für die Benützung von Edelsteinspitzen in Gestalt von regelmäßigen und ringsum gleichmäßig tiefen Spiralringen — hätte man loses Pulver gebraucht, so wäre der Schnitt im Quarz nicht so tief wie der im Feldspath — in genauer Symmetrie zur Achse zu erkennen sind. Die Fig. 26 stellt ein Bohrloch vom Granittempel in Gizeh dar; der Kern ist in einer Länge von 0,8 Zoll im Bohrloch

Fig. 25.

zurückgeblieben. Fig. 27 ist ein Kern aus Alabaster, gefunden in Kem Ahmar.

Das engste im Granit hergestellte Bohrloch hatte nach Fauck (a. a. O. S. 7) einen Durchmesser von 50 mm; die noch engeren Bohrlöcher standen im Kalk oder Alabaster an. Eigentümlich ist, daß die Kerne sich nach oben verjüngen, während die Bohrzylinder nach oben weiter werden. Dieser Umstand mag wohl darauf deuten, daß man keine sorgsame und fließende Wasserspülung benützt hat. Nach diesen Funden kann man sich den Kernbohrer als Bronzerohr mit eingesetzten Diamanten vorstellen. Die Rohre waren 1/4—5 Zoll (außen) weit und 1/30—1/5 Zoll stark. Daß man im Altertume zum Steingravieren wahre Diamanten kannte, beweist die Äußerung des Plinius (Hist. nat. XXXVII, 5. 15), daß »die Steinschneider die Diamantsplitter in Eisen fassen und ohne Schwierigkeit damit in jeden anderen Stoff graben«. Daß man Bronzerohre zum Einsetzen der Bohrdiamanten benützte, beweisen die nach Flinders Petrie in den Bohrlöchern gefundenen grün überzogenen Sandkörnchen, sowie der grüne Anlauf der Bohrlochwandungen, der außerdem die Verwendung einer geringen Wasserspülung ersichtlich macht.

Fig. 26.

Fig. 27.

Angewendet wurden solche Gesteinsbohrarbeiten auch dann, wenn mehrere Säulenstümpfe aufeinanderzusetzen waren, um eine große Säule daraus herzustellen. Man füllte dann die in der Achse jedes Stumpfes je zur Hälfte hergestellte Bohrung mit einem passenden Verbindungsbolzen aus, den man in der unteren Säulenpartie verbleite oder sonst befestigte. In größtem Maßstabe kann man dagegen die genannten Arbeiten im Innern der auf anstehendem Fels aufgerichteten großen Pyramide von Gizeh sehen. In El Birscheh sieht man nach Flinders Petrie die Spuren von 18 Zoll tiefen Bohrungen, mit Hilfe deren man eine Kalksteinplattform abgetragen hat.

Sehr überraschend ist die Größe des aufgewendeten Druckes; bei den 4 Zoll weiten Bohrungen nimmt Flinders Petrie einen Minimaldruck von 1—2 t im Granit an. An dem in der ersten Figur wiedergegebenen Granitkern sinkt die Spirale des Schnittes im Umfange von 6 Zoll um 0,1 Zoll, d. h. 1 : 60, eine für Granit ganz staunenerregende Leistung verratend.

Während die im vorstehenden geschilderte Hereintreibe- und Gesteinsbohrtechnik verhältnismäßig jungen Perioden angehört, ist die Arbeit mit Schlägel und Spitzkeil eine der ältesten bergmännischen

Handarbeiten, deren Gebrauch sich bis in die Zeit der ausschließlichen Benutzung des Steins verfolgen läßt. Harte Knochen- oder Geweihstücke, daneben lange und kantige Steine mußten als Keile dienen, dazu bildete ein größerer rundlicher Stein, in der Faust geführt, die Urform des Hammers. Solche helmlosen Hämmer sind bis zum Gewichte von 9,5 kg (Baue von El Aramo) gefunden worden. Die Herstellung zweckdienlicherer Werkzeuge führte später zum Zurechtschlagen des natürlichen Steines. Als Material für die Hämmer wurde, da es hierbei auf ziemlich bedeutende Festigkeit ankommt, neben den hornblendehaltigen Gesteinen Diorit, Gabbro und Serpentin namentlich die zähen Materialien Nephrit, Jadeit und die mit ihnen verwandten Mineralien Saussurit und Chloromelanit benutzt. Auch Süßwasserquarz und Kieselschiefer, sowie dichte Lava kommen als Material zu Hämmern vor.

Wo derartiges Gestein in größerer Menge und besonders geeigneter Qualität zu finden war, da entstanden förmliche Bergbaubetriebe auf dasselbe, an welche sich Werkstätten für die Herstellung von Geräten und Werkzeuge anschlossen, wo das Material für den oft weit ausgreifenden Tauschverkehr bearbeitet wurde. Derartige Werkstätten haben z. B. in der Umgegend von Mons in Belgien (Glückauf, Essen, 1894, S. 1323), bei Kent (Globus 1900, S. 200), bei Syrakus bestanden. Aus Asien sind Nephritsteinbrüche am Karakusch durch A. v. Schlagintweit bekannt geworden (Globus 1900, Nr. 19), auch bei Khotan; ferner sind am Baikalsee Nephritwerkstätten gefunden worden. In Nordamerika haben bei Seneca, Missouri (Globus 1895, Nr. 147) und an der Mündung des Ontonagonflusses in den Oberen See (Glückauf 1879, Nr. 58) solche Steinwerkstätten bestanden, ebenso wie bei Pachuca in Mexiko.

Um dem Schlage eine größere Wucht zu geben, andererseits wohl auch um einer schnellen Ermüdung in etwa vorzubeugen, wurden mit der fortschreitenden Entwicklung der Bergtechnik die Steinhämmer behelmt. Die Art der Befestigung hat im Laufe der Zeit wesentliche Wandlungen erfahren. Die Stiele schwererer Fäustel wurden aus einer Rute gebildet, die zusammengebogen und dann mittels Riemen in einer um den Stein herumlaufenden, eingeschlagenen Rinne befestigt wurde, so daß also ein zweifacher Stiel entstand. Hierbei drehte man die Weide an der Stelle der stärksten Krümmung auf, analog wie das heute auch noch die Korbflechter zu tun pflegen. Solche Fäustel sind aus vielen antiken Bergbauen bekannt geworden, die Behelmung ist aber nur selten konserviert geblieben; von den Tschudengruben am Altai beschreibt sie Pallas (Reisen d. versch. Prov. d. russ. Reiches, 1771—76, Bd. II, S. 592 ff.) und nach ihm Hellwaldt (Zentralasien,

S. 81); vom Mitterberg beschreibt sie Much (Das vorgeschichtliche Kupferbergwerk auf dem Mitterberge, Wien 1879, S. 14). Je ein Exemplar aus den Kupfergruben von El Aramo und aus Rio Tinto zeigen die Figuren 28 und 29 (nach Treptow, Mineralbenutzung in

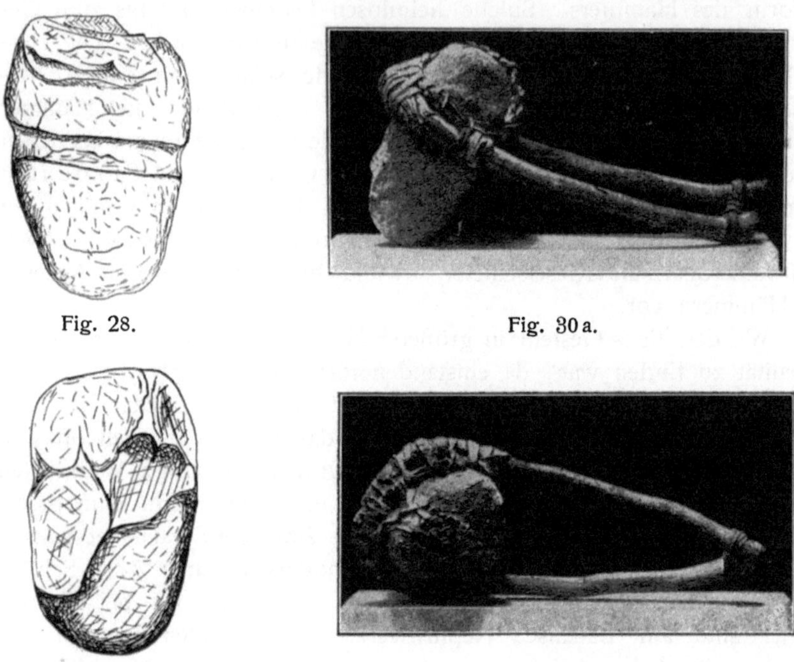

Fig. 28. Fig. 30 a.

Fig. 29. Fig. 30 b.

vor- und frühgeschichtlicher Zeit, Freiberg 1901, Craz & Gerlach, S. 16). Die Originale besitzt die Bergakademie Freiberg. Ein mit Behelmung erhaltenes Exemplar aus Chile — Chuquiquamata; Original gleichfalls in Freiberg — ist in den beiden Figuren 30 a und b dargestellt. Vom Oberen See sind sie bis zum Gewicht von 18 kg bekannt geworden (Treptow, Mineralbenutzung, S. 17).

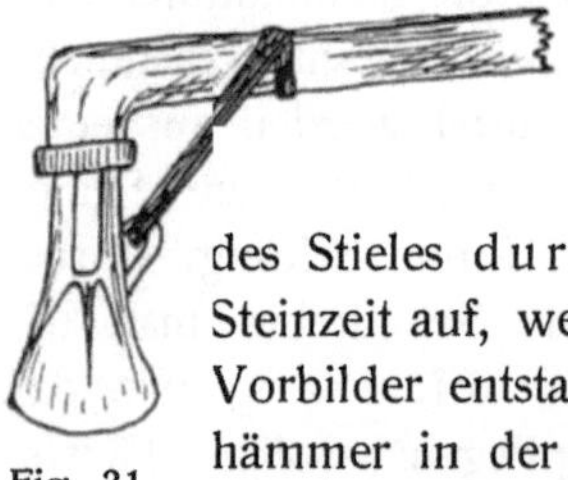

Später wurden die Fäustel zur Aufnahme des Stieles durchbohrt. Sie kommen erst gegen Ende der Steinzeit auf, wenn sie nicht gar unter dem Einflusse metallener Vorbilder entstanden sind, analog, wie die Bestielung der Steinhämmer in der oben angegebenen Weise die Metalläxte ihrerseits insofern beeinflußt hat, als auch diese zuerst ohne Lochung benutzt, vielmehr durch Einstecken in das eine gespaltene Ende eines krummgewachsenen Astes geschäftet und dann durch Umbinden mit Schnüren festgehalten wurden (vgl. hierzu Fig. 31). Die

Fig. 31.

durchbohrten Steinhämmer tragen das Schaftloch meist etwas nach dem Rücken zu gelegen, so daß nur einseitig benutzbare Geräte entstehen. Nach den auf uns gekommenen unvollendeten Stücken und zahlreichen Bohrkernen zu schließen, geschah die Durchbohrung mit Hilfe eines hohlen Zylinders aus Horn- oder Knochensubstanz, während das eigentliche Agens feuchter und scharfer Sand war, den man während des — etwa durch Bogen und Sehne bewirkten — abwechselnden Hin- und Herdrehens zwischen den Bohrer und das entstehende Bohrloch streute.

Der bekannte österreichische Altertumsforscher Graf Wurmbrand hat seinerzeit aus zwei vertikalen Ästen, einem zur Aufnahme der Bohrvorrichtung gelochten Querast aus Hirschhorn und einer in einem vertikalen Stab verschnürten Geweihendsprosse als Bohrer, einen Apparat zusammengestellt, wie er wohl zur Ausführung dieser Bohrarbeiten gedient haben kann. Schon 1875 erbrachte Wurmbrand damit durch wiederholte Bohrungen in Serpentin und anderen Gesteinen den Nachweis der Möglichkeit der Durchbohrung von Steinsachen ohne Anwendung von Metall [1]).

Ebenso wie die Steinfäustel durch das ganze Altertum hindurch eine überraschende Formenkonstanz aufweisen, finden sich auch die metallenen Schlägel in denselben Gestalten bei Japanern, Chinesen, Ägyptern, Tschuden, Kelten, Griechen, Römern und Germanen. Sie bestehen aus Eisen, Stahl oder Bronze, bei den Tschuden aus Kupfer, und weichen in ihren Grundformen kaum von den heutigen Hammermodellen ab. Entweder sind sie beiderseits flach und dann durchweg vierkantig, sowie mit einem meist runden Stielloche versehen, so daß sie von beiden Seiten zum Treiben des Keiles oder zum Zerschlagen gebraucht werden können, oder sie sind nur auf einer Seite platt, auf der anderen aber in einer stumpfen Spitze ausgezogen, so daß sie einerseits zum Antreiben des Keiles, andererseits zum Spalten Anwendung finden können. Fig. 32 zeigt einen laurischen Berghammer, τυπίς, nach Ardaillon, Les mines du Laurion dans l'antiquité, Paris, Fontemoing, 1897, S. 21. Ein analoger Hammer ist in der alten Grube von la Baume bei Villefranche (Aveyron) gefunden worden (s. Daubrée, Revue archéol. 1881, p. 207, Fig. 5).

Fig. 32.

Im Steinbruchsbetriebe wandten die Alten glatte und gezahnte Sägen, Feilen und Steinmeißel an. Als eigentliches

[1]) Nicht unerwähnt soll bleiben, daß die Römer die steinernen Geräte als vom Himmel gefallen ansahen und sie selbst nicht zum Arbeiten benutzten, sondern mit abergläubischer Verehrung behandelten und bei Opfern und anderen religiösen Handlungen gebrauchten.

Agens benutzte man Sand beim Sägen; als die besten Sorten nennt Plinius (Hist. nat. XXXVI, 9) den »aus dem Mohrenlande und den aus Indien«[1]).

Zum Antriebe der Steinsägen — Plinius kennt sie (Hist. nat. XXXVI, 44: In Belgica provincia serra lapidem secant) aus dem belgischen Gallien — wandte man im 4. Jahrhundert Wasserkraft an; in dem Moselliede des Ausonius, in dem der Gelbis (Kyll) und der »marmore clarus Erubrus«, der durch »Marmor« (hier ist aber »Schiefer« zu lesen) berühmte Ruver gepriesen werden, heißt es unter anderem:

»Weit ist Gelbis bekannt durch edle Fische, doch an jenem,
Wo der Ceres Gestein in unaufhörlichem Schwung sich
Dreht und die knarrende Säge den glatten Marmor zerteilet,
Hört man beiden Ufern entlang anhaltend Getöse.«

Neben der Gesteinsarbeit mit dem Eisen ist die Hereingewinnung mittels Feuersetzens uralt. In den prähistorischen Gruben am Mitterberge und am Altai gleich wie in den ägyptischen Gruben, bei der Schmirgelgewinnung auf Naxos, in allen alten Römerbauen, in Frankreich, England, Ungarn, findet man durch Feuersetzen aufgefahrene Strecken, die sich zum Unterschiede von mit dem Gezähe vorgetriebenen Bauen durch einen hohen, in der Firste spitzbogenartig gestalteten Querschnitt, eine Folge der nach oben intensiver zur Geltung kommenden Flamme, auszeichnen.

Auch den Juden war das Feuersetzen bekannt, wie aus Jeremias 23, v. 29, am besten aber aus Hiob 28, v. 5, zu schließen ist. Dort heißt es: Ist nicht mein Wort wie Feuer (spricht der Herr) und wie ein Hammer, damit man die Berge einwirft? Hier aber: Ein Erdreich, darauf Speise wächst, wird unten umgewühlt vom Feuer (Vulgata: Terra, de qua oriebatur panis in suo loco, igni subversa est). Im laurischen Gebiete hat man dagegen aus mehreren Gründen kein Feuersetzen angewendet; zunächst wegen des permanenten Holzmangels, der die Griechen sogar zur Seeeinfuhr von Brennholz zum Gebrauch in den Schmelzstätten zwang, dann aber auch wegen der minder großen Gesteinshärte, welche bei einer Arbeit mit dem Eisen noch gute Resultate erzielen ließ.

---

[1]) Steinsägen sind auch von den oben bereits genannten Mediomatrikern am Odilienberge angewandt worden, woselbst gewisse, von altersher bekannte Einschnitte im anstehenden Gestein nicht, wie man früher annahm, Blutrinnen für heidnische Opfer gewesen, sondern eben dem mit Sand vorgenommenen Absägen der Blöcke ihre Entstehung verdanken (Köln. Ztg., 10. VIII. 1907).

Daß man tatsächlich nur die äußerst harten Gesteine mit Feuer angriff, erhellt u. a. aus Diodor (l. III, c. 6), wo es heißt: terram auro gravidam, ubi durissima est, igni subactam emolliunt et tum demum manuum opus adhibent; und Plinius sagt: occurrunt silices; hos igne et aceto rumpunt (Hist. nat. I, 33).

Außer aus tatsächlichen Funden kennen wir aus den alten Schriften eine Reihe von Gelegenheiten, wo man sich des Feuersetzens zur Gewinnung von Gestein bedient hat. So erzählt Cassius Dio (36, 8), daß die Mauern der bötischen Stadt Eleutherion mit Essig gesprengt worden seien. Hier könnte man allerdings, vorausgesetzt, die Mauern seien aus Kalksteinen aufgeführt gewesen, auch an eine langsame Lösung des Steinmaterials durch aufgegossenen [warmen?] Essig denken. Galenus berichtet (I, 22, 16), der Essig durchdringe Stein, Erz, Eisen, Blei gleich dem Feuer. Ähnliches sagt auch Plinius (Hist. nat. XXIII, 27) von dem Essig: Saxa rumpit infusum, quae non ruperit ignis antecedens.

Ein großartiges Beispiel von Feuersetzen finden wir endlich in der livianischen Erzählung von Hannibals Alpenübergang. Hierüber heißt es (Liv. XXI, 36 u. 37): Die Soldaten wurden beordert, einen Felsen zu ebnen, über den man unbedingt den Weg nehmen mußte; zu dem Zwecke wurden ringsum sehr große Bäume gefällt, und aus deren Ästen und Stämmen ein außerordentlich hoher Holzstoß erzeugt, den man bei einem mächtigen, die Verbreitung der Flamme begünstigenden Winde anzündete. Das durch den Brand glühend gemachte Gestein wurde durch aufgegossenen Essig mürbe gemacht, und durch das erhitzte und gebräch gewordene Gestein bahnte man mit eisernen Hauen einen Weg, der nicht nur den Lasttieren, sondern auch den Kriegselefanten einen bequemen Übergang ermöglichte.

Beiläufig erwähnt, mögen die Punier, wie auch Plinius zu tun scheint, dem Essig (oder Essigwasser, welches sie als Getränk in reichlicher Menge mit sich führten — posca —) eine besondere Wirkung beigemessen haben, sonst würden sie die heißen Felsen wohl mit dem reichlich vorhandenen Schnee resp. Schneewasser abgekühlt haben (Hoppe, Beitr. z. Gesch. d. Erfind., Heft I, 1889, Clausthal). Das Gestein riß man nach dem Erkalten mit Brecheisen herein oder trieb es mit Keilen ab; zum Anfassen noch heißer Brocken hatte man, wie aus einem 1903 bei Palazuelos bei Linares gefundenen Relief hervorgeht (Notiz Köln. Ztg., 6. Juni 1903), gelegentlich eiserne Zangen zur Hand.

Lange war ungewiß, ob den Amerikanern das Feuersetzen bekannt war. Namentlich hat man es den Kupferbergleuten des

Oberen Sees abgesprochen, da man sich mit der — angeblichen — Unbekanntschaft des Kupferschmelzens die Anwendung des Feuers zur Gesteinsgewinnung nicht hatte erklären können. Es sind jedoch nicht nur gegossene Geräte aus Kupfer gefunden worden, so z. B. eine Axt von der Form, wie sie in den mounds vorkommt, zu Auburn, Cayuga Cty, New-York (Squier, Oboriginal Monuments of the State of New-York, Washington 1849, S. 78), sondern man hat auch in den Gruben selbst Spuren des Feuersetzens entdeckt. Schmidt (Archiv für Anthropologie XI, S. 65 ff.), Rivot (Berg- und Hüttenmänn. Zeitung 1856, S. 326), Dieffenbach (ebenda 1858, S. 27) haben Mitteilung gemacht von in den Bauen gefundenen Haufen von Holzkohlen und Asche, die man nur als Reste von Feuersetzen denken kann. Nach Sir John Lubbocks »Prehistoric Times« (S. 219 ff.) brannten die Indianer Opferfeuer in vertieften Herdgruben von 5—8 Fuß Durchmesser und 10—20 Zoll Tiefe, in denen man außer Asche und Knochen viele Gegenstände des Gewerbefleißes findet, daher die Indianer leicht das Schmelzen von Kupfer lernen konnten.

In Peru finden sich (Ann. d. mines 1882, VIII. S., T. II, p. 571) sehr alte Steinbrüche auf dem Isthmus von Copacabana, die mit Feuersetzen getrieben wurden.

Als letzte der von den Alten ausgeübten Gewinnungsarbeiten sei das unserem »hydraulic mining« vollkommen entsprechende Verfahren der Hereingewinnung von Gestein durch strömendes Wasser hier erwähnt, von dem Plinius bei Gelegenheit des auf den nordwestspanischen Goldlagerstätten umgehenden riesigen Bruchbaues redet. Lassen wir dem Autor selbst das Wort: . . . »Meilenweit leitet man die Wasser über die Berge, dabei muß man das Gefälle bis zur Mündung möglichst stark nehmen, also das Wasser von den höchsten Gegenden herholen. Täler werden überbrückt und das Wasser darüber fortgeleitet. Wo zu steile, unzugängliche Felsen sind, werden sie zur Aufnahme der zum Kanalgerinne nötigen Balken und Bohlen ausgehöhlt. Die diese Arbeiten verrichtenden Leute hängen an Seilen, so daß sie von ferne nicht einmal wie ein Wild, sondern wie ein Vogel aussehen. Sie schweben in der Luft hin und her und zeichnen dem Kanal den Weg vor; ihre Hände räumen den Schutt und das Gerölle in Körben fort . . . An den obersten Abhängen der Berge legt man Teiche als Wasserreservoirs an, 200 Quadratfuß groß bei 10 Fuß Tiefe. An ihnen läßt man fünf je drei Quadratfuß große Auslauföffnungen. Sobald ein Reservoir voll ist, zieht man die Schützen und der Strom stürzt mit solcher Gewalt fort, daß er Felsen fortbewegt . . . Hierauf beginnt die Anreicherungsarbeit in der Ebene« usw.

e) Grubenausbau.

Betrachten wir nunmehr den Ausbau der Grubenräume und die Mittel zu ihrer Offenhaltung während des Betriebes. Wohlbekannt war sowohl den vorhistorischen Bergleuten, wie den Japanern, Chinesen, Nordamerikanern und den Ägyptern, den Griechen, Etruskern und Römern die Tatsache, daß die Form der Grubenräume von Einfluß auf deren Standhaftigkeit sei, deswegen finden wir ausnahmslos die Baue in der Firste gewölbeartig gehalten, so daß die Last des Hangenden vorwiegend auf die Stöße übertragen wird. Gangbergbaue und kleinere Weitungen finden sich fast ohne Ausnahme ohne eine Spur von Ausbau; in den größeren Weiten blieben Stützpfeiler stehen (μεσοκρίνεῖς, δρμοι, δμοερκεις, κίονες, fornices crebri montibus sustinendis), deren Aufrechterhaltung im laurischen Bergbaubezirke, wie bereits gesagt, durch Gesetz geboten war. Von einem Vergehen gegen dies Gesetz, von einem gewissen Diphilos begangen, kennen wir auch die Ahndung (aus Plutarchs Lycurg). Der Schuldige mußte den Giftbecher leeren und verlor seine ganze Habe im Betrage von 160 Talenten (fast $^3/_4$ Millionen Mark), die unter die Bürger verteilt wurden.

Die künstlichen Mittel zur Stützung des Hangenden bestehen in den Indianerbergbauen am Oberen See aus großen, oft weit hergeholten Steinen, aus denen regelrechte Pfeiler zusammengesetzt sind, je nach der im übrigen sehr wechselnden Höhe der Baue, sonst entweder aus Bergemauerungen, bei denen, wie in den etruskischen Betrieben, hinter einer Packung von groben Gesteinsstücken kleiner Schutt gefüllt wurde, oder aber aus Holzstempeln, bzw. Verbindungen von mehreren Hölzern. Holz ist als Material zum Grubenausbau während des ganzen Altertums immerhin recht selten; wohl deshalb, weil man es in der Hauptsache als Brennmaterial für die Feuersetzarbeit und die Schmelzhütten benützen mußte. Plinius erwähnt Holz als Ausbaumaterial bei seiner umständlichen Schilderung des spanischen Goldbergbaues: Tellus ligneis columnis suspenditur (Hist. nat. XXXIII, 4. 21 ff.). Einen Rest alter römischer Streckenzimmerung fand man in der Katalin-Monulestigrube im Letier Revier zu Verespatak (vgl. Pošepný, Röm. Schöpfrad in »Österr. Zeitschr.« 1877, S. 391, dgl. 1868, S. 153, 165). Die einzelnen Türstöcke standen unmittelbar aneinander; die Verbindung zwischen Stempel und Kappe geschah mittels langer am Stempel angeschnittener Zapfen, welche in Durchbrechungen der Kappe paßten. Ähnlichen Ausbau fand man in sardinischen Römergruben. Etwas hiervon abweichend sind die in den toskanischen Gruben von Selvena bei Sta. Fiora am Monte Amiata gefundenen römischen Türstöcke konstruiert gewesen, von denen nebenstehende Fig. 33 (nach eigner Aufnahme des Verfassers) ein Bild gibt. Die Stempel sind unten zugespitzt und etwa 10 cm unter der oberen Endfläche von einem 3·5 qcm großen Loch durchbrochen, in welches die Zapfen der Rundholzkappe passen. Die Verbindung schützt mehr gegen seitlichen als gegen Firstendruck. An eben derselben Stelle fand sich auch eine größere Anzahl von Nadelholzzapfen, von denen zu vermuten ist, daß sie aus zur Verschalung hinter der Zimmerung benutzten Zweigen herstammen. Letztere sind vermodert, und nur die daranhängenden Früchte haben sich erhalten und erinnern an die »Nüsse« der Wetterauer Braunkohle, die sich ebenfalls ganz gut erhalten konnten, während die Struktur der dazu gehörenden Hölzer vollständig verloren ging.

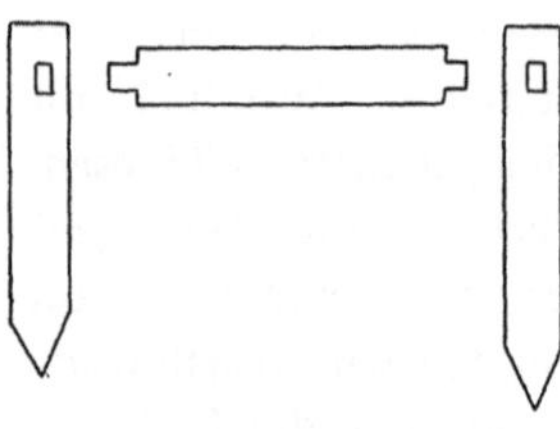

Fig. 33.

Schachtausbau findet sich nur sehr selten; wenn solcher vorhanden ist, so ist es trockene Mauerung aus groben Steinen, einige Meter von dem Mundloche an sich abwärts erstreckend. Sie diente dann zur Festhaltung der losen Schuttmassen, welche aus dem Abteufen des Schachtes gefallen waren, und welche man als Schachthalde aufgestürzt hatte. In einem von den Römern herrührenden Gesenk in der Bleierzlagerstätte des Tanzberges bei Keldenich, unweit Mechernich, fand sich ein Ausbau im ganzen Schrot, dessen einzelne Jöcher gleichfalls durch Verzapfung ineinandergefügt waren. Ähnlicher Brunnenausbau fand sich auf der Saalburg bei Homburg v. d. H.

f) Förderung.

Ebenso primitiv wie der Grubenausbau war auch die Förderung. Da in den weitaus allermeisten Fällen die Ausdehnung der metallführenden Lagerstätte das Maß für die Weite der Strecken und Baue war, so ist es erklärlich, daß die letzteren unregelmäßig sind; wer in einen solchen einfährt, kann nur gebückt oder kriechend, ja nicht selten nur auf allen Vieren voranfahren. Als Fördergefäße dienten Säcke, geflochtene oder aus Brettern zusammengesetzte Tröge, kleine Kesselchen aus Blech. Innerhalb der Strecken förderte man wohl meist durch Handreichung bis an die Mündung des Schachtes oder bis in eine größere Kammer, wo man eine Ausschlägelung vornahm. Danach füllte man das Gut in größere Gefäße, die dann entweder von Hand zu Hand durch die auf Spreizen sitzenden Sklaven herausgereicht wurden oder — in flachen Schächten — auf dem Rücken herausgetragen werden mußten. Diese Einrichtung wird von den ägyptischen Goldgruben in gleicher Weise wie von den spanischen Silbergruben und den cyprischen Kupferbergwerken bei den Alten erzählt (Diodor III, 12, 13; V, 37; Strabo III, 148; Plinius hist. nat. XXXIII, 4. 71; Galenus de simpl. fac. VIII, S. 209 ed. Kühn; Pollux VII, 100; X. 149; Hippocrates, de vict. rat. I, 4).

Dabei bedingten die engen Strecken, welche das Passieren eines Mannes mit einer seinen Kräften entsprechenden Last nicht gestatteten, die Benutzung von jungen Leuten, oft selbst von Kindern, so daß die jedesmalige Fördermenge nicht viel mehr als 25—40 Pfund betragen haben mag.

Im laurischen Bergbaue hatte man als Fördermittel lederne Säcke, für die man die Bezeichnungen σάκκος, σάκκιον, σάκτηρ, oftmals auch θύλακος findet. Die Arbeiter nannte man θυλακοφόροι, ihre Tätigkeit ἀποσάττειν, ἐκφορεῖν, φορεῖν, θυλακοφορειν, d. h. aussacken, ausschleppen. Hesychius erklärt: Θυλακοφόροι οἱ μεταλλεῖς θυλάκοις περιφέροντες τὰ χώματα καὶ πηραις (in Ranzen) ὅθιν ἐκαλουντο καὶ πηροφόροι. Heute findet man diese Förderart übrigens noch in den kleinasiatischen Silbergruben von Gümüsh-Chane, wo die Förderleute das Erz in Ziegenledersäcken wie in einer Jagdtasche herausbringen, desgleichen in Sibirien.

Besonders erwähnenswert sind aus den antiken Funden von Fördergerätschaften zwei gleichgearbeitete Tragsäcke aus dem Hallstätter Salzbergbau, die sich im k. k. Hofmuseum zu Wien befinden, und von denen die (aus Treptow, Mineralbenutzung, Freiberg 1901, entnommenen) Figuren 34a u. 34b ein Bild geben. Sie sind 0,77 m lang und aus rohen, nicht enthaarten Rindsfellen in der Weise hergestellt, daß ein 1,64 m langes, an den Enden 0,5 m breites, an der Mitte etwas schmäler geschnittenes Stück eines großen Rindsfelles mit nach außen gewendeten Haaren der Länge nach zusammengelegt ist. Die zwei offenen Längsseiten sind mit einem etwa 10 mm breiten Riemen so durchflochten, daß sich ein nach oben erweiternder Sack bildet. Unterhalb des oberen Randes sind behufs Verstärkung zwei Fellstücke aufgenäht, das am Rücken

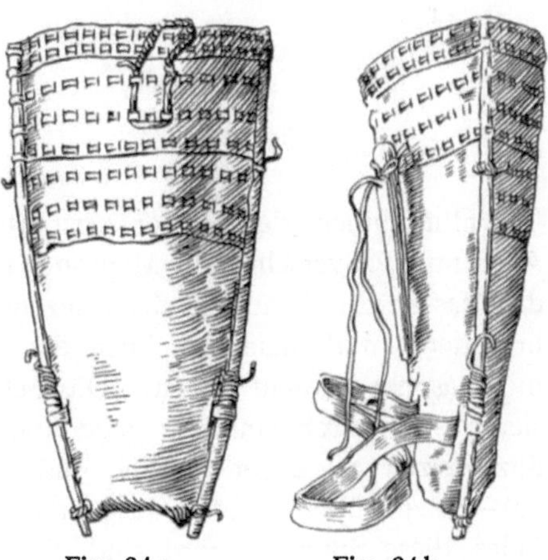

Fig. 34a. Fig. 34b.

anliegende mit drei, das breitere der Außenseite mit sechs eingeflochtenen Riemen. Am Rande des Sackes ist das Leder 5 cm breit umgelegt und durch zwei eingeflochtene Riemen befestigt. An die Längsnähte des Sackes sind mittels Riemen zwei etwas gebogene, an mehreren Stellen zwecks Befestigung durchlochte Rippen aus Eschenholz befestigt, welche oben und unten etwas herausragen. Zum Tragen des Korbes dient ein 6 cm breites, 1,20 m langes Lederband, welches unten in 10 cm Höhe durch das Leder gezogen und dann beiderseits dreimal um die Rippen gewunden ist. Da dieser um die Brust und eine Schulter gelegte Riemen zum sicheren Tragen nicht ausreichte, so ist am oberen Sackrande eine 0,4 m lange Tannenholzhandhabe angebracht. An dieser konnte der Sack im Gleichgewichte gehalten werden, während einfaches Loslassen der Handhabe ein Umkippen und Rückwärtsentleeren alsbald zur Folge hatte.

Konnte man diese Säcke am besten in flachen Schächten zum Tragen anwenden, so mußte man, um größere Massen auf ziemlich ebener Sohle fortzuschaffen, Schlepptröge anwenden, die entweder geflochten oder aus Brettern zusammengesetzt sind.

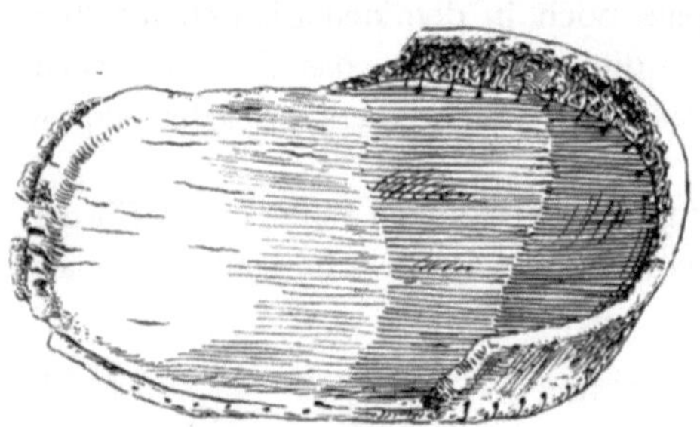
Fig. 35.

Ein zu El Aramo in Asturien gefundener Trog ist in Fig. 35 dargestellt (nach Treptows zit. Arb.). Er besteht aus einem ovalen Boden, an dem mittelst hölzerner Nägel ein niedriger Rand befestigt ist. Auch Reste eines Ledergriffes zum Schleppen finden sich daran.

Hinsichtlich des Massentransportes im Schachte kann man im Altertum zwei verschiedene Methoden unterscheiden. In vielen Fällen sind die Massen durch auf Spreizen sitzende Sklaven herausgereicht worden, in anderen muß man sich auch des Seiles in oder ohne Verbindung mit Haspeln bedient haben. Die Schächte der ersteren Art charakterisieren sich durch einander gegenüberstehende Gesteinslöcher, die den Sitzspreizen als Lager dienten und meistens in Entfernungen von nur 1,0—1,2 m übereinander ausgehauen sind. Bei Seilschächten fehlen indes diese Spuren; meist sind die Stöße ohne jedes Anzeichen eines Einbaus: in seltenen Fällen kann man die Einfuhren für die Wellen von Seilleitrollen bemerken, fast stets aber zeigt der obere Rand des Schachtes mehr oder weniger tiefe, vom Seil im Laufe der Zeit eingeschnittene Furchen. Man hat in solchen Fällen wohl Pferde oder andere Tiere zum Seilziehen angewendet. In solchen Fällen hat man anscheinend manchmal Strecken- und Schachttransport miteinander in einer allerdings sehr primitiven Art vereinigt, indem man das zu fördernde Gut unmittelbar am Ort der Einfüllung in das Fördergefäß — Sack oder Trog — ans Seil schlug und dann zutage zog. Heute findet man diese Art der Förderung noch bei dem Herausbringen großer Basaltblöcke aus den unterirdischen Brüchen bei Mayen und Niedermendig, in einer Industrie, die überhaupt manche archaistische Formen bewahrt hat.

Die Ägypter wandten Seile aus Baumwolle, die Phönizier solche aus Flachs beim Bau der Brücke des Xerxes über den Hellespont in Verbindung mit Drehwinden an (Herodot VII, 36); aus dem Buche Hiob kennen wir Andeutungen über die Anwendung des Seiles (Kap. 28, Vers 4): »Gänge bricht man fern von den Angehörigen, von dem Fuß vergessen, hängen sie, fern von Menschen wanken sie.«

Nach Diodor (II, 2, 15) wurden zu Persepolis besondere Maschinen — Haspel — benutzt, um die Särge der Könige in die hoch im Felsen gehauenen Gräber zu schaffen.

Aus dem Bauwesen kennt Vitruv u. a. auch den Kreuzhaspel, sucula, den man mit Hilfe von vier Hebeln, rectis, bewegte, und es ist wohl anzunehmen, daß man diese Maschine, die genannter Autor (Arch. X, 8) in Verbindung mit Seil und fester Rolle geradezu als Fördermaschine bezeichnet, auch im Bergbau angewendet habe.

Schon die vorgeschichtlichen Bergleute in El Aramo und auf dem Mitterberge müssen den Haspel gekannt haben; denn am ersteren Orte zeigten mehrere gänzlich leere Schächte an den Stößen Seilspuren, und am Mitterberge fand sich (s. Much, Das vorgesch. Bergwerk, S. 13) ein Exemplar eines solchen in der halben Höhe eines Schachtes. Er lief mit seinen Achszapfen in zwei in den Felsen eingeklemmten Lagern aus Holz und zeigte noch deutlich die Treibspeichen.

In mehreren vorrömischen Schächten bei Agrigent fanden sich gleichfalls Spuren des Heraufziehens von Steinen an den Stößen (Holm, Gesch. Siziliens, I, S. 140), und in den alten Bleigruben Toskanas waren in den kaum $^1/_2$ m im Quadrat messenden Schächten (nach Haupt in Berg- u. Hüttenmänn. Ztg. 1856, S. 88) etwa alle 10 m im Gestein die Löcher zu sehen, welche die Achsen der dem Seil als Führung dienenden Rollen getragen hatten.

Einen Kreuzhaspel fand Verfasser bei Selvena am Monte Amiata in – mutmaßlich — etruskischen Bauen. Die Treibspeichen waren tangential in trapezförmigen Einschnitten durch Keile befestigt.

Über Tage transportierte man Lasten nach der einen oder anderen der im folgenden angegebenen Methoden.

Zum Fortschaffen großer Steinblöcke bediente man sich hölzerner Walzen, die von Pollux als λιθουλικοί, von Plinius (Hist. nat. XXXV, 15) als extempores, von Paullus Silentiarius als δουρατέος κύλινδρος bezeichnet werden.

Auf den Gebirgshängen wurden die Lasten nach Strabo (XI, 43) in der Weise zu Tal geschafft, daß sich Schlepper und Last auf ledernen Schleppen (Felle, Säcke) heruntergleiten ließen, in derselben Weise, wie es bis vor kurzem nach am Erzberge in Steiermark der Fall war — Sackzüge —. Strabo kennt diese Art zu transportieren aus dem Kaukasus, aus Media Atropatene und vom Berge Masius.

Des Transportes auf Tieren soll hier nur beiläufig gedacht werden. Ferner sei anhangsweise erwähnt, daß man gelegentlich zum Fortschaffen schwerer Gegenstände auf ungünstigem Grunde künstliche Gleise anlegte. So berichtet E. v. Lasaulx (Untergang des Hellenisums, Münster, 1854, S. 47, nach anderen Quellen), daß Konstantin der Große, als er den aus Theben stammenden Obelisken von 100 Fuß Höhe von Rom von Konstantinopel bringen ließ, den Monolith am Sophientore auf einem mit Eisenschienen belegten Wege über das weiche Terrain habe transportieren lassen.

Daß man im alten Ägypten vor dem Aufbau der Pyramiden Pflasterstraßen anlegte, um die großen Bausteine besser fortbringen zu können, sei hier nur angedeutet.

g) Fahrung.

In den mäßig einfallenden Strecken dienten zur Fahrung, sobald die glatte Sohle nicht mehr den erforderlichen Halt bieten konnte, Treppenstufen, die im Sohlengestein ausgehauen waren; in den steilen Bauen fuhr man entweder auf Steigbäumen oder auf Leitern.

Die alten Japaner benutzten mit Kerben versehene Rundholzsteigbäume, deren Gestalt Fig. 36 (nach Netto [1]) zeigt.

In Minnesota fand sich in einer vorcolumbischen Indianergrube ein Baum, dessen Äste kurz abgehauen waren, als Steigbaum (Schmidt im Arch. f. Anthrop. XI, S. 65).

Auch in der Katalin-Monulestigrube bei Verespatak hat sich ein Steigbaum gefunden (Pošepný a. o. a. O.).

---

[1]) Über japanisches Berg- und Hüttenwesen. Mitteil. d. dtsch. Ges. f. Natur- und Völkerkunde Ostasiens. II. 1879, S. 367. Mit 2 Tafeln.

Die antiken Fahrten unterscheiden sich in nichts von den heute üblichen Formen; auf der in Fig. 37 dargestellten Reproduktion einer jener bei Korinth gefundenen Tontafeln, die sich heute zum größten Teile in Berlin, zum geringeren in Paris und London befinden, und von denen eine Auslese in dem vom Kgl. Archäol. Institute herausgegebenen Prachtwerke »Antike Denkmäler« enthalten ist, ist auf der linken Seite eine Leiter angedeutet.

Nicht selten, namentlich in römischen Gruben, hat man größere Abschnitte von Schächten voll-

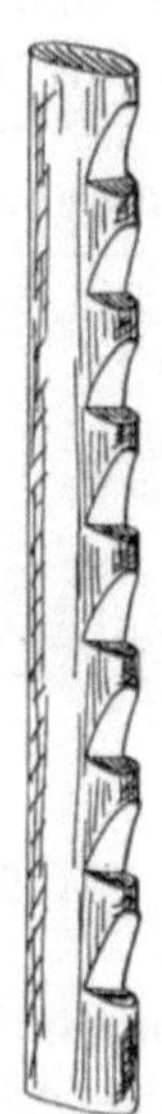

Fig. 36.

Fig. 37.

kommen ohne jede Spur von Ein- oder Ausbau gefunden. Dies geschah nur zu dem Zwecke, ein Entweichen der in den Bauen angelegten Sklaven zu verhindern. Bei einem feindlichen Überfalle entflohen dann vielleicht die Aufseher, unbekümmert um das Los der Sklaven.

h) Beleuchtung.

Zur Beleuchtung bediente man sich hölzerner Späne, bei Chinesen und Japanern solcher aus geklopftem Bambus, kleiner Reisigbündelchen, mit Tierfett getränkt oder mit fettgetränkten Fellstreifen umwunden, endlich auch tönerner oder metallener Öllampen. In den verschiedenen antiken Grubenbezirken sind viele der letzteren gefunden worden; sie sind bis auf eine oder zwei Öffnungen (zum Füllen und zum Dochtauslaß) ringsum geschlossen, im allgemeinen etwa 10 cm lang und etwa 7 cm im Lichten weit. In China und Japan benutzte man auch Schneckengehäuse, die mit Öl oder Fett gefüllt waren. Römische Grubenlampen zeigen die Figuren 38 und 39. Sie wurden entweder in Nischen des Stoßes aufgestellt oder aber vor der Stirn getragen (Diodor III, 12, 6). Letztere Art der Beleuchtung hat Veranlassung zu der Sage von den einäugigen Menschen (Arimaspuer bei

Herodot, Polyphem bei Homer usw.) gegeben. Größere Kammern hat man auch, nach dem eben erwähnten korinthischen Weihetäfelchen (siehe Fig. 37) zu schließen, durch von der Decke herabhängende Lampen beleuchtet. Als Leuchtmaterial diente wohl zumeist aus Pflanzen ausgepreßtes Öl. Ausdrücklich bezeugt dies Strabo (XVII, 321) von den Ägyptern; diese säten nach seinem Zeugnisse eine mit dem Namen Kiki belegte Frucht, deren Öl sich fast alle Landeseinwohner

Fig. 38. Fig. 39.

zum Brennen in den Lampen bedienten, das aber von den ärmeren Leuten auch zum Salben benutzt wurde.

Daß man gelegentlich auch Petroleum als Leuchtstoff benutzt habe, dürfen wir bei der allgemeinen Bekanntschaft des Altertums mit diesem Stoffe und seinen Verwandten ruhig annehmen; berichten doch z. B. Dioscorides (I, 99) und Plinius (XXXV, 51) von der Benutzung des als πίττασφαλτος, bitumen pissasphaltum, benannten Materials ausführlich. Übrigens scheint man nach den von Plinius über den bereits mehrfach zitierten spanischen Bruchbau beigebrachten Notizen in manchen Fällen die Arbeit im Finstern verrichtet zu haben (multisque mensibus non cernitur dies), wenigstens aber bei der von Hand zu Hand bewerkstelligten Haufwerksförderung.

i) Wetterversorgung.

Im allgemeinen waren die Vorkehrungen der Alten zur Wetterbeschaffung und Wetterverteilung in den Gruben ziemlich primitiv. Maschinelle Einrichtungen waren ihnen durchaus unbekannt, so daß man nur auf die natürliche Bewegung der Luft auf Grund von Temperatur- oder Höhenunterschieden angewiesen war.

Berücksichtigt man, daß sehr viele antike Gruben mehrere Dutzend Meter tief hinabgingen — die laurischen Gruben sind vielfach mehr als 50 m tief, im oberen Elsaß sind die Römerbaue bis auf 200 Toisen (flach gemessen), in Spanien nach Diodorus und Strabo bis auf viele Stadien flache Länge vorgedrungen; Gobet (I, p. 187) kennt aus Asturien und den Pyrenäen Römerbaue, die bis 1400 Fuß flachgemessene

Tiefe hatten; zu Wiesloch beläuft sich die Gesamtlänge aller unterirdischen Strecken auf mehrere Kilometer —, so begreift man, daß die Luft in der Grube recht wenig bewegt werden konnte, wenn man nicht durch eine große Anzahl von Schächten einen kurzen und einfachen Wetterweg schuf. Im laurischen Grubenbezirke scheint geradezu stets ein Zentralschacht einer Anzahl von um ihn liegenden Förderschächten als Wetterschacht gedient zu haben (Kordellas, Le Laurium S. 84, 85). Einzelne Förderschächte besaßen außerdem noch schmale Nebenschächte von 60—80 cm Weite als Luftschächte, ψυχαγώγια (vgl. Strabo III, 147); von den Römern werden diese als aestuaria bezeichnet.

Die Fahrbarkeit eines Schachtes prüfte man nach Plinius (hist. nat. XXXI, 28) durch Hinablassen einer brennenden Lampe: Experimentum periculi est demissa ardens lucerna, si extinguatur. Vor Ort suchte man den Wetterzug durch Schwingen von Leinentüchern zu verbessern (Plinius, l. c.: Fit . . . altitudine ipsa gravior aes, quem emendant assiduo linteorum jactatu eventilando: Die Luft wird mit der Tiefe schwerer; man verbessert sie durch dauerndes Schlagen mit Tüchern). Namentlich in den vom Feuersetzen erhitzen Bauen, in denen sehr viel »vapor et fumus« vorhanden war, wird man dieses Hilfsmittels nicht haben entraten können, um die ohnehin schon wenig beneidenswert gestaltete Arbeit nicht noch mehr zu erschweren. Daß man gelegentlich durch die primitiven Ventilationsmittel nicht viel erzielte, geht am schärfsten aus der von Strabo gegebenen Schilderung der kleinasiatischen Arsenikgruben von Sandaracurgium bei Pompejopolis (bei den heutigen Flüssen Kyzyl Irmak und Jeschil Irmak) hervor. (Strabo XII, 40, 841.) Hier war nicht nur die Arbeit sehr mühselig, sondern die Arbeiter »starben auch wie die Fliegen dahin, vor den aus dem Gebirge aufsteigenden Dünsten«.

Es waren dort mehr als 200 Arbeiter angelegt, die aber binnen kurzem immer wieder durch neue ersetzt werden mußten.

Allerdings mag diese Grube auch wohl einzig hinsichtlich ihrer gesundheitlichen Verhältnisse dagestanden haben; denn man wußte den Vorzug eines guten Wetterwechsels sehr wohl zu würdigen und erkaufte ihn unter Umständen selbst mit der Herstellung eines zweiten Schachtes, wie Vitruv (VIII, c. 7) angibt. Es heißt hier: »Beim Brunnengraben strömen die giftigen Dünste hervor und belästigen die Arbeiter, die, wenn sie nicht schnell flüchten, ihnen erliegen. Man läßt zum Erkennen der schlechten Wetter eine brennende Lampe in den Schacht, der, wenn die Lampe brennend bleibt, ohne Gefahr befahren werden kann. Verlöscht aber das Licht, so gräbt man einen zweiten Schacht, mit dem man den Dunst verjagt.« Nach dieser Schilderung scheint man sich allerdings erst dann zur Herstellung eines besonderen Ausziehschachtes entschlossen zu haben, wenn dem Vordringen in die Tiefe durch die »spiritus immanes« — matten Wetter — ein unbedingtes Ziel gesetzt wurde.

Nach Ardaillon (Les mines du Laurion, S. 50) hat man in den laurischen Schächten Wetterscheider angebracht, die aus Brettern mit einer Dichtung aus Lehm bestanden. Der Scheider ging nicht bis auf die Schachtsohle, sondern blieb 1—1,5 m von derselben entfernt. War der Schacht abgeteuft, so wurde der Wetterscheider entfernt. Das Vorhandensein solcher Verschläge zur Teilung des Wetterstromes und zur Erzielung eines Wetterumlaufes wird aus der Existenz von zwei schmalen und seichten Rinnen ersichtlich, die in manchen Schächten vertikal von oben nach unten laufen und den (horizontal eingelegten) Scheiderhölzern als Halt dienten.

Ob man in den Abbauräumen zur Verbesserung der Atmosphäre Räuchermittel anwandte, erscheint nicht ganz ungewiß; so legte Professor Curtius 1877 in einer Sitzung der Archäologischen Gesellschaft zu Berlin ein in den laurischen Gruben gefundenes schmuckloses Tongefäß in Gestalt eines Doppelbechers mit regelmäßig durchbrochenen Wänden vor, welches seiner Meinung gemäß zum Räuchern gedient hat.

Immerhin mag ein solches Mittel nur subsidiär angewendet worden sein; im allgemeinen schaffte man einen möglichst weitgehenden Wetterumlauf durch die heute als Parallelbetrieb bezeichnete Einrichtung, indem man, sobald nur irgend tunlich, mit jeder Strecke ein paralleles Begleitort trieb und beide möglichst oft durch Durchhiebe miteinander in Verbindung brachte. Aus dieser Praxis erklärt sich auch die außerordentliche Kompliziertheit antiker Grubengebäude, bei denen sich oft an unzähligen Stellen Streckenverzweigungen und -vereinigungen vorfinden. Hatte man bei weiterem Aushieb Gelegenheit, den Wetterweg abzukürzen, so versetzte man die sonst unnötigerweise den Wetterstrom zersplitternden Strecken mit Gesteinschutt, wie sich bei vielen laurischen Gruben gezeigt hat.

k) Wasserhaltung.

Einer der wichtigsten Betriebszweige des antiken Bergbaues, der oftmals eine bedeutende Anzahl von Arbeitern vom eigentlich produktiven Betriebe abzog, war die Wasserhaltung. In den meisten Fällen waren die Vorkehrungen zur Freihaltung flacher Gruben von Wasser wenig kunstvoll; so trug man vielfach das Wasser in Lederschläuchen oder Eimern aus der Grube. Bodenstücke solcher

Transportgefäße für Wasser hat man z. B. in den vorgeschichtlichen Bauen am Mitterberg in Salzburg in größerer Anzahl gefunden. Weil diese Art der Förderung aber bei geringer Höhe schon äußerst mühevoll und verlustreich wurde, benutzten die Ägypter bereits sehr frühe die als Schaduff, Kaduff, auch Picota bekannte, auch heute noch in Afrika angewandte, aus der Kombination von Hebel, Seil und Korb bestehende Maschine, von der die Fig. 40 eine Darstellung gibt. An dem auf hohem gabel- oder turmartigen Gestelle gelagerten Schwingbaume hängt an dem einen Ende eine Hängestange oder ein Seil mit Wasserkübel, am anderen Ende ist ein Gegengewicht angebracht. Dadurch, daß Männer auf dem Schwingbaume hin und her und über den Stützpunkt schritten, brachten sie die zum Wasserheben erforderliche schwingende Bewegung hervor.

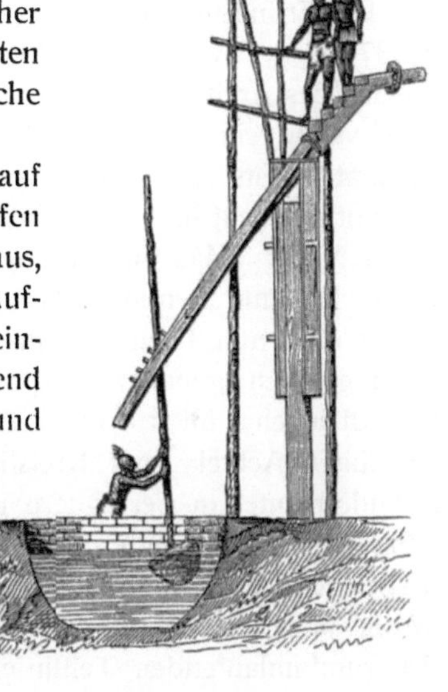

Fig. 40.

Zum Ausheben von Standwassern auf eine geringe Höhe, etwa zum Sümpfen einer Grube in der Sohle eines Tagebaus, vielleicht auch zum Beaufschlagen von Aufbereitungsapparaten, hat das Altertum die einfache Wasserwippe gekannt, bestehend aus einem langen Hebel mit Kasten und Bodenventil am Ende. Eine solche Vorrichtung ist (nach Eng. a. Min. Journ. XXII, p. 607) in einer Zinnseife in Cornwall gefunden worden, die nach den Fundumständen sicher in das Altertum versetzt werden muß.

Daß die Ägypter, Assyrer und auch die Römer, die sich bei Ausführung ihrer Riesenbauten, außer der einfachen Vorrichtungen des Hebels, Keiles, der Walze, schiefen Ebene und des Seiles, doch auch bereits des aus Walze, Kurbel und Seil kombinierten Haspels bedienten, dieses Gerät auch zum Wasserheben aus Bergbauen benutzten, bezeugt uns Plinius (Hist. nat. XIX, 4); Vitruvius läßt es uns nur ahnen; er teilt nämlich mit, daß (ums Jahr 400 v. Chr.) Archytas von Tarent »hydraulische Maschinen« erfunden habe, doch sagt er nicht, welche; es ist zu vermuten, daß es ein Haspel gewesen sei, um in Eimern oder Schläuchen Wasser zu heben. Erwähnt wird diese Art von Maschinen mehrmals (L. I c. 1 u. l. 9 c. 3). In den alten Gruben von Carthagena hat man mit Pech gedichtete Espartograskörbe zum Wasserheben am Seile gefunden (Rev. archéolog. 1868, S. 268).

Neben diesen einfachen Maschinen, von denen nur die zuletzt erwähnte imstande war, das Wasser auf bedeutendere Höhen zu wältigen, kamen im Altertum auch kompliziertere Wasserhebeapparate zur Anwendung, nämlich die Schneckenpumpe (cochlea), die Becherwerke oder Kannenkünste, die Wasserräder und die verschiedenen Arten von Saug- und Druckpumpen, unter denen namentlich die des nach Plinius (hist. nat. VII, 38) durch die Erfindung von Luft- und Wasserdruckapparaten berühmten Ctesibius, der, ein Sohn eines Barbiers, zur Zeit des Ptolemäus Philadelphus lebte, unsere Aufmerksamkeit erregt.

Die Erfindung der Schneckenpumpe schreibt Diodor (I, 24; V, 37) dem Syrakusaner Archimedes zu; andere behaupten, ein Freund des Archimedes, Conon aus Samos, der lange zu Alexandrien lebte, habe sie erfunden. Wahrscheinlicher ist, daß Archimedes den Apparat bereits in Ägypten vorgefunden und in Griechenland allgemein bekannt gemacht hat. Vitruvius schildert ihre Herstellung folgendermaßen (vgl. l. X, 6): »Man nimmt einen Balken von so viel Zoll Dicke, als er Fuß Länge hat und schneidet ihn genau zylindrisch. Auf den Endkreisen bringt man nun Teilungen in vier bzw. acht Teile an, welche in ihren Teilungslinien genau korrespondieren; dann werden senkrecht zu den Grundflächen Linien von einem Stirnkreise zum anderen gezogen und auf ihnen Achtel jener Kreislinie aufgetragen. So entstehen auf dem Zylindermantel in der Quere und Höhe gleichgroße Räume. Auf den Längslinien sind nun in der Spirallinie umlaufend weitere Punkte bestimmt. Dann nimmt man eine dünne Rute aus Weide oder (wildem) Wein, taucht sie in flüssiges Pech und befestigt sie am ersten Punkte der rundumlaufenden Teillinie. Darauf legt man dieselbe schräg auf und führt sie über die einzelnen Schnittpunkte der Längs- und Querlinien, so daß das Ende wieder auf der gleichen Mantellinie wie der Anfang liegt. Genau ebenso werden über die anderen Teilungen hinweg ähnliche Ruten in der Spirallinie herumgelegt, so daß gleichsam Kanäle in genauer Nachbildung einer Schneckenschale entstehen. Über den vorhandenen Ruten werden dann noch andere festgemacht, die auch in flüssiges Pech getaucht sind, so lange, bis die gesamte Dicke dem achten Teile der Länge gleichkommt. Darüber werden nun Bretter befestigt, welche die Gewindegänge überdecken; diese werden ebenfalls mit Pech bestrichen und mit eisernen Bändern umgeben, damit nicht die Gewalt des Wassers sie losreiße. An den Stirnenden des Balkens werden eiserne Zapfen angebracht, rechts und links von der Schneckenwelle stellt man (Lager-)Balken auf, die oberhalb jederseits durch Querbalken miteinander verbunden sind. In diesen befinden sich mit Eisen ausgelegte Öffnungen, um obige Zapfen aufzunehmen. Die Neigung der Achse der Schneckenwelle wird nun so bemessen, daß (von der durch den oberen und unteren Zapfen gelegten Lotrechten bzw. Horizontalen) ein pythagoreisches rechtwinkliges Dreieck gebildet wird. Wenn man nämlich die Balkenlänge in fünf Teile zerlegt, so erhebt man das eine Ende des Wellenstumpfes und drei Teile dieses Maßes. . . . . In Bewegung gesetzt wird die Schnecke dann durch Treten seitens einer Anzahl von Arbeitern.« Wegen der nur geringen Hubhöhe dieser Maschinen mußte man deren mehrere übereinander anordnen, wodurch man eine große Anzahl von Arbeitern nötig hatte, da man in der Grube nicht, wie vielfach über Tage, von Zugtieren betätigte Göpelwerke zum Umtreiben benutzen konnte.

Ebenfalls nur für geringe Hubhöhen verwendbar war die bei den Chinesen gebrauchte Kettenschaufelpumpe, welche an den Gelenken einer endlosen Kette Schaufeln besaß, die sich in einer schwach geneigten, ins Wasser eintauchenden Rinne nach oben bewegten und das Wasser in ein Sammelbecken hoben.

Weiter beschreibt Vitruvius ein Kettenbecherwerk (eine »Kannenkunst«) für viel größere Hubhöhen (l. X, c. 9) wie folgt: Soll das Wasser an bedeutend höhere Punkte geliefert werden, so schlingt man um die Welle eines Tretrades ein eisernes Kettenpaar (duplex ferrea catena), welches so eingerichtet ist, daß es bis unter den Wasserspiegel hinabreicht und angehängte Bronzeeimer trägt (habens situlos pendentes aereos congiales), die etwa einen congius — 1 congius = 6 sextarii = $^1/_8$ amphora, etwa 3,28 l — fassen. Dann wird die Drehung des Rades dadurch, daß die Doppelkette sich um die Welle herumlegt, die Eimer nach oben bringen, wobei sie, umgestürzt, ihren Wasserinhalt in einen Sammelkasten entleeren.

Außerdem bediente man sich seit uralter Zeit der Wasserräder zum Heben von Grubenwasser. In Mesopotamien und Ägypten dienten sie im Anfang zur Bewässerung der Ländereien, wurden dann aber auch beim Bergwesen benutzt[1]). Bemerkenswert sind einige Sätze aus Vitruvius ausführlicher Beschreibung der Herstellung: »Es wird dazu eine Achse entweder auf der Drehbank bearbeitet oder nach dem Zirkel behauen; an den beiden Enden werden Eisenbeschläge angebracht. Man zimmert rings um die Welle ein Rad und befestigt seitwärts herum kubische Kästchen, die mit Pech und Wachs gedichtet sind — modioli quadrati pice et cera solidati —. Wenn dann das Rad von

[1]) Erwähnt sei, daß das Schöpfrad ein symbolisches Zeichen hohepriesterlicher Würde bei den Juden war.

den Tretern bewegt wird, so werden die gefüllten Kästchen nach oben kommen, wo die sich in den Sammelkasten entleeren.« Diese Wasserräder hießen τύμπανον[1]). Beiläufig sei hier erwähnt, daß auch das Zahnradgetriebe und das (schräg oder vertikal stehende) zu beliebigem Zwecke angewendete Tretrad denselben Namen führten, der ursprünglich eine Pauke sowie ähnliche Schlaginstrumente bedeutet, dann aber auf ähnlich gestaltete Apparate übertragen wurde.

Ein anderes »Tympanon« der Alten bestand aus einer um eine horizontale hohle Achse drehbaren Zylindertrommel, welche durch Längsscheidewände in mehrere Abteilungen geteilt war und gewissermaßen als ein Schöpfrad mit bis zur Achse sich erstreckenden Gefäßen aufzufassen ist. Das Wasser tritt an dem unteren eingetauchten Teile des Trommelmantels ein, wird im Laufe der Drehung des Tympanon etwa bis auf die Höhe der Achse gehoben, fließt dann auf den Scheidewänden wie auf schiefen Ebenen der hohlen Achse zu und verläßt hier den Apparat.

Von Wasserrädern, welche den in unseren Tagen wieder zur Wasserhebung gebauten Rädern analog konstruiert sind, hat man Exemplare in Gruben von San Domingos und von Verespatak gefunden, die von Pošepný beschrieben worden sind (»Österr. Zeitschr.« 1868 und 1877). Das zu Verespatak in Fragmenten gefundene Rad, von welchem nebenstehend ein Bild gegeben wird (Fig. 41), hatte 24 Schaufeln; jede Schaufel bestand aus einem am äußeren Rande etwa 25 mm, am Zapfen etwa 38 mm starken, rund 160 mm breiten Buchenholzbrette. 25 bzw. 175 mm vom äußeren Kranzende enthielt das Schaufelblatt 12 mm breite und 6 mm tiefe, mit der Säge ausgearbeitete Rinnen; an den Schaufelseiten waren je drei kantige, 2 Zoll tiefe Nagellöcher vorhanden. Der im ganzen 1,46 bis 1,48 m lange Schaufelarm war am Zapfen 70—75 mm dick, am unteren Schaufelende aber 55 mm. Die Seitenabgrenzung der Schaufeln wurde durch zwei 1/3—1/2 Zoll starke Buchenbretter in

Fig. 41.

[1]) Gebräuchlichere Form statt τύπανον von τύπτω.

Bogenform, die mittels Überblattung aufeinandergepaßt und zusammengenagelt waren, gebildet. Diese Brettchen hatten jederseits einen dreieckigen Ausschnitt. Den äußeren und inneren Kammerboden bilden zwei in die Schaufelblattrinnen eingelegte Buchenbretter von 0,5—0,6 Zoll Dicke. Die Radwelle war 1 m lang, in der Mitte zirka 30, am hölzernen Zapfen zirka 12,5 cm stark; der Zapfen selbst war bei 12,5 cm Länge nur 5 cm stark; die Schaufelstiele saßen mit etwa 2,5 cm Fleischzwischenraum in der Welle, die in ihren Zapfen durch zwei dreiseitig behauene auf divergierenden Stützen gelagerte Balken unterstützt wurde. Das insgesamt 100 kg schwere, mit Ausnahme der Nägel gänzlich aus Holz konstruierte Rad hatte einen Durchmesser von etwa $3^1/_3$ m; es stand etwa 1 m unter der Sohle der zunächst liegenden Strecke. Ein Ausflußgerinne wurde nicht mehr vorgefunden. Bewegt wurde das Rad ausschließlich durch die Kraft der Arbeiter.

Das Modell eines Heberades aus der Kupfergrube San Domingos, in der Nähe des Zusammenflusses des Chança und Guadiana, war nach Pošepný auf der Weltausstellung in Philadelphia rekonstruiert ausgestellt. Im großen und ganzen war die Konstruktion der in den spanischen Römerbauten gefundenen Heberäder — es sind im ganzen acht große von je 4,875 m Durchmesser und zwei kleinere von je 3,66 m Durchmesser gefunden worden — der des Verespataker Rades ähnlich, nur waren die Stiele der 24 Schaufeln aus zwei Sparren gebildet, die nach Fig. 42 mittels Quernägel an zwei auf der Achse befestigten hölzernen Scheiben angebracht waren. Die zum Wasserableiten vorhandene Rinne lag etwa $3^3/_4$ m über dem Wasserspiegel des Zuführungsbaues so daß der Effekt der Hebung nur etwa 76 % des theoretisch möglichen betragen konnte. Auch in Tharsis, Rio-Tinto und im alten Mann des Michaeliganges unter dem (römischen) Annastollen in Ruda (Siebenbürgen) hat man solche Heberäder gefunden, die alle dem ersten bis vierten nachchristlichen Jahrhundert angehören.

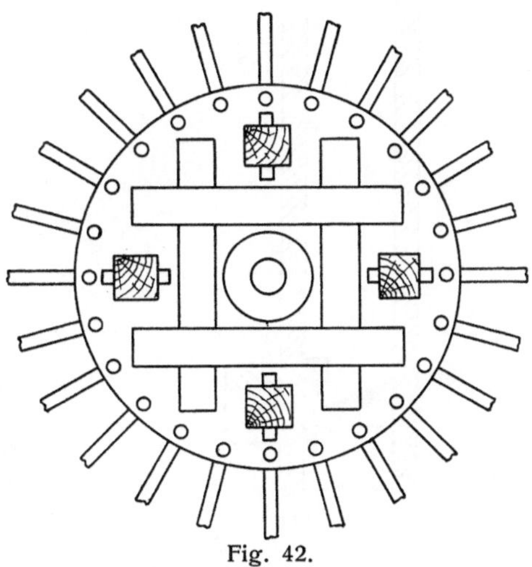

Fig. 42.

Ebensolche Räder benutzte man etwa seit dem ersten vorchristlichen

Jahrhundert zum Umtreiben der Mühlsteine, und es ist wohl anzunehmen, daß man sich ihrer auch gelegentlich zum Antrieb der Aufbereitungsmühlen bedient habe, ebenso wie man (siehe oben) sie bei der Zerteilung der Schieferplatten zum Antrieb der Sägen benutzte.

Endlich kannte man im Altertum eine Reihe von Pumpen. Wann und von wem die gewöhnliche Saugpumpe erfunden worden ist, kann nicht festgestellt werden; wahrscheinlich war sie aber bereits

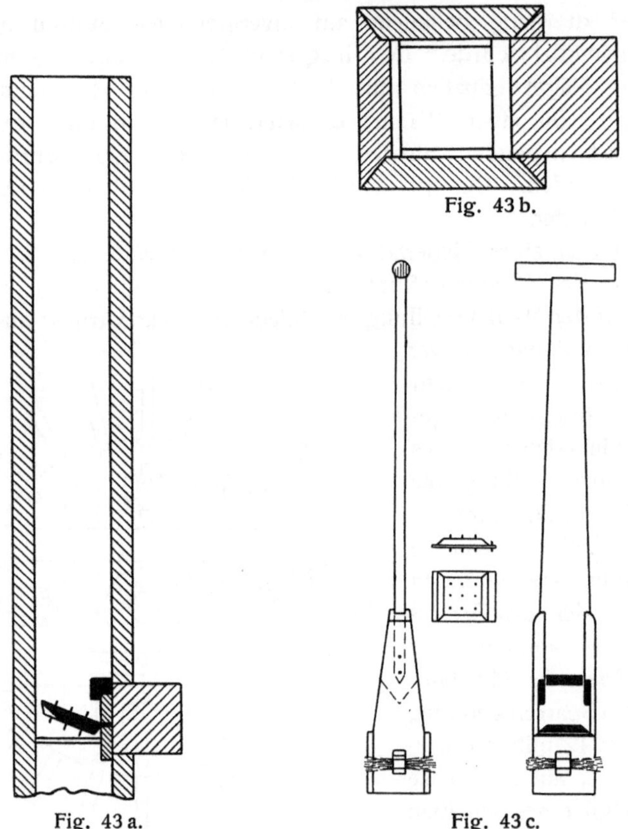

Fig. 43 b.

Fig. 43 a.

Fig. 43 c.

im alten Ägypten in Anwendung. Bei Aristophanes wird eine antlia erwähnt; es scheint, nach Martials Äußerungen zu urteilen (»Die antlia ist eine Maschine, um Wasser aufzuziehen«), eine einfache Saugpumpe gewesen zu sein. Daneben geschieht eines als »siphon« bezeichneten Apparates Erwähnung, der aber auch andere Vorkehrungen als Pumpen zum Heben und Ausgießen von Wasser bezeichnet. Daß »siphon« eine Saugpumpe bezeichnete, geht aus mehrfachen Äußerungen der Alten hervor. So lehrten die platonischen

Philosophen, daß die Seele an den Freuden des Himmels teilnehmen solle, »wie durch einen sipho«; Theophrast erklärt durch den sipho das Aufsteigen des Marks in den Knochen und Columella das des Saftes in den Bäumen. Plinius erwähnt siphones (hist. nat. XIX, c. 4), mit welchen man Gärten bewässerte, und an anderer Stelle (hist. nat. XVI, c. 42) nennt er das Holz der Fichte, Tanne und Erle besonders gut zum Bau von Pumpen und Wasserleitungsröhren, die man durch Ausbohren der möglichst geraden Stämme herstellte. Es ist anzunehmen, daß solche Apparate, weil sie sehr gewöhnlich waren, auch in den Gruben zur Wasserhebung Anwendung fanden.

Auch die alten Japaner haben sich derselben bedient; nach Netto (a. a. O., II, S. 372, 1879) besteht die noch bis heute in unveränderter Form erhaltene Vorrichtung, von der Fig. 43 eine Darstellung gibt[1]), aus einem prismatischen, oben und unten offenen hölzernen Kasten von zirka $3^1/_2$ m Länge und etwa 12·12 qcm lichter Weite, in dessen unterem Teile ein sich nach innen öffnendes Klappenventil eingesetzt ist. In diesem allenthalben gedichteten Kasten wird ein entsprechend großer, mit Stroh und Leder gedichteter Kolben mittelst Kolbenstange unmittelbar von Hand bewegt. In flachen Schächten sind die von je ein Mann bedienten Pumpen untereinander eingebaut; die untere hebt in den Saugkasten der nächst oberen; die vertikale Hubhöhe beträgt etwa 1,2—1,9 m, der Kolbenweg etwa drei Fuß, die Menge des pro Hub gehobenen Wassers etwa 5 shio = 9 l.

Den Übergang von diesen Apparaten zu der dem Ctesibius zugeschriebenen, von Plinius (hist. nat. VII) und Vitruv (de arch. X, 7) erwähnten und mit einem Windkessel ausgerüsteten Pumpe bildet gewissermaßen die von Vegetius erwähnte Blasebalgpumpe, bei welcher behufs Vermeidung von Stößen in den Leitungen und zur Erzielung eines möglichst gleichmäßigen Wasserausflusses ein Ledersack mit einer abgeschlossenen Menge Luft in die Leitung eingeschaltet war. Auch sie paßte nur für geringe Höhen.

Für größere Höhen und Wassermengen war die angeblich um 150 v. Chr. von Ctesibius in Alexandria erfundene Druck- und Saugpumpe eingerichtet. Von ihr berichtet Vitruvius (l. X, c. 7) folgendes:

»Diese Maschine (Fig. 44) besteht aus Bronze und besitzt zwei gleichgebaute vertikale Pumpenzylinder, die nicht weit voneinander abstehen (*a*) und durch zwei sich mitten vereinigende Abzweigungen (*c*) in den Windkessel *d* einmünden. In dem Windkessel bringt man Ventilklappen (*e* — Druckventile —) an der oberen Mündung der

[1]) Fig. 43 b im $1^1/_2$fachen Maßstabe von Fig. 43 a und 43 c.

Verbindungsröhren an, welche genau anschließen und das, was der Luftdruck in den Windkessel gepreßt hat, nicht mehr zurücktreten lassen. Oben schließt sich an den Windkessel eine einem umgestülpten Trichter ähnliche Klappe an, die durch eine Art Klammer, deren Zusammenhalt ein Keil bewirkt, mit jenem zusammengeschlossen wird, damit nicht die Gewalt des Wassers sie aufzuheben vermag. Daran schließt sich die senkrecht in die Höhe führende sogen. Steigröhre an. In die Pumpenzylinder aber sind unter der Sohle der horizontalen Verbindungsrohre Ventile (*g*) auf die am unteren Ende angebrachten Saugrohre (*h*) aufgesetzt.

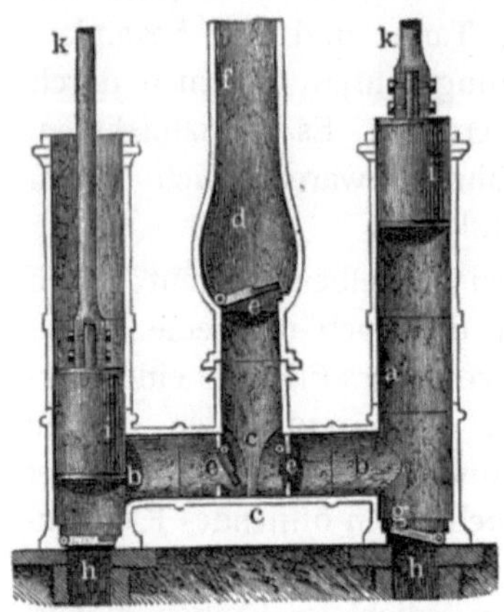

Fig. 44.

Werden nun von oben her die massiven, gedrehten und mit Öl geschmierten Kolben, die genau in die Pumpenzylinder passen, mittelst Kolbenstangen und Hebeln in Bewegung gesetzt, so drücken sie in beiden Zylindern abwechselnd auf die mit Wasser dort eingeschlossene Luft, schließen die Ventilklappen an den unteren Öffnungen (*g*) und drängen durch die Luftpressung das Wasser durch die Mündungen der Verbindungsröhren in den Windkessel, von welchem es in die Klappe steigt und durch den Luftdruck durch das Steigerohr in die Höhe getrieben wird.«

Eine solche Pumpe hat man (nach Beck, Geschichte des Eisens, I, S. 579) in den Ruinen von Castrum novum gefunden; bei ihr wird die Wirkung des Druckes und der Elastizität der Luft in ingeniöser Weise vereinigt zur Anwendung gebracht.

l) Tiefbohrwesen.

Äußerst wenig nur wissen wir von einer von den Alten nachgewiesenermaßen ausgeübten Industrie, die mit unserer Tiefbohrung zur Erbohrung von Wasser, Sole oder Erdgas zu vergleichen wäre. Seit undenklichen Zeiten bilden die am Wüstensaume wohnenden Araber Innungen für die Brunnenbohrkunst. Sie haben den sog. artesischen Brunnenbau von den Ägyptern gelernt, von denen bereits Olympiodorus angibt, daß sie gebohrte Brunnen von 2—300, ja bis 500 Ellen Tiefe hätten, welche das Wasser über der Erdoberfläche ausgössen, wo man es als Berieselungswasser für die Ländereien verwende. Die großen Oasen von Theben und Dachel sind fast siebartig mit Bohrbrunnen durchörtert, von denen viele im Laufe des verflossenen Jahrhunderts von neuem eröffnet worden sind. Auch die II. Mos. 17, 1—6 niedergelegte Erzählung von der »Tränkung Israels aus einem Felsen«, den Moses »mit dem Stabe schlug«, haben wir uns aller Wahrscheinlichkeit gemäß als eine Wasserbeschaffung aus einem Bohrbrunnen zu denken. Die Wüstenbrunnen der Araber sind etwa 30 m tief; in dieser Tiefe liegt eine ziemlich mächtige harte Kalksteinschicht, die mit einem einige Zoll weiten Loche durchstoßen wird, worauf aus der unteren wasserführenden Schicht ein Quell hervorspringt. Der Kunstfertigkeit der Wüstenanwohner scheint sich auch Alexander d. Gr. bedient zu haben; lesen wir doch bei Strabo (l. XV, c. 68) daß er, als er nach Gedrosien zog, vor sich her Bergleute in die Wüste sandte, welche Brunnen für das Heer graben mußten.

Auch die Sage von Herkules beschäftigt sich mit einer Tat, die man als Erschließung von artesischem Wasser deuten kann. Herkules kam danach einst an die Stelle, wo heute der Ciminische See liegt (beim Mte. Cimino, unweit von Vico in Mittelitalien), und als die Einwohner von ihm eine Kraftprobe forderten, stieß er eine Eisenstange so tief in den Erdboden, daß niemand dieselbe herauszuziehen vermochte. Dann trat er wieder hinzu und zog mit einem einzigen Ruck die Stange heraus, worauf aus der Öffnung so viel Wasser hervorquoll, daß daraus ein See entstand.

Seit mindestens 2000 Jahren ist auch in China die Bohrtechnik in Ausübung. Alles, was zum Bohrbetrieb nötig ist, z. B. den Bohrturm, die Gestänge, Futterröhren, selbst die Bohrer und die Fanggeräte, stellen die Chinesen aus Bambusrohr her. Als Motor benutzen sie Menschenkraft oder den Esel. Das Objekt, nach dem gebohrt wird, ist Sole, daneben wird das aus den Bohrungen gelegentlich ausströmende Gas zum Versieden der Sole mitgewonnen. Die Hauptindustrie auf Sole ist seit undenklicher Zeit auf die Provinz Se-chuen, der westlichsten an Tibet grenzenden Landschaft konzentriert. Die Technik des Bohrens ist folgende (nach dem Berichte des französischen Missionars M. L. Coldre (vgl. Tecklenburg, Handbuch der Tiefbohrkunde, 1893, V. Band, S. 206):

Bis aufs feste Gestein wird mit Spaten und Haue ein Vorschacht abgeteuft. Dann umrandet man das Mundloch mit Steinen, oder man setzt geradezu den Vorschacht mit durchbohrten Steinen aus, um die man gegebenenfalls noch Kleinschlag einbringt. Über dem Bohrloche wird dann in irgend einer Form ein Bohrturm mit einem Göpel und Getrieben zum Heben und Senken des Bohrgerätes, dessen Handhabung stets am Seil geschieht, gebaut.

Bei geringem Gewichte des Gerätes bewegt man dasselbe durch Arbeiter, die auf einer schiefen Ebene sitzen und am Seile ziehen. Bei

Fig. 45.

größeren Bohrungen dient zum Stoßen der Bohrschwengel, Fig. 45, den dann 2—3 Mann auf und ab wuchten, indem sie von den zu beiden Seiten befindlichen Plattformen abwechselnd auf die entgegengesetzten Enden des Schwengels springen. In der Minute erfolgen 12—15 Schläge, zu deren Ausführung bis zu zehn Mann angelegt sind, die sich von zehn zu zehn Minuten ablösen.

Fig. 46.

Zur Verrohrung dienen Bambusrohre, die durch Umwicklung mit Segelleinwand und Kittung mit Harz undurchlässig gemacht werden (Fig. 46). In durchlässigen Schichten wird eine wasserdichte Verbindung durch Einbringen von Harz ins Bohrloch hergestellt, nach dessen Erhartung die Durchbohrung erfolgt.

Das Bambusseil ist etwa 1 cm dick und wird meistens auf einer an vertikaler Achse hängender Trommel aufgewunden.

In gutem Gestein teuft man in 24 Stunden zwei Fuß ab, so daß ein einzelnes Bohrloch oft drei Jahre Zeit absorbiert.

m) Markscheidekunst.

Die Uranfänge der Markscheide- und Feldmeßkunst gehen ins höchste Altertum hinauf, indem bereits bei den ältesten Menschen, so primitiv auch ihre Bedürfnisse gewesen sein mögen, sich die Notwendigkeit herausstellte, Messungen zu veranstalten, welche sich auf die Einteilung von Raum und Zeit bezogen.

Man brauchte Längenmaße, welche man durch Abschreiten gewann; man wurde gar bald auf die Erkenntnis von der Gleichheit aller rechten Winkel geführt, man lernte aus der Anschauung von Horizont, Sonne und Mond die Form des Kreises, das Himmelsgewölbe führte auf die Gestalt der Kugel, und die gesellschaftlichen Verhältnisse, welche auf den Erwerb und die Scheidung von Mein und Dein drängten, zwangen dazu, speziell für den in Anspruch genommenen Grund und Boden, Grenzen des Besitzes in einer fürs Auge sichtbaren Form festzulegen.

Damit ist der Anfang der praktischen Geometrie, von der unsere Markscheidekunde ein Spezialgebiet ist, gegeben.

Kein Land leitete mehr zur Notwendigkeit, die Grenzen des Besitzes der Einzelnen durch Messung und Zeichnung gegeneinander festzulegen, als Ägypten, und zwar, weil der alljährlich das Land überflutende Nil die Grenzen vernichtete; deshalb sehen wir auch im Nillande die Quelle der praktischen Geometrie. Für die Forschung sind uns nur sehr wenig Materialien erhalten geblieben, weil der Brand der Bibliothek von Alexandria das allermeiste vernichtet hat. Die älteste Schrift, welche uns von einer Lösung vermessungstechnischer Probleme Kunde gibt, ist der im Jahre 1872 von Eisenlohr übersetzte und herausgegebene Papyrus Rhind, der jetzt im British Museum aufgehoben ist. Er stellt eine von Aamesu von einem Original unbekannten Alters im Anfange der 17. Dynastie hergestellte Kopie dar, enthaltend Anweisungen und Übungen zum Rechnen mit bekannten und unbekannten Zahlen, u. a. auch schon Anleitung zur Ermittlung des Inhalts von gleichschenkligen Dreiecken, Trapezen und Kreisen. Hier wird der Inhalt eines gleichschenkligen

Dreiecks von Saite a und Basis b angegeben zu $\frac{b \cdot a}{2}$; ein Trapez von gleichen Schenkeln a und den parallelen Seiten b_1 b_2 hat den Inhalt $\frac{a\,(b_1 + b_2)}{2}$. Den Inhalt eines Kreises gibt der Papyrus als das Quadrat von $^8/_9$ des Durchmessers an, daraus würde für π der Wert von $\left(\frac{16}{9}\right)^2 = 3{,}1604$, also ein unserem Werte nahestehendes Ergebnis, folgen.

Das älteste Erzeugnis markscheiderischer Tätigkeit stellt der von uns bereits besprochene Papyrus des Museums von Turin dar, auf dem der Grundriß eines Goldbergwerkes zur Darstellung gebracht ist. Der »Grubenriß« stammt aus der Zeit Mineptahs, der im Beginn des 15. vorchristlichen Jahrhunderts lebte.

Die Träger der Kenntnis der Feldmeß- und Markscheidekunst waren die Priester. Bereits um 1300 v. Chr. war das Katasterwesen in vorzüglicher Weise ausgebildet, wie wir bei Herodot (II, 109) lesen können. »Es soll aber jener Herrscher (Sesostris), indem er jedem ein quadratisches Stück Feld — κλῆρος — gab, das ganze Land unter die Ägypter aufgeteilt und daraus nach Anordnung einer bestimmten Jahresabgabe seine Einkünfte gezogen haben. Wenn aber der Fluß von dem Lande jemandes etwas mitnahm, so ging er zu ihm und besah das Geschehene, dann schickte er Aufseher und Vermesser hin und ließ diese bestimmen, um wieviel das Land verkleinert war, damit jener nach Maßgabe der Abgabe, welche angesetzt war, nur von dem Restteile bezahle.«

Von den Ägyptern kam die praktische Geometrie zu den Phöniziern und Chaldäern und durch diese zu den andern Kulturvölkern. Der erste, welcher sich in Griechenland der Kunst zuwandte, war Thales von Milet (620—543), der noch im hohen Alter in Ägypten Mathematik studierte und in Griechenland durch die von ihm geschaffene Schule Außerordentliches leistete. Aus seiner Schule gingen Anaximander und Anaximenes hervor; ersterer lehrte etwa ums Jahr 550 die Griechen den Gnomon kennen, dessen man sich nicht nur zur Einteilung des Tages, sondern auch für die Zwecke der Orientierung bei den terrestrischen Messungen bediente. Dieses Instrument, bestehend aus einer auf einer hohen Säule angebrachten Scheibe mit einem zentralen runden Loch, durch welches die Stellung der Sonne als ein heller Fleck in dem Schatten der Scheibe gesehen werden konnte, kannten die Juden bereits im achten Jahrhundert — von den Babyloniern her —, wie aus Jesaias zu ersehen: »Ich will den Sonnenzeigerschatten des Ahas zehn Linien zurückziehen, über die er gelaufen ist.«

Einer der größten praktischen Geometer war Pythagoras[1]). Sokrates verachtete die Kunst; Plato brachte ihr jedoch das größte Interesse entgegen, wie schon aus der Aufschrift seines Arbeitsgemaches hervorgeht: Μηδεὶς ἀγεωμέτρητος εἰσίτω: »Kein der Geometrie Unkundiger trete hier ein.« Im dritten Jahrhundert stand Eratosthenes in größtem Ansehen (275—194) durch seine Schriften betreffend die praktische Geometrie und die von ihm ausgeführte erste Gradmessung. Diese bezog sich auf den zwischen Alexandrien und Syene liegenden Erdbogen unter der Annahme, der Lauf des Nil sei von Süd nach Nord gerichtet. Der zu dem Erdbogen gehörende Zentriwinkel wurde als Unterschied der Zenithdistanzen bestimmt, wobei als Gestirn die Sonne diente. Es war bekannt, daß zur Zeit des Sommersolstitiums die Sonne im Zenith von Syene stand, da sie sich auf dem Wasserspiegel eines tiefen Brunnens zeigte; zu gleicher Zeit wurde die Zenithdistanz in Alexandria mit Hilfe des Sonnenschattens, den ein dem Radius gleicher lotrechter Stab in einer hohlen Halbkugel gab bestimmt. Der beschattete Bogen wurde zu $^1/_{50}$ des Umfanges gefunden. Die Entfernung Alexandria-Syene wurde auf Grund der Nil- und Straßenvermessungen zu 5000 Stadien angenommen, der Erdumfang demnach zu $50 \cdot 5000 = 250\,000$ Stadien, das sind, soweit die Maßvergleichungen auf diese Bestimmungen angewendet werden dürfen, rund 46 Millionen Meter (es soll sein 40 000 000 m).

Auch den Berg- und Gestirnmessungen wandte Eratosthenes seine Aufmerksamkeit zu und meinte dabei zu finden, daß kein Berg höher als 500 Stadien sei. Die Sonne nahm er als 27 mal so groß als die Erde, die Entfernung derselben von der Erde zu 408 Myriaden Stadien, die des Mondes zu 78 Myriaden Stadien an. Auch die Schiefe der Ekliptik maß Eratosthenes, hier erhielt er das Resultat, daß der Abstand der Wendekreise sich zum Meridianumfang wie 11 : 83 verhielte. Die Messung seiner Breitegrade gibt einem um 14—15 Minuten geringeren Wert.

Bis ins zweite Jahrhundert behielten die alten Näherungsformeln in der Feldmeßkunst die Oberhand; erst Hero von Alexandrien beseitigt diese, schrieb große Abhandlungen über praktische Geometrie und Mechanik und wies namentlich der Messung mit dem Diopter einen größeren Raum zu. Als Diopter bezeichnete man jedes Instrument, durch welches man sah, z. B. nannte man das von Hipparch angegebene Instrument zur Bestimmung des Durchmessers von Sonne und Mond auch ein Diopter.

Verglichen mit diesem Apparat hatte indes Heros Konstruktion

[1]) 580—500; geboren zu Samos, gestorben zu Metapontum iu Oberitalien.

allgemeinere Zwecke: es war ein Instrument zur Messung beliebiger Winkel; man hat also in ihm den Uranfang des heutigen Theodoliten zu sehen. Das älteste uns bekannte Winkelmeßinstrument erlaubte nur die Absteckung von rechten Winkeln, gleicht infolgedessen dem modernen Winkelkreuze. Herons Apparat bestand im Gegensatze hierzu aus einem auf einem Pfeilerstativ zwischen zwei Trägern ruhenden Balken, welcher durch in wagerechte und senkrechte Zahnräder eingreifende Spiralschrauben in beiden Richtungen beweglich gemacht, dabei ausgehöhlt und mit einem Metallrohr ausgelegt war, zu welchem senkrecht an beiden Balkenenden vorstehende Glasröhren angebracht gewesen sind. Letztere hatten besondere Einfassungen, die mittelst Schrauben auf- und abwärts beweglich waren und in senkrechter und horizontaler Richtung Schlitze zum Visieren hatten.

Es stellt sich das Heronische Diopter demnach als eine Kombination von Winkelmeßinstrument und Kanalwage, als ein Universalinstrument dar. Zu diesem Instrument benutzte man zwei geteilte Latten, die mitten mit einem Schlitz versehen waren, in dem sich ein Zapfen bewegen konnte. Dieser konnte durch eine oben über eine an der Latte befestigte Rolle geführte Schnur auf und nieder bewegt werden und trug eine halb weiße, halb schwarze Scheibe. Die senkrechte Stellung der Latte prüfte man wie folgt: An der schmalen Längskante waren zwei Nägel so eingetrieben, daß sie genau gleich weit vorstanden. Am oberen war ein Senkel eingehängt, am unteren eine Marke zum Einspielen desselben eingeschnitten [1]).

Die Aufgaben, deren Lösung Heron mit dem nach ihm benannten Apparat vollbrachte, sind folgende:

1. den Niveauunterschied zweier Punkte zu finden;
2. zwischen zwei Punkten, die gleichzeitig nicht gesehen werden können, eine Gerade zu bestimmen (Lösung durch Konstruktion einer gebrochenen Geraden, deren Teile sich unter 90 ^{0} schneiden);
3. die horizontale Entfernung zwischen zwei Punkten zu messen;
4. eine Flußbreite zu bestimmen;
5. es ist eine Gerade gegeben. Auf den einen Endpunkt soll man ein Lot fällen, ohne daß man sich dem Punkte nähert;
6. die Höhe eines unzugänglichen Punktes zu bestimmen;
7. den Höhenunterschied zwischen zwei unzugänglichen Punkten zu ermitteln;
8. ihre Entfernung zu messen;
9. die Lage der sie verbindenden Geraden zu bestimmen;

---

[1]) Wie aus dieser Beschreibung ersichtlich, hat sich die Beschaffenheit der Nivellierlatte seit dem Altertum nur in unwesentlichen Zügen geändert.

10. die Höhe eines Berges zu bestimmen;
11. die Tiefe eines Grabens zu bestimmen;
12. einen Berg in einer Geraden zu durchstechen, wenn an den Seiten desselben zwei Punkte gegeben sind;
13. in einen Berg einen Schacht senkrecht auf eine gegebene Strecke zu graben;
14. eine Grubenstrecke ist gegeben. Auf der Erdoberfläche sei ein Punkt so zu bestimmen, daß ein dortselbst gegrabener Schacht in einem bestimmten Punkte in die Strecke einmündet;
15. eine schiefe Ebene von gegebenem Fallwinkel zu bestimmen;
16. mit dem Diopter auf einer Linie von uns aus einen Punkt zu bestimmen, daß derselbe eine gegebene Entfernung hat;
17. von einem gegebenen Punkte aus eine gegebene Entfernung zu nehmen, ohne sich dem Punkte zu nähern und ohne eine Gerade zu haben, nach der man die Entfernung nehmen kann;
18. ein Feld mittelst des Diopters zu messen;
19. nach einem Plane ein Feld wieder einzugrenzen, dessen Grenzpunkte bis auf 2 oder 3 verschwunden sind;
20. durch Gerade von einem Punkte aus ein Feld in bestimmte Teile zu teilen;
21. ein Feld zu messen, ohne auf ihm zu sein;
22. ein Paralleltrapez oder ein Dreieck durch Parallelen in bestimmte Teile zu teilen;
23. die Fläche eines Dreiecks aus den Seiten zu ermitteln;
24. die Entfernung zweier unter verschiedenen Erdstrichen liegender Orte zu ermitteln.

Ein spezielles Interesse für uns bieten die folgenden Aufgaben Herons.

I. Einen Berg in gerader Richtung zu durchstechen, wenn die Öffnungen des Durchstiches gegeben sind. περὶ διόπτρας XV. Vgl. Fig. 47.

Die Basis des Berges sei $\alpha\beta\gamma\delta$; bei β und δ seien die Mundlöcher des Durchstichs. Von β nehme man die Gerade $\beta\varepsilon$, von ε mit dem Diopter die Gerade $\varepsilon\zeta$, ferner ebenfalls mit dem Diopter $\zeta\eta$. Von η aus werden $\eta\iota$, $\iota\varkappa$, $\varkappa\lambda$ bestimmt. Dann schiebt man den Diopter auf $\varkappa\lambda$ hin, bis sich δ zeigt; dies sei bei μ der Fall; es ist dann $\mu\delta \perp \varkappa\lambda$. Nun denke man $\beta\varepsilon$ bis ν verlängert und $\delta\nu$ senkrecht darauf errichtet; man kann dann die Länge von $\delta\nu$ aus $\varepsilon\zeta$, $\eta\iota$, $\varkappa\mu$ berechnen (vgl. Problem 2).

Sei $\beta\nu = 5\,\delta\nu$ gefunden, und $\beta\delta$ werde bis χ verlängert gedacht, alsdann $\chi o \perp \beta\varepsilon$ gemacht, desgleichen $\beta\chi$ bis π verlängert und $\pi\rho \perp \delta\mu$

gemacht. Also wird ebenso βo das Fünffache von $o\chi$ sein und $\delta\rho$ das Fünffache von $\rho\pi$. Haben wir nun auf $\beta\varepsilon$ den beliebigen Punkt o angenommen und $o\chi \perp o\beta$ gezogen, so hat $\beta\chi$ richtige Lage; haben wir ebenso $\pi\rho \perp {}^1/_5\,\delta\rho$, so hat $\delta\pi$ die richtige Lage nach δ zu. Man

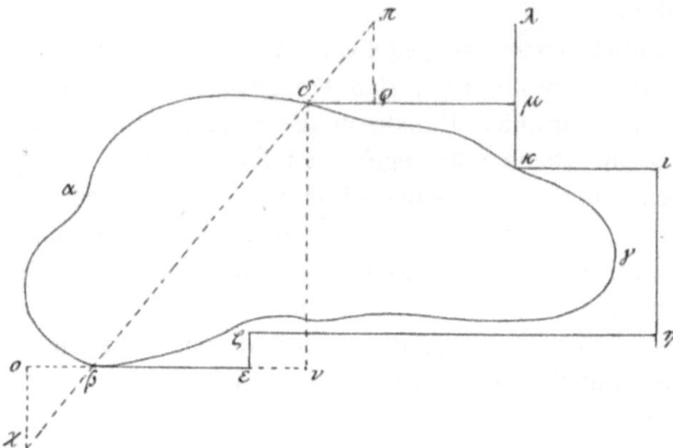

Fig. 47.

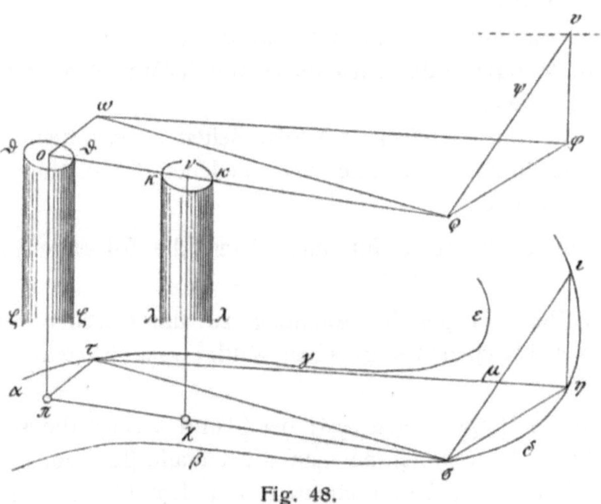

Fig. 48.

hat demnach von β aus in der Richtung nach $\beta\chi$, von δ aus in der Richtung nach $\delta\pi$ durchzuarbeiten.

II. Ist ein unterirdischer Gang gegeben, so soll man in dem darüberliegenden Boden einen Punkt finden, von wo man einen Brunnen zu graben hat, vermittelst dessen man einen bestimmten Punkt des unterirdischen Ganges treffen kann. Siehe die Fig. 48.

»Der Gang sei $\alpha\beta\gamma\delta\varepsilon$; $\delta\zeta$ und $\varkappa\lambda$ seien die Brunnen, der gegebene Punkt in der Grube, nach dem der Brunnen gehen soll, sei μ. Durch die Brunnen läßt man nun Gewichte an Seilen $\nu\chi$, $o\pi$ herunter. Nach Einnahme der Ruhelage zieht man durch o und ν die Gerade $o\nu\rho$. Durch π und χ zieht man dann unten die Gerade $\pi\chi\sigma$; σ liege am Stoß; $o\rho$ mache man gleich $\pi\sigma$. Nun nimmt man ein genau geprüftes Seil, welches sich nicht mehr längen kann; ein Ende knüpft man in σ an, das andere in τ und von hier nach π. $\pi\tau$ und $\tau\sigma$ werden gemessen und über Tage abgetragen; es entsteht also hier das Dreieck. $o\omega\rho$. Dann nimmt man einen anderen Punkt η, spannt das Seil so, daß Dreieck $\tau\sigma\eta$ entsteht, trägt dies ebenso oben ab als Dreieck $\omega\rho\varphi$, von dem $\rho\varphi = \sigma\eta$, $\omega\varphi = \tau\eta$ ist. Konstruieren wir endlich an $\sigma\eta$ ein Dreieck, so zeichnen wir dies auch an $\sigma\varphi$, bis wir nach μ kommen. Damit nicht Fehler gemacht werden, verlängern wir $\sigma\mu$ bis ι und ziehen $\iota\eta$. An $\varphi\rho$ soll das Dreieck $\varphi\rho\upsilon$ liegen mit den Seiten $\rho\upsilon = \sigma\iota$ und $\varphi\upsilon = \iota\eta$; ferner soll $\rho\psi = \sigma\mu$ gezeichnet sein. Demnach wird ψ über μ liegen. Wird also von ψ aus ein Brunnen gegraben, so kommt er, wenn er senkrecht ist, nach μ, weil die Dreiecke in der Grube und über Tage ähnlich und gleichgelegen sind. Man muß aber versuchen, horizontale Dreiecke zu zeichnen.«

Die erste Methode der Durchschlagsangabe stellt sich nach der gegebenen Beschreibung als die Bestimmung des Abstandes zweier gegenseitig nicht sichtbarer Punkte aus einem gebrochenen Linienzuge, verbunden mit der Konstruktion ähnlicher rechtwinkliger Dreiecke dar, eine Methode, die bei genauer Linienabsteckung und sorgsamer Winkelrichtung bei Zugrundelegung einer exakten Zeichnung als eine für genügende Resultate geeignetes Arbeitsverfahren bezeichnet werden muß.

Die zweite Methode, der Bestimmung des Einschlagspunktes eines Schachtes an bestimmtem Punkte dienend, ist wegen der Dehnbarkeit der Schnüre, der Ungleichheit der Meßebene, der über Tage nicht selten vorliegenden Unmöglichkeit, das Liniennetz genau analog dem unter Tage ausgespannten Zuge zu führen, und der fehlenden Winkelbestimmung mit einer Reihe von Fehlern behaftet, die ein günstiges Resultat sehr oft wohl haben vermissen lassen.

Wie man sonst (wohl nur gelegentlich?) einen Durchschlag zu erzielen versuchte, davon gibt uns Herodot (IV, 200) ein Beispiel; es heißt hier: »Als die Perser unter Amasis um 540 die hellenische Stadt Barka in Africa belagerten und dabei bis in die Stadt hinein Minen gruben, entdeckte dies ein Schmied dadurch, daß er einen ehernen Schild auf den Boden stellte und horchte, wie dieser dröhnte, wenn unter ihm gearbeitet wurde. Dort machten dann die Barkaner einen Gegengang und töteten die persischen Grubenarbeiter.«

Zum Schlusse dieses Kapitels haben wir einen Rückblick auf die Orientierung nach dem Stande der Magnetnadel zu werfen, bzw. zu sehen, ob und wieweit eine solche im Altertume bekannt war. Die Kenntnis der anziehenden Kraft des Magneteisens konnte einem Volke, bei dem dieses Gestein gefunden wurde, unmöglich verborgen bleiben, und da das Mineral in Europa und Asien an manchen Stellen gelegentlich in großen Quantitäten, vorkommt, so muß das Faktum schon sehr früh bekannt und verbreitet worden sein. Die griechischen Schriftsteller spielen auch in mehr als einer Stelle, sowohl in ihren philosophischen als ihren poetischen Werken, auf die anziehende Kraft an, und möglicherweise werden sich in den noch nicht bekannt gewordenen Schätze anderer antiker Literaturen noch mehr Hinweise auf die Bekanntschaft mit dem Magnetismus und dem Magneten ergeben.

Was die Griechen anlangt, so kennt Plato die Eigenschaft des natürlichen Magnetsteins, eine Reihe von eisernen Ringen aneinanderhängend festzuhalten, aber keine Andeutung ist bei ihm zu finden, daß man etwas von dem Polarmagnetismus des Minerals wußte; vielmehr wird das Haftenbleiben des Eisens am Magneten auf »eine gewisse göttliche Kraft« zurückgeführt.

Man hat ferner bei Aristoteles eine Notiz finden wollen, aus der seine Kenntnis von der magnetischen Richtkraft hervorgehen sollte; doch mag in bezug hierauf nur der Hinweis gegeben werden, daß die Stelle, auf die sich diese Behauptung stützt, uns nur aus einer arabischen Übersetzung bekannt ist, die sehr vieles Aristotelische mit Begriffen des Übersetzers vermischt, außerdem aber so viel Naiv-Kindliches enthält, daß sie des Aristoteles direkt unwürdig erscheint.

Außer Griechenland sind China, Arabien, Norwegen, Frankreich, Italien und England als die Länder genannt worden, in denen zuerst die Entdeckung der magnetischen Richtkraft gemacht worden sei, aber von all diesen Vermutungen haben nur die zwei einen hohen Grad von Wahrscheinlichkeit für sich, daß China und Norwegen die ersten Gebiete gewesen sind, in denen die Kenntnis von den Eigenschaften des Magnetismus aufgekommen ist. Zeitlich steht die Entdeckung in China weit voraus, indem sie bereits lange vor dem Beginn unserer Zeitrechnung registriert wird.

Pater Du Halde, der lange Zeit in China lebte und nach chinesischen uralten Quellen eine »Description de l'Empire de la Chine« schrieb, berichtet darin von dem Kaiser Hoang-ti, der einem Rebellenfürsten Tchi-yeou eine Schlacht lieferte, folgendes: »Als er (Hoang-ti) bemerkte, daß bei der Verfolgung dicke Nebel sich herabsenkten und ihn an der Innehaltung des richtigen Weges hinderten, ließ er einen Wagen bauen, der ihm stets die vier Himmelsrichtungen anzeigte. Mit diesem Hilfsmittel überraschte er Tchi-yeou, nahm ihn gefangen und ließ ihn hinrichten.« Hoang-ti war der dritte Herrscher der ersten Dynastie, und das beschriebene Ereignis fällt nach Klaproth (lettre à Mr. A. v. Humboldt, sur l'invention de la boussole, Athenaeum No. 396. 1836) in das Jahr 2634 v. Chr. Über die Konstruktion dieser Fahrzeuge mit orientierender Magnetnadel berichtet eine chinesische Chronik, daß der Kaiser Hiang-tsoung aus der Thang-Dynastie, der 806—820 regierte, den Plan zum Bau dieser Apparate festlegte. »Inmitten eines kleinen Pavillons, an dessen vier Ecksäulen Holzdrachen zur Verzierung angebracht waren, befand sich eine kleine Holzfigur. Die ausgestreckte rechte Hand dieser Figur deutete stets nach Süden, wohin sich auch der Wagen wenden mochte.« Unter der Holzfigur war eine sich von N. nach S. einstellende Magneteisenmasse oder eine Nadel angebracht. Szu-ma-thsiou, der in der ersten Hälfte des zweiten Jahrhunderts unserer Ära nach einer großen Anzahl von authentischen chinesischen Quellen seine Szu-ki oder Memoiren sammelte, berichtet aus dem Jahre 1040 v. Chr., daß der kaiserliche Minister Tcheou-kong einer Gesandtschaft der »Yue-chang-chi, die im Süden von Kivo-tchi wohnen« (Tonkin und die nördliche Partie von Cochinchina ist gemeint) beim Abschiede fünf Magnetwagen mitgab, die stets den Süden anzeigten. Die Gesandten bestiegen die Wagen, erreichten die Küste des Meeres mit ihnen und kamen ein Jahr später in ihrer Heimat an.

Im Jahre 235 errichtete der Kaiser Kian-king den Thsoung-houa-tian-Palast, ein Museum, in dem er eine Unmasse von Seltenheiten sammeln ließ, von neuem aus den Trümmern und ließ auch den Gelehrten Ma-kiun einen den Süden anzeigenden Wagen bauen bzw. rekonstruieren.

Aus diesen Daten geht hervor, daß den Chinesen bereits sehr zeitig die Orientierung mittelst des Magnetismus bekannt war, und zwar kannten sie nicht nur die Fähigkeit des natürlichen Magneteisensteins, zu orientieren, sondern auch die Fähigkeit des Eisens, durch Streichen oder Nebenaneinanderliegen mit einem natürlichen Magneten von diesen die Attraktionskraft anzunehmen. Daß dies letztere der Fall war, geht aus den folgenden Stellen hervor: Im Lexikon des Hiu-tchin (121 n. Chr.) wird der Name eines Steins erwähnt, »mit dem wir der Nadel Richtkraft geben« (er heißt Tshu-chy = Liebesstein, Tchu-chy = leitender, weisender Stein, Hy-thy-chy, der Stein, der Eisen anzieht).

Unter der von 265—419 regierenden Tsin-Dynastie sagt das große Lexikon Poi-wen-yun-fon: »Sie hatten Schiffe, die ihren Kurs mit der magnetischen Nadel lenkten.«

Dasselbe Werk zitiert eine Stelle aus einem im elften Jahrhundert verfaßten Buche: »Die Wahrsager reiben die Spitze einer Nadel mit dem ‚Liebesstein', um ihn zur Anzeige der südlichen Himmelsrichtung geeignet zu machen.«

Welches war nun die Beschaffenheit der eigentlichen Kompasse der Chinesen? Man magnetisierte eine eiserne Nadel, steckte sie durch ein winziges Stäbchen von Binsenmark und ließ sie auf Wasser schwimmen, oder aber man hängte die Nadel mittelst eines feinen Knötchens Wachs an einen dünnen Faden und ließ dieselbe dann an einem windfreien Orte ruhig schwingen. Die Windrose wurde in 8, 16, 24 Teile zerlegt; die Namen dieser Teile sind nicht immer die Namen der Winde, obwohl sie dafür angewandt werden, vielmehr meist die Namen von Zeitabschnitten. Außer diesen Einteilungen und Bezeichnungen hatten sie allerdings noch eine Reihe anderer, deren Bedeutung, vermutlich astrologischem Gebiete angehörend, uns und jedenfalls auch den modernen Chinesen größtenteils unbekannt ist. Das Gehäuse der Kompaßnadel bestand aus Holz und enthielt die Richtungsbezeichnung auf dem Boden.

So sicher nun die Konstruktion und die Existenz dieser Instrumente bezeugt ist, und so unzweifelhaft auch deren Anwendung im Seewesen und selbst beim Bauwesen ist — die Mauern von Peking sind in Nord-Süd-Richtung gebaut, und zwar um $3^{0}\ 30'$ vom astronomischen Meriadian nach Südosten abweichend, entsprechend der damals (Ming-Dynastie 1384—1644 n. Chr.) herrschenden Deklination —, so wenig wissen wir Positives von der speziellen Anwendung des Kompasses beim Bergwesen. Wir sind hier vollkommen auf Vermutungen angewiesen; es läßt sich aber kein Grund angeben, weshalb bei dem Bekanntsein der Apparate und Erscheinungen dieselben nicht auch für die bergmännischen Zwecke bereits bald nach ihrer Erfindung benutzt worden sein sollten.

Aus Japans Bergwesen ist uns eine Anwendung des Setzkompasses in der unterirdischen Vermessung ausdrücklich durch die Rollbilderpublikation Treptows bezeugt[1]), die aller Wahrscheinlichkeit gemäß Gegenstände und Arbeiten aus der ältesten Zeit des japanischen Bergwesens zur Darstellung bringt, wobei zu bemerken bleibt, daß Japan seinen Bergbau aus dem »Reiche der Mitte« bekommen hat.

Zur Messung von Längen haben die Chinesen und Japaner Bambusstäbe mit Einteilung benutzt bzw. bis auf den heutigen Tag noch in Gebrauch. Welches Hilfsmittels sie sich zur Messung von Neigungswinkeln bedienten, ob ihnen die Wasserwage oder ein dem Gradbogen ähnliches Instrument bekannt war, wissen wir aber nicht.

[1]) Treptow, Altjapanisches Berg- und Hüttenwesen. Freiberg 1904.

II.

Die Aufbereitungstechnik.

Fast auf allen antiken Bergwerksplätzen scheint die Ausführung der Anreicherungsmanipulationen vorwiegend in der Hand von alten Leuten, Frauen und Kindern gelegen zu haben; nur aus dem laurischen Bergbaubezirke kennen wir eine besondere Klasse von männlichen Arbeitern, die bei der großes Geschick erfordernden Handsonderung tätig waren, und die als τεχνίτης bezeichnet werden (Diodor III, 12; Platon, d. Staatsmann 303 E).

Der Anreicherungsprozeß begann, wie wir bereits bei der Förderung hervorhoben, in der Grube in der Nähe des Förderschachtes, wo in einer größeren Kammer eine Ausschlägelung der größeren Gesteinsbrocken vorgenommen wurde, um bei der Fortschaffung der Erze die Last möglichst zu erleichtern.

Diese Handscheidung wurde über Tage fortgesetzt und daran der weitere Prozeß angeschlossen, dessen allgemeinen Gang uns u. a. Plinius (XXXIII. 4. 21) und Hippocrates (I, 4) als eine Aufeinanderfolge von mehrmaligem Zerstampfen und Auswaschen schildern, deren letztem dann das Ausschmelzen folgte.

In manchen Fällen scheint man das Haufwerk vor dem eigentlichen Anreicherungsprozesse geröstet zu haben, um das Gestein mürbe zu machen und seine mechanische Bearbeitung zu erleichtern.

Von dem Mitterberger Kupferbergbaue sind durch Much solche Röstplätze bekannt geworden, die sich schon dem äußeren Anblick durch den spärlichen Pflanzenwuchs vor allem anderen präsentieren. Hier fanden sich zahlreiche Kohlenreste und rostbraune Färbungen der Erde, herrührend von dem zerfallenen Spateisenstein, der in den Mitterberger Erzen den Hauptbestandteil bildet.

Die Rösteinrichtung muß höchst primitiv gewesen sein; vielleicht überließ man die Erze nur in freien, oder allenfalls ringsum mit Steinen eingefaßten Haufen der zerfällenden Einwirkung der Hitze, die wenigstens den in den Erzen stark vertretenen Schwefel zum Teil entfernte.

Von den Römern sind Röststätten (nach v. Leonhard, Beiträge z. mineral. u. geol. Kenntnis des Hzt. Baden, II, S. 49) aus einem ausgedehnten Eisenwerk am Hagenschießwalde am Wurmflusse bei Pforzheim bekannt geworden. Hier waren einfache Stadel aus niedrigem Mauerwerk aufgebaut.

Etwas Genaueres wissen wir über die Rösteinrichtungen der alten Japaner nach den von Treptow publizierten japanischen Rollbildern (Altjapan. Bgb. u. Hüttenbetrieb. 1904). Es wird eine Art einfacher Kiln von quadratischem Querschnitt mit abgerundeten Ecken benutzt; an der einen Seite ist er mit Luftöffnungen versehen. Aus Bruchsteinen und Lehm aufgemauert, haben die Apparate etwa 1 1/4 m Seitenlänge bei zirka 1 m Tiefe. Auf ein Bett von Holzscheiten wird etwas Reisig ausgebreitet, darauf der Erzschliech gestürzt und dann wieder eine Decke von Holz und Reisig aufgegeben. Nach dem Anzünden wird das Ganze sich selbst überlassen, bis das Ausbrennen vollendet ist. Darauf wird das geröstete Gut mittelst eines an Schnüren aufgehängten Siebes gesiebt.

Von den Indianern des Oberen Sees ist übrigens ein ähnliches Mittel angewendet worden, um einen rascheren Zerfall des das Kupfer umgebenden Gesteins einzuleiten. An den Ausgängen der Baue fand man nämlich (siehe Essener »Glückauf« 1879, Nr. 58) eine große Anzahl von seichten Erdlöchern, welche mit Überresten von Holzkohle ausgefüllt waren, während in der allernächsten Umgebung Massen von Gesteinsschutt und steinernen Werkzeugen umherlagen. Diese Umstände deuten darauf hin, daß man die losen, metallführenden Blöcke zuerst erhitzte und dann durch Aufschütten von Wasser einer schnellen Abkühlung und damit einer Zerklüftung aussetzte. Mit Hilfe von Werkzeugen war es dann ein Leichteres, das Kupfer aus dem umgebenden Gestein auszulösen.

Das durch Rösten vorbereitete oder auch nur durch die Handscheidung in der Grube angereicherte Haufwerk kam alsdann in die eigentliche Aufbereitungsanlage zur Zerkleinerung.

Eine Vorzerkleinerung wurde auf Steinplatten mit steinernen oder metallenen Schlägeln vorgenommen; die definitive Aufschließung wurde dann auf Handmühlen oder in Mörsern vollzogen. Nach jedem Zerkleinerungsprozesse wurde das Material einer Durchmusterung von Hand unterzogen, welche im allgemeinen im Altertum bis zu Korngrößen fortgesetzt wurde, die man in unserer Zeit ausnahmslos der separierenden Wirkung des Wassers im Setzprozesse aussetzt. In Laurion z. B. sonderte man noch Korngemenge von 5 mm Durchmesser von Hand.

Da die Tröge aus sehr hartem Material bestehen mußten, war man oft genötigt, sie aus großen Entfernungen herbeizuschaffen. Die

Agypter benutzten ihre vorzüglichen Granite; der laurische Aufbereitungsbetrieb bezog seine Mörsersteine, wie Kordellas (Hüttenindustrie von Laurium, S. 31) nachgewiesen, von Melos; sonst benutzte man Grauwacke, harten Kalk, Porphyr, Diorit, dichte Lava dazu. Die Bewegung des Schlägels geschah meistens von Hand, nur die Chinesen und Japaner haben sich seit undenklicher Zeit zum Zerkleinern eines Schwanzhammers bedient, einer im übrigen in Ostasien auch zum Schälen des Reises weitverbreiteten Vorrichtung.

Der Schwanzhammer ist in einem kleinen starken Bocke aus Holz verlagert; der Kopf des Hammers wird unter Umständen noch mit einem Steine beschwert. Der den Apparat bedienende Arbeiter (oder die Arbeiterin) stützt sich mit der einen Hand auf den Hammerbock und tritt mit dem einen Fuße auf das rückwärtige Ende des Hammerstieles; in der einen freien Hand führt der Arbeitende einen Stab, mit dem das in einer schalenartigen, wohl meistens mit Steinen aus-

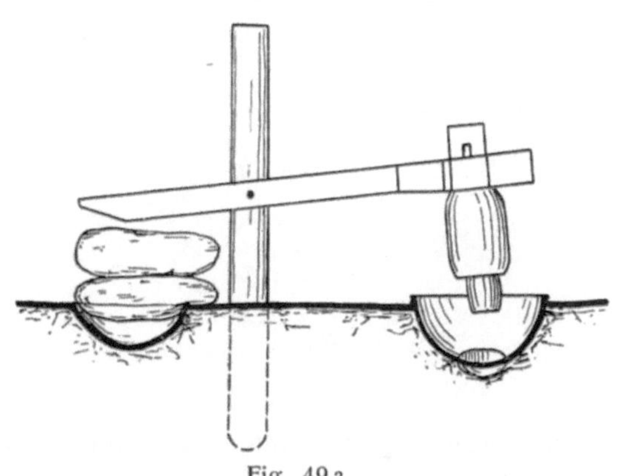

Fig. 49 a.

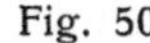

Fig. 50.

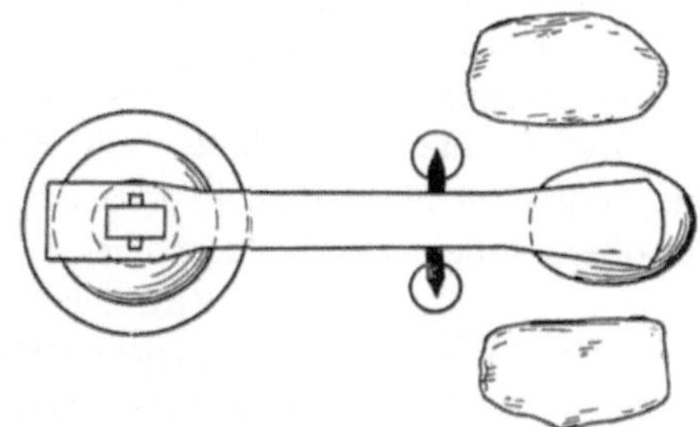

Fig. 49 b.

gelegten, Vertiefung befindliche Erz umgerührt wird, bevor der Hammer zum Fallen freigegeben wird.

Die Figuren 49 und 50 verdeutlichen den Apparat und das Verfahren. Die erste Figur ist aus den Transact. of American Inst. of Min. Eng. 1891 (Henry Louis, Chinese system of Goldmilling, Paper read at Glen Summit Meeting) entnommen; sie zeigt den Apparat in Auf- und Grundriß; die zweite ist nach Treptow (Altjapan. Bergb.- u. Hüttenbetrieb Taf. III) reproduziert und stellt die oben in ihrem Verlauf beschriebene Arbeit an demselben dar.

Die erste Darstellung gibt eine Einrichtung wieder, die von den Chinesen im Distrikte von Tomoh, einem der siamesischen Malayenstaaten, in Anwendung gebracht worden ist.

Die den Alten zur Verfügung stehenden Mittel zur endgültigen Zerkleinerung sind, nach dem Grade des Fortschrittes geordnet, Reibplatten, Mörser, Mühlen.

Reibplatten, über die an einem Stiele ein unten gerundeter Reibstein aus gleich hartem und zähem Material reibend und wälzend hin und her bewegt wurde, hat Much auf den Halden des vorgeschichtlichen Bergwerks am Mitterberge aufgelesen. Die Gestalt der Reibsteine ist aus den Figuren 51 und 52 deutlich ersichtlich.

Fig. 51.

Fig. 52.

Mörser, ἀγγεῖα λιθινα, ὅλμοι λίθινοι, sind in einer Reihe Exemplaren an laurischen Aufbereitungsstätten gefunden worden. Sie bestehen, wie die anderweitigen Reibplatten, aus einem sehr harten Trachyt und haben die Gestalt eines Fingerhutes mit dicker Wand und flachem Boden. Ihre innere Tiefe beträgt 40—60 cm, ihre äußere Höhe 60—80 cm, die obere äußere Breite ebensoviel.

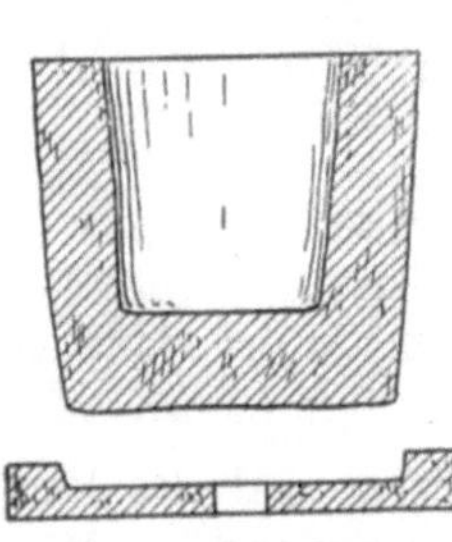

Fig. 53.

Zuweilen sind sie mit einem Deckel aus dem gleichen Material versehen, der in der Mitte zum Einstecken des — in den meisten Fällen eisernen — Pistils durchbrochen war. Fig. 53 stellt einen laurischen Mörser mit Deckel dar (nach Ardaillon a. a. O., S. 61, Fig. 18).

Die Arbeit am Mörser beschreibt Diodorus (III, 13) mit den Worten: ἐν ὅλμοις λιθίνοις τύπτουσι σιδηροῖς ὑπεροις — in mortariis saxeis pilis ferreis contundunt.

Handmühlen, die meist von alten Männern und Weibern gedreht wurden, nennt u. a. Diodorus bei den alten Ägyptern, und zwar bei Gelegenheit der Beschreibung des Goldbergbaus (III, 13). Ihre Einrichtung, aus zwei übereinanderliegenden scheibenförmigen Steinen bestehend, von denen der obere gedreht wurde, ist bereits von Babylonien her den Israeliten bekannt gewesen, wie aus V. Mos. 24, 6 erhellt, wo es heißt: »Du sollst nicht zum Pfande nehmen den untersten und obersten Mühlstein.« Diese alten Mühlsteine waren sehr klein, da sie von den homerischen Helden im Kampfe mit den Händen geworfen werden konnten. Ihre Form hat sich durch Jahrhunderte hindurch erhalten und war auch bei den Römern in Anwendung. Nach Varro (mitgeteilt bei Plinius, hist. nat. XXXVI, 29) sollen die drehbaren Mühlsteine übrigens zu Volsinii erfunden sein, woselbst man auch einige mit Wasserkraft angetriebene gefunden habe — anders ist wohl der Text: aliquas et sponte motas invenimus, nicht zu nehmen, da die Windmühlen zuerst in Deutschland aufgekommen sind, andererseits Plinius wohl einen Antrieb durch Tiere ausdrücklich genannt haben würde.

Daß man, ähnlich wie zum Getreidemahlen, auch in den Erzmühlen tierische Kraft zu Hife nahm, indem man über dem oberen Läuferstein einen Querbalken befestigte, an dessen unterem Ende eine Gabeldeichsel zum Anspannen angebracht war, darf als sicher angenommen werden. Ebenso ist es höchstwahrscheinlich, daß man, gleich wie man bei der Steinindustrie die Kraft des Wassers durch Anschluß der Spaltwerke an ein Wasserrad ausnutzte (vgl. Ausonius' »Mosella«, wie oben zitiert), auch im Aufbereitungswesen dieses Hilfsmittel anwandte, zumal bei fortschreitender Vervollkommnung des ganzen technischen Bergbaubetriebs — Anwendung von Gebläsewind — die Abhängigkeit der Erzverarbeitung von dem im Gebirge gelegenen Mineralfundorte mehr und mehr in den Hintergrund trat.

Exemplare von römischen Erzmühlen sind noch vorgefunden worden, z. B. zu Abrudbánya in Siebenbürgen und in den Pyrenäen. Köleser beschreibt sie in seinem 1717 erschienenen Werke: de Keres-eer auraria Romano-Dacica; Cibinii, p. 76, wie folgt: »Vidi Abrudbányae in valle Corna tale mortarium metallicum, supra fundum, aliquot digitis transversalibus perforatum, fundo crassiore et prominente.« M. de Genssane sagt in seinem Traité de la fonte des mines par le feu du charbon de terre, Paris 1770 (2 vol. 4to) I, p. 14 von den römischen Werken: ». . . ils faisoient passer leur mineral par des moulins à bras, tout-a-fait semblables à nos moulins à moutarde ou aux moulins, dont on fait usage pour séparer l'argent de quelques mines par le voie de mercure. J'ai vu un nombre de ces meules aux Pyrénées, et j'en conserve deux très-entières du nombre de celles que nous y avons trouvées.«

Ganz entsprechend gebauter Mühlen bedienten sich die Chinesen und Japaner in ihren Aufbereitungsstätten. Sie sind bei Netto, Japan. Berg- und Hüttenwesen, Mitt. d. deutsch. Ges. f. Völkerk. Ostasiens II, 1879, abgebildet; auch Treptow reproduziert sie so wie Fig. 54 a—c zeigt (zwei Exemplare befinden sich u. a. im Münchener ethnographischen Museum). Die Mahlflächen sind in Sektoren geteilt und nach verschiedenen (tangentialen) Richtungen gefurcht. Der in den Unterstein *B* eingelassene, dem Oberstein *A* Führung gebende Zapfen *d* besteht aus hartem, mit Bandeisen verstärktem Holze. In eine Vertiefung des Läufers ist eine seitliche hölzerne Handhabe *a* eingelassen. Die obere

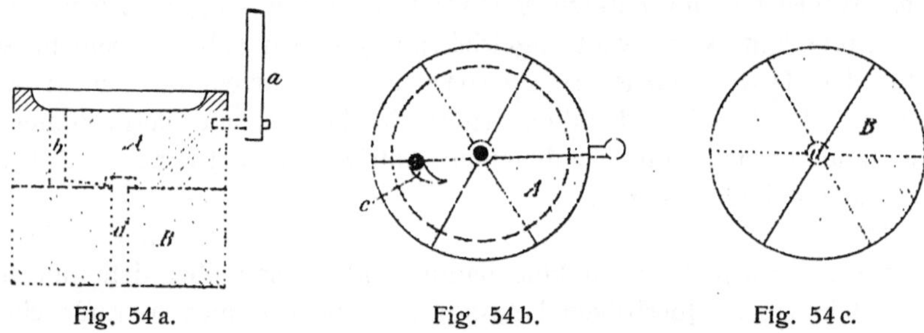

Fig. 54 a. Fig. 54 b. Fig. 54 c.

Fläche ist zur Aufnahme des zu zerkleinernden Gutes muldenförmig vertieft; als Eintrag dient eine exzentrische senkrechte Durchbohrung *b* von etwa 2 cm Weite, deren untere Mündung (bei *c* in der Figur) nach der dem Drehen entgegengesetzten Seite etwas erweitert ist. Das Material wird unter Zufluß von Wasser aufgegeben; das zerkleinerte Gut tritt zwischen den Steinen aus. Die Handhabung der Mühle geschieht so, daß 1—2 Mann das Eintragen besorgen, während die Drehung des Läufers durch weitere vier Mann mittelst Schubstange vollzogen wird. Diese ist einerseits über die abgebildete Handhabe *a* gesteckt, am anderen Ende mit einer Querstange zum Angreifen versehen.

Im laurischen Bezirke gelangte man durch die aufeinanderfolgenden Zerkleinerungsoperationen bis auf die Größe eines Hirsekornes (κέγχρος), daher man mit κεγχρεών geradezu die Zerkleinerungsanlage bezeichnete (z. B. bei Pollux VII, 90).

Nach dem mit einer fortdauernden Ausscheidung des Tauben Hand in Hand gehenden Zerkleinern unterzog man die Erze einem weiteren Anreicherungsprozesse, den das Altertum ebenso wie die deutsche Sprache als Waschen, lavare, πλύνειν, καθαίρειν, bezeichnet.

In Laurium haben sich an hundert Erzwäschen bald mehr, bald weniger gut erhalten, so daß wir uns am besten aus diesen Resten über den Stand der Dinge unterrichten und dabei das von anderen

Bergbauvölkern Bekannte, etwa Abweichende, an den gehörigen Stellen einschieben. Die Wäschen (καθαριστήριον) stellen sich als Systeme von sorgsam aus Stein gefügten und gut zementierten Flächen (Tennen) dar, deren Ausmaß bis zu 90 qm geht, von denen 11 qm auf die Zufluß- und Ablaufrinnen kommen. Diese haben durchschnittlich einen Fassungsraum von 7 cbm. In jedem Wäschebecken sind zwei oder vier Tennen vereinigt, von denen eine oder zwei horizontal, die anderen aber gegen eine zwischen ihnen laufende Wasserrinne sanft geneigt sind. Eine Rinne, die an zwei oder drei Stellen vertiefte Becken bildet, umzieht die Tennen, bis das Wasser zum Ausgangspunkte zurückkehrt, wo es nach Ausgleichung des Spiegels wieder zurückgehoben werden konnte (Fig. 55). Ähnlich gebaute Waschflächen müssen wir bei den Ägyptern voraussetzen, deren Aufbereitungsbetrieb uns ja durch Diodorus bekannt geworden ist (III, 13): Ἐν ὅλμοις λιθίνοις τύπτουσι σιδηροῖς ὑπέροις, ἄχρι ἄν ὀρόβου τὸ μέγεθος κατεργάσωνται. Παρὰ δὲ τούτων τόν ὀροβίθην λίθουαί γυναῖκες καὶ οἱ πρεσβύτεροι τῶν ἀνδρῶν ἐνδέχονται καὶ μύλων ἑξῆς πλειόνων ὄντων επὶ τούτους ἐπι βάλλουσιν, καὶ παραστάντες ἀνὰ τρεῖς ἢ δύο πρὸς τὴν κώτην ἀλήθουσιν ἕως ἂν εἰς σεμιδάλεως τρόπον το δοθὲν μέτρον κατεργάσονται.

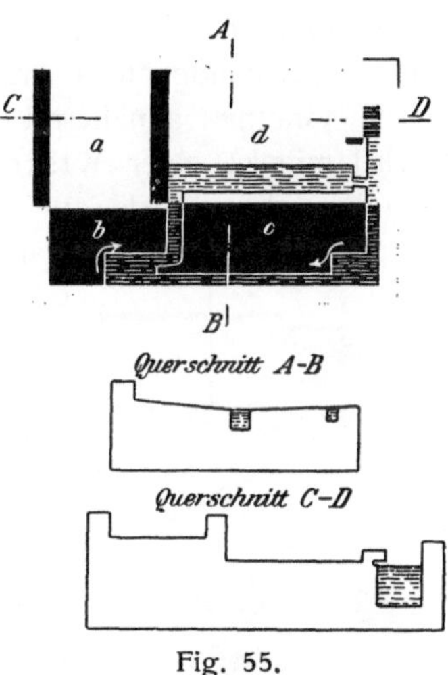

Fig. 55.

Diese Beschreibung schließt sich in allen Teilen an die in Laurion geübten Methoden an. Zur Wäsche wurden die Erze über dem ersten Becken auf einem ebenen Siebe, das von Hand geschüttelt wurde, gesondert. Das Werkzeug nannte man Sieb (σάλαξ) (Pollux VII, 97; X, 149); es bestand aus Brettern mit einem durchbohrten Boden oder aus festen Binsen (in Spanien aus Espartogras); dadurch trennte man unter Mitwirkung des Wassers, welches die unhaltigen Reste mitnahm, die Stücke, welche zwar ungleich groß, aber von gleichem Gewicht waren, voneinander. Die kleineren Stücke, welche mit dem Sande bzw. dem tauben Gestein durchfielen, blieben als Niederschlag in dem Behälter unter dem Siebe, d. h. auf dem Boden des unter die Sohle des Kanals vertieften ersten Kammerbeckens, oder wurden vom Wasser weitergetragen zu den übrigen Becken.

Was aus dem ersten Becken gewonnen wurde, ging neuerdings durch ein engeres Sieb. Der Niederschlag der anderen Becken wurde herausgeschaufelt und auf die geneigten Tennen gelegt, wo das wieder zu verwertende Wasser ablaufen konnte.

Ein Teil des Gutes kam in die Schmelze, ein zweiter wurde rekapituliert, ein dritter ging zur Halde.

Ganz analog war der Setzprozeß der alten Japaner, wie er uns auf einigen Rollbildern (von Treptow veröffentlicht) dargestellt ist. Das Gerät zum Setzen ist ein etwa $1^1/_2$ Fuß im Durchmesser haltender Weiden- oder Bambuskorb, der mit der Hand diametral angefaßt und in teils stauchende, teils drehende Bewegung versetzt wird. Haben sich die Graupen annähernd nach ihrem spezifischen Gewicht geordnet, so wird mittelst einer Kiste (Streichbrett) die oberste Schicht Berge abgehoben, die nächste zur nochmaligen Behandlung beiseite gestürzt, während die unterste meist gutes Erz gibt, oder, wenn nicht, nochmals auf dieselbe Weise bearbeitet wird. Einen der bei den alten Japanern gebräuchlichen Setztröge mit Korb stellt Fig. 56 im Bilde dar (nach Netto). Einen römischer Zeit angehörenden Setztrog fand man gut erhalten in der Katalin-Monulesti-Grube zu Verespatak in der Gestalt der in Siebenbürgen noch heute gebräuchlichen Siebtröge, aus Holz bestehend und mit ca. 4 mm weiten Löchern versehen, dazu einen Bottich aus starken Dauben, von denen zwei oben vorragten und zum Durchstecken einer Transportstange durchbohrt waren. Der Bottich hatte etwa 95 cm Durchmesser, war nach oben hin ein wenig konisch und mit Reifen von Rundholz gebunden. Beide Geräte gehören offenbar zusammen, und in dem Trog haben wir das Gerät zur Trennung des Groben vom Klaren zu sehen, in dem Bottich aber den Sammelbehälter für das angereicherte Gut, in dem vorliegenden Falle für das Freigold, das, wie die Alten bereits sehr gut wußten, gerade im Grubenklein sich anreichert. Auch am Mitterberge hat Much das Bodenstück eines aus hartem Holz gefertigten Troges zum Setzen gefunden. Derselbe war 0,89 m lang, 0,16 m hoch und — vermutlich — 0,33—0,35 m breit. Am oberen Rande der einen erhaltenen Langseite besaß er zwei topfhenkelähnliche, jedoch horizontalliegende Handhaben, an welche die ganze Hand anzufassen vermochte, und die den Zweck hatten, den Trog in jene rüttelnde oder stoßende Bewegung zu setzen, die bei der Erzwäsche zur Scheidung des Tauben vom Schweren nötig ist.

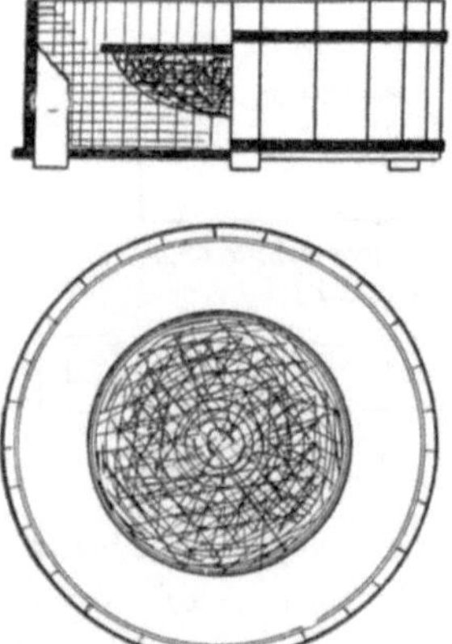

Fig. 56.

Die oben erwähnten Tennen der laurischen Wäschen entsprechen unseren Herden zur Anreicherung der feinsten Sande und Mehle.

Bei weniger wertvollem Gute oder bei gröberen Teilchen des gediegenen bzw. hüttenfähigen Erzes mag man mit dem einfach glatten Herde genügende Resultate erzielt haben; beim Waschen des Goldes bedurfte es jedoch besonderer Vorrichtungen, um das Feinste zurückzuhalten.

Wie uns die Sage des Argonautenzuges in dichterischem Gewand überliefert, benutzte man zu diesem Zwecke rauhe Felle, in deren Haaren sich das Gold festsetzte. Die Römer benutzten nach Plinius (hist. nat. XXXIII, 4. 21) in Nordspanien in ihren Gerinnen Ginsterbüsche, durch deren Trocknen und Verbrennen man das Gold gewann, dessen weitere Reinigung man durch Auswaschen mit Wasser vornahm. Bei den alten Japanern verwusch man die aus den Mühlen abfließende Golderztrübe über geneigten Brettern, die mit feinen, kreuzweis diagonalen Furchen versehen waren, in denen sich die schwereren Partikel des Waschgutes absetzten, und welche man danach durch Klopfen und Waschen entfernte.

Die auf diese Weise erhaltenen Konzentrationen wurden auf zweierlei Weise weiter angereichert. Entweder gab man sie einem flachen, nur ganz unbedeutend vertieften Brette auf, auf dem sie durch geschickte, die des Stoßherdes und der Setzmaschine mit einer zentrifugalen kombinierende Bewegung angereichert wurden, oder aber sie kamen in Lackschüsseln, ähnlich den zum Tafelgeschirr des Japaners gehörenden Suppentassen, zur weiteren Behandlung so lange, bis man schließlich Goldstaub bekam.

Zu ähnlichen Zwecken scheinen auch gelegentlich die Römer hölzerne Schüsseln gebraucht zu haben. Verfasser fand in einem Römerbau der Grube Selvena bei Santa Fiora eine aus hartem Holze bestehende Schüssel von ca. 6 cm Tiefe und 32 cm Durchmesser, mit einem abgedrehten Fuße versehen. Beistehende Figur 57 mag eine Anschauung davon geben.

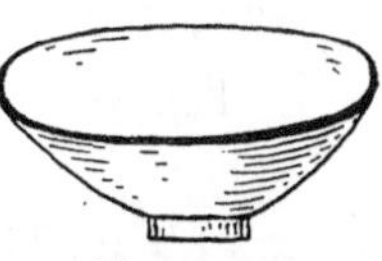

Fig. 57.

Über die Anstalten zur Wasserbeschaffung für Aufbereitungszwecke wissen wir mit Ausnahme der im laurischen Bezirke getroffenen Vorkehrungen äußerst wenig; vielleicht hat man das Regenwasser in Zisternen gesammelt, vielleicht (bei den Ägyptern und Römern ist dies höchstwahrscheinlich) hat man sich des Fluß- oder Gebirgsbachwassers durch Anlagen von Stauwerken versichert. Im allgemeinen mögen die alten Werke wohl nicht so sehr unter Wassermangel zu leiden gehabt haben wie die laurischen, bei denen wir daher auch großartige Anlagen zur Sammlung und Klärung des Wassers finden, von denen hier in kurzem die Rede sein soll. Die vielen kleinen Rinnsale führen nur nach den im Spätherbst und im Winter eintretenden Regengüssen Wasser. Diese Niederschläge treten in unregelmäßigen Perioden ein und sind dann während weniger Tage so heftig, daß sie die Umgebung überfluten. Außer dem Bache von Keratea und dem des Tales von Sintirina versiegen dieselben jedoch bald nachher wieder. In den Umgebungen der Erzverarbeitungsstätten hat man daher die Wasser gesammelt, und zwar sind für diesen Zweck an 600 Zisternen und außerdem viele Sammelbecken vorhanden, die in dem stark gefurchten Gelände leicht anzulegen waren. Die Zisternen sind rund, selten rektangulär mit abgerundeten Ecken. Erstere haben bei etwa 3 m Tiefe ca. 13 m Durchmesser; der untere Teil ist im Kalkstein ausgehauen, der obere besteht aus 2 m starkem Mauerwerk aus schweren Marmorblöcken, die ohne Mörtel zusammengefügt sind. Das Innere ist, der Gefahr des Wasserversickerns wegen, mit einem heute sehr festen Zementmörtel ausgekleidet, in dessen graubrauner Masse kleine scharfkantige Gesteinsstückchen eingemengt sind. Die größeren Sammelbecken sind gut aus Kalkstein gebaute, fein zementierte Talsperren, innerhalb deren sich das Niederschlagswasser sammelte. Zur Abklärung des Wassers bestanden besondere Einrichtungen. Eine zementierte Mauer schloß die obere Talsohle, in der sich oft mehrere kleinere Rinnen sammeln, ab. Durch eine Rinne gelangte das Wasser in ein kleineres, 2 m tiefes Becken von oft nur 4—6 cbm Fassungsraum und wieder durch eine kleine Rinne in ein großes Sammelbecken von ca. 1,5 m Tiefe, aus dem sich der durch Schützen, deren Widerlager noch zu sehen sind, geregelte Abfluß in die Erzwäschen ergoß. Auch P l i n i u s ist dieses System bekannt, schreibt er doch (hist. nat. XXXVI, 23): Vorteilhafterweise legt man die Zisternen paarweise an, damit sich in der oberen das Unbrauchbare absetzt und in die untere nur klares Wasser einfließt.

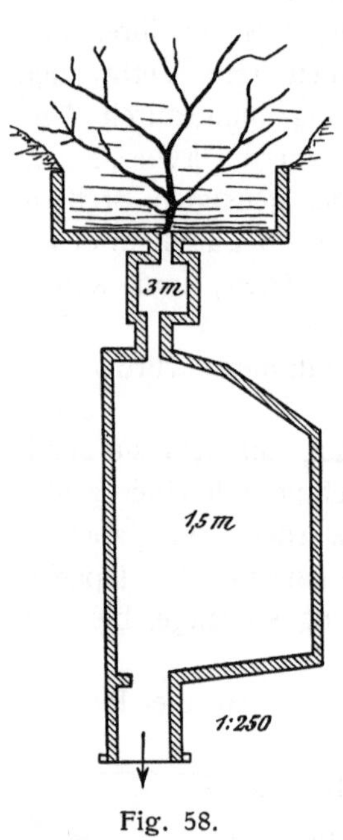

Fig. 58.

Andere Sammelbecken sind zum Schöpfen eingerichtet und mit umlaufenden Treppen versehen.

Die Größe der Becken ist verschieden; sie haben von 300 bis 1500 cbm Fassungsraum. Kordellas beschreibt deren eines auf dem Wege von Kamáresa nach Kypriano, das bei einer Länge von 19 und einer Breite von 9,20 m eine Tiefe von 5,7 m hat. Den Grundriß einer unweit von Wora Kulori gefundenen Talsperre mit Sammelbecken zeigt Figur 58.

III.

Die Hüttentechnik.

a) Probierkunst.

Ob man im Altertum imstande war, Erze oder Erzeugnisse der Metallindustrie auf ihre Zusammensetzung zu untersuchen, ist zu bezweifeln. Daß man Metallegierungen noch nicht in ihre Bestandteile zu zerlegen verstand, läßt sich aus dem von Vitruv angegebenen Verfahren schließen, welches Archimedes (285—212 v. Chr.) einschlug, um zu untersuchen, ob die Königskrone Hieros von Syrakus wirklich aus so viel Gold und Silber bestand, wie der Goldschmied, den man in Verdacht hatte, Gold veruntreut zu haben, angab. Bekanntlich ermittelte Archimedes die Zusammensetzung durch Bestimmung des spezifischen Gewichtes.

Da man an einigen Stellen, z. B. in Laurion (Kordellas, Le Laurion, S. 103), in Ägypten (ägypt. Museum in Berlin) kleine Tiegel gefunden hat, so darf der Vermutung Raum gegeben werden, daß man qualitative Proben, in denen man eine bestimmte Menge des Erzes in der im Großbetriebe beliebten Weise behandelte und die Zusammensetzung bzw. die Art der Hauptbestandteile erfahren konnte, ausführte. Ein zu Laurion gefundener irdener Tiegel ist nach Kordellas (l. c., S. 103) 4 cm dick, 2 cm hoch und 1 cm tief.

Auf eine solche Probe, die natürlich im besten Falle nur dartat, wieviel man mittelst des eingeschlagenen Hüttenprozesses gewinnen konnte, nicht aber, welchen Gehalt das der Probe unterworfene Material in der Tat aufwies, deuten auch die bei den Alten zu findenden Ausdrücke: δοκιμεῖον (Cod. Inscr. Gr. I. 1570) und δοκιμὴ πυρὸς (Eust. opusc. 252, 30).

Von einigen speziellen Untersuchungsmethoden weiß Plinius zu berichten. So überliefert er (hist. nat. XXXIII, 8. 43) von dem Probierstein (coticula), den er auch Heraclius und Lydius nennt — Lydit, Kieselschiefer —, daß man nach dem Bestreichen mit dem Erze sehen kann, ob (eventuell auch wieviel) Gold, Silber, Kupfer darin ist. An einer anderen Stelle (hist. nat. XXXIII, 8. 44) gibt er als Silberprobe das Glühen auf einer Eisenplatte an: »reines Silber ändert seine Farbe nicht« (je mehr Kupfer aber im Silber vorhanden ist, um so dunkler wird es beim Glühen); daher: »das braunrot Werdende ist ziemlich gut, das Schwarzwerdende taugt überhaupt nichts«.

Die Mennige, minium, prüfte man auf einem erhitzten Goldbleche auf Reinheit; das verfälschte Minium wurde dabei schwarz, das echte blieb unverändert (hist. nat. XXXIII, 7. 39).

Um zu erfahren, ob Grünspan mit Eisenvitriol verunreinigt ist, glühte man denselben auf einem Eisenblech: »dort bleibt seine Farbe, wenn er rein ist, unverändert; ist er verfälscht, so rötet sich die Probe« (weil das Eisenvitriol durch heftiges Glühen in rotes Eisenoxyd verwandelt wird). Plinius (hist. nat. XXXIV, 11. 26).

b) Brennmaterialien.

Von den drei Mineralien, denen die Eigenschaft zugesprochen werden kann, auf die Entwicklung der Zivilisation den bedeutendsten Einfluß ausgeübt zu haben, nämlich Kohle, Eisen, Steinsalz, hat die mineralische Kohle die weitaus kürzeste Geschichte aufzuweisen, die, weitest gerechnet, nicht mehr als 2800 Jahre hinaufreicht.

Das einzige Brennmaterial, welches den Alten zur Verfügung stand, war das des Waldes, und bis ins zehnte Jahrhundert unserer Zeitrechnung beschränkte sich die Kenntnis von mineralischen Kohlen auf persönlich und lokal rein zufällige Beobachtungen. Keine Tradition verrät uns, daß den Menschen der prähistorischen Zeit bereits die Brennkraft der Steinkohle bekannt war; ebensowenig haben die Höhlenwohnstätten und die Pfahlbauten irgendeine Spur von diesem Material finden lassen. Es war eben zur Erkenntnis der Brauchbarkeit und des Nutzens der »schwarzen Diamanten« eine viel höhere Stufe menschlicher Kultur erforderlich, als die europäische Urbevölkerung besaß. Dazu kommt noch, daß das gesamte europäische Festland damals noch so dicht mit Wald bestanden war, daß keine Verlegenheit den Menschen zwang, um sich zu wärmen oder Speise zu bereiten, die im Erdenschoße vorhandenen enormen Vorräte brennbarer Fossilien anzugreifen.

Während der ganzen Stein- und Bronzezeit blieben die mineralischen Kohlenvorräte unseres Erdteiles allenthalben unangetastet, trotzdem sie an mehr als einer Stelle zutage ausgingen.

Ob die Chinesen, denen bekanntermaßen in einer Reihe von Kulturerrungenschaften die Priorität zugesprochen wird, auch in der Benutzung der Steinkohle, die doch bei ihnen in enormen Quantitäten vorkommt, bereits auf der frühesten Stufe ihrer Entwicklung erfahren gewesen sind, vermag die Sinologie nach ihrem heutigen Standpunkte noch nicht zu beurteilen.

Was die klassischen Völker des Altertums anlangt, so schweigt Homer, dem wir doch sonst die besten und am meisten plastischen Bilder von dem Kulturleben der alten Griechen zum Beginn der »Eisenzeit« zu danken haben, noch vollständig über jede Art von Kohle, was uns um so mehr wundern muß, als doch bereits damals zu allen Lebenszwecken viele Metalle hüttenmännisch verarbeitet und viel Material zum Leuchten und Heizen verbrannt wurde. Alles dieses wurde aber dem Walde in Gestalt von Holz, Laub, Heu, Schilf und dergl. entnommen.

Die ältesten Schriften, die uns überhaupt mit dem Begriff »Kohle« bekannt machen, sind die des Alten Testamentes; hier heißt es in den Salomonischen Sprüchen (um 750 verfaßt) c. 26, v. 21: »Wie die Kohle eine Glut, und das Holz ein Feuer entzündet« usw. Daß hier nur künstlich bereitete Kohle gemeint sein kann, darf man einerseits aus der Art und Weise des Zitats, andererseits aus der Armut Palästinas an fossilen Kohlen schließen.

Die Griechen hatten einen bestimmten Ausdruck für Kohle, und zwar ἄνθραξ, ein Wort, dessen etymologische Herkunft noch nicht mit Sicherheit festgestellt, und welches in die lateinische Sprache mit ganz anderer Bedeutung transferiert worden ist. Im übrigen ist bei dem lateinischen bitumen oder carbo ebensowenig Verwandtschaft mit dem griechischen Worte nachzuweisen. Die Alten nahmen die mineralische Kohle als »Stein« oder »Erde«, nicht als Verbrennungserzeugnis, wie denn die Kenntnis von der Natur der Kohle durchaus modern ist, sonst würden wir wohl einen Ausdruck bei ihnen dafür finden. Die Ausdrücke ἄνθραξ γαιώδης oder ἄνθρακες ἐκ τῆς γῆς, carbo fossilis, carbo bituminosus, lithantrax, sind überhaupt nicht antik, sondern gehören dem 15. Jahrhundert an.

Das Wort ἄνθραξ ist uralt, denn schon die ältesten Mythen kennen eine Nymphe Anthracia. Pausanias erzählt (VIII, 31, 4) über mehrere Statuen, die er in Arcadien sah, folgendes: »Auf der Platte standen mehrere Nymphen im Bilde dargestellt, nämlich Leda mit dem Zeuskinde auf dem Arme, Anthracia, eine Fackel haltend, und Hagno, den Wasserkrug in der einen, eine Wasserschale in der anderen Hand haltend.« Später erwähnt Pausanias (a. a. O. 47, 3) die Anthracia nochmals; sie tritt als Begleiterin des Gottes des Donners und des Blitzes auf mit der Fackel als dem Symbol des Lichtes. Daraus muß auf das hohe Alter des Wortes ἄνθραξ geschlossen werden, welches etwas Ähnliches wie Feuer, Licht, Fackel bedeutet.

Übertragen bezeichnet ἄνθραξ stets Holzkohle und kommt in dieser Bedeutung schon bei älteren Dichtern vor dem vierten Jahrhundert vor; aber erst mit Theophrast (371—287) und seinem berühmtesten Schüler, Aristoteles, beginnt die Zeit, wo man von der Existenz mineralischer Kohle sichere Kenntnis hat, von dem ungeheueren Werte derselben hat man indes wohl nichts gewußt.

In Theophrasts Buch »über die Steine« heißt es (II, 12. 15. 16): »Einige von den zerbrechlichen Steinen brennen angezündet wie Kohlen und verharren noch länger im Brande, wie beispielsweise die in der Gegend von Bina in Thrazien gefundenen, welche auf dem Flusse herabkommen. Sie brennen nämlich, wenn man (Holz-)Kohlen daraufschüttet und sie anbläst; geschieht dies nicht mehr, so verlöschen sie, entflammen jedoch von neuem, wenn man sie wieder anfacht. So halten sie lange an, ihr Dunst ist aber belästigend und schwer.«

Hier sind, nach der Schlußbemerkung zu schließen, Braunkohlen gemeint; die Bemerkung: »welche auf dem Flusse herabkommen«, ist entweder so zu verstehen, daß es sich um Gerölle handelt, welche der das Ausgehende der Lagerstätte bespülende Fluß mit herabführte, oder aber man hat an einen regelrechten Wassertransport zu denken, müßte dann allerdings einen allgemeineren Gebrauch des Minerals voraussetzen.

Außer dem genannten Fundorte kennt Theophrast noch andere. So heißt es (a. a. O.) weiter: »Der am Cap Erineas gefundene Stein brennt ähnlich wie der von Bina, aber mit Geruch und Dunst wie Asphalt; nach dem Verbrennen bleibt ein Rückstand wie von gerösteter Erde. Die man aber schlechtweg »Kohlen« nennt, sind erdartig, brennen völlig auf und feuern wie Holzkohle. Man findet sie bei Ligustica (Strandgegend in Liguren), wo auch Elektrum (Bernstein) gefunden wird, sowie in Elis, wo man durch die Berge nach Olympia geht. Der zuletzt genannten Kohlen bedienen sich auch die Schmiede.«

Die aus Elis erwähnten Kohlen des Theophrast sind tertiäre Lignite; hierauf paßt die Beschreibung des Autors übrigens ausgezeichnet; auch die ligurischen Kohlenlager gehören dem Tertiär an. Von einer allgemeineren Verwendung der Kohle läßt Theophrast noch nichts verlauten; es scheint ihre Verwertung seitens der Erzarbeiter also lediglich auf die Lokalität des Fundes beschränkt gewesen zu sein.

Theophrast kannte übrigens bereits genau die Neigung einiger Kohlensorten, durch Selbstentzündung in Brand zu geraten; es heißt nämlich bei ihm: »In manchen Gruben findet man den spinus, wird dieser zerschlagen, aufgehäuft und mit Wasser befeuchtet, so entzündet er sich im Sonnenschein.« Weiterhin heißt es: »Bei Scaptesula in Thrazien hat man einen Stein gefunden, welcher mit Leinöl bestrichen wie Holz brennt.« Der Autor denkt hier wohl an Steinkohlen, die, um gehörig zu brennen, erst mit reichlichem Wasser benetzt werden müssen und darauf infolge von Verwitterungsvorgängen unter Mitwirkung des reicher vorhandenen Schwefelkieses zur Selbstentzündung neigen.

In der dem Aristoteles — sicher zu Unrecht — zugeschriebenen Schrift Θαυμάσια ἀκούσματα werden die thrazischen Kohlen nochmals erwähnt, und zwar heißt es hier: »Im Gebiet der Sinter und Meder gibt es einen Fluß Pontus (Strymon; der heutige Vardar ist gemeint), der brennbare Kohlen mit sich führt, welche eine den Holzkohlen entgegengesetzte Eigenschaft aufweisen. Wenn man sie nämlich anbläst, so verlöschen sie, flammen aber, mit Wasser besprengt, auf und brennen nur um so schöner. Wenn sie brennen, entwickeln sie einen so widerlichen und scharfen Geruch, daß kein Kriechtier an demselben Platze bleibt.«

Auch Dioscorides kennt den thrazischen Stein aus dem Pontus. Er nennt den Fundort Sintia gleichfalls und schreibt, man benütze den Stein ebenso wie den Gagat (de mat. med. V, 145). Von letzterem gibt Dioscorides an der nämlichen Stelle als Kriterium der Güte die leichte Entzündbarkeit und den asphaltähnlichen Geruch an. Was sonst der Autor von ihm und dem Asphalt behauptet, daß nämlich sich beide mit Wasser entzünden, aber mit Öl gelöscht werden könnten, ist ins Reich der Fabel zu verweisen. Unter Gagat hat man der Beschreibung des Dioscorides gemäß die noch heute als Gagat oder Pechkohle bekannten, derben, spröden, braunen bis vollkommen schwarzen, muschelig brechenden Braunkohlen zu verstehen.

Bei Plinius gibt es nur wenige Zitate über mineralische Kohlen, und diese sind meist noch von anderen übernommen. In Buch II, p. 107, heißt es bei diesem Autor: »Im Sabinischen und Sidicinischen kommt nach der Behauptung einiger Autoren ein Stein vor, der mit Öl bestrichen brennt; bei der salentinischen Stadt Egnatia soll ein Felsen sein, an dem mit daraufgelegtem Holze sofort ein flammendes Feuer ausbricht.«

Bei dem letzteren Zitat kann man im Zweifel sein, ob es sich um einen auf einem Flötz ausgehenden wütenden Erdbrand oder um eine Lokalität vulkanischer Tätigkeit handelt, an der sich etwa glühende Lavamassen befunden haben. An einer anderen Stelle (XXXVI, 19. 34) heißt es von dem bereits erwähnten Gagates, er habe seinen Namen von dem Flusse Gages in Lycien, wo er schwarz, flach, wie Holz zerbrechlich und leicht wie Bimsstein vorkomme. »Er riecht zerrieben unangenehm; geglüht verbreitet er einen Schwefelgeruch. Man benützt ihn zum Zeichnen von irdenen Gefäßen, auf denen die Zeichnungen nie auslöschen.« Dann folgt die gleiche Unwahrscheinlichkeit wie bei Dioscorides, nämlich in bezug auf Entflammbarkeit im Wasser und das Auslöschen im Öl. Das hier zitierte Gagates-Vorkommen in Lycien ist vielleicht mit dem Hist. nat. II, 106. 110 angeführten Zitat aus Ktesias von Cnidos in Zusammenhang zu bringen. Hier heißt es nämlich, bei Phaselis in Lycien gebe es einen Berg Chimära, der Tag und Nacht ununterbrochen brenne; nur mit Erde und (feuchtem?) Heu könne man den Brand löschen. Wir können uns sehr wohl denken, daß von der Gagates-Lagerstätte brennbare Gase an die Erdoberfläche stiegen und sich dortselbst entzündeten, oder daß etwa auf den dort abgelagerten Flötzen ein Brand ausgebrochen sei. Es steht allerdings auch die Möglichkeit offen, daß es sich um brennende Steinöl-ausströmungen handelt, zumal die plinianische Stelle weiter lautet: »An den lycischen Hephästos-Bergen brechen Flammen aus, sobald man sie mit einem brennenden Stahle berührt; die Glut wird dabei so gewaltig, daß selbst die Steine und der Sand am Boden der Bäche heiß wird. Zieht man mit einem brennenden Stocke dortselbst Furchen, so bekommt man Feuerbäche.«

In diesem Zusammenhange sei ferner erwähnt, daß Plinius (hist. nat. XVI, 1. 1) zuerst der Benutzung von Torf gedenkt; es heißt hier nämlich: »Die Chauken (sie wohnten von der Weser- bis zur Elbmündung) trocknen Erdklumpen an der Luft und benutzen sie zur Feuerung.«

Auch C. Jul. Solinus kennt den Gagat als eine wie die Edelsteine glänzende schwarze Masse, die, wenn sie gerieben wird, die anziehende Kraft des Bernsteins äußert (c. 22): »Gagates plurimus optimusque est lapis; si dicorem requiras nigro gemmeus, si natura, aqua ardet, oleoque extinguitur, si potestatem, attriti calefactus applicita detinet atque succinum.«

Strabo kennt einen gingitis lapis, welcher der Gagat gewesen zu sein scheint; sonst hat dieser Autor nichts, was auf seine Kenntnis von fossilen Brennmaterialien schließen zu lassen berechtigt wäre, hinterlassen.

Bei Dionysius Aphrus lesen wir (§ 34) eine Stelle, welche auf einen umfangreichen gewerblichen Gebrauch von Steinkohlen schließen läßt, und zwar ist der Ort, von dem dies überliefert wird, Britannien, also das Land, welches auch heute noch einen enormen Vorrat an diesem Material aufweist. Das Zitat gehört in den Anfang unserer Zeitrechnung; es heißt dortselbst: »Massam terream sed admixtam sulfure ad carbonum similitudinem, qua fabri ferrarii et universa ea regio . . . maxime utuntur ad incendendos ignes«: »eine erdige mit Schwefel durchsetzte Masse, sehr ähnlich den Kohlen, benutzen die Schmiede und alle Bewohner der dortigen Gegend als Feuerungsmittel in größerem Umfange.« Tatsächlich haben sich auch in einer ganzen Reihe von Römerstationen längs des Hadrianswalles in Durham, Northumberland, Lancashire und Cumberland Haufen von Steinkohlenasche, selbst größere Vorräte von noch unverbrannten Kohlen gefunden, welche nahegelegenen Gewinnungspunkten entnommen sind. In Wroxeter, dem im sechsten Jahrhundert zerstörten Uricanium, fand man z. B. (nach W. W. Smith, coal u. coal mining, London 1869, p. 2) größere Mengen von Steinkohlenasche auf dem Herde einer Badeanlage, in Worcester desgleichen in einem Kamine. Wir müssen nach diesen Funden unbedingt annehmen, daß man um die Zeit der Römerherrschaft mit der Verwendung der mineralischen Kohle weit vertraut war. Es scheinen die Römer auch sonst die Ersten gewesen zu sein, die der Verwendung der Kohle zu anderen als medizinischen und ornamentalen Zwecken nähergetreten sind. So hat man z. B. im Aachener Steinkohlenreviere (vgl. Berndt in der Zeitschr. d. Aachener Geschichtsvereins, Band III, S. 178; Jahrg. 1882) die Erfahrung gemacht, daß man sich der zutage ausgehenden Kohle der Eschweiler Mulde zum Heizen in römischen Bauten bediente. Von der Verwendung der Steinkohle in den ersten Jahrhunderten unserer Zeitrechnung wissen wir aus den Schriften eines Sicculus Flaccus und eines Augustinus weiterhin, daß man Kohle wegen ihrer Unvergänglichkeit (?) als Grenzsteine benutzte.

Die historischen Urkunden schweigen übrigens jetzt lange Zeit fast vollständig über den Steinkohlenverbrauch; es hat dies wohl im wesentlichen den Grund, daß die ältesten Steinkohlenkonsumenten im allgemeinen Leute waren, um die sich die Geschichtschreiber wenig kümmerten. Daneben war aber das Holz meist noch in so großen Massen vorhanden, daß man sich seiner unbeschränkt im Hüttenbetriebe bedienen konnte.

Das zu Kohlen zu brennende Holz war in den nördlichen Gegenden Europas meist Nadel-, Buchen- oder Eichenholz, bei den Etruskern Eiche und Kastanie, bei den Ägyptern Akazie, bei den Indern die einheimischen Baumholzarten, bei den Bulgaren dient noch heute dazu mit Vorliebe der Haselstrauch.

Häufig kann man noch aus den an Hüttenstätten gefundenen Kohlenresten sowie aus Abdrücken auf gut geflossenen Schlacken die Natur der angewendeten Holzkohlen feststellen. Die Verkohlung des Holzes geschah bei den meisten alten Völkern in denselben Gruben, in denen man das Metall ausschmolz oder in örtlich davon getrennten Meilern. Solche Kohlenstätten sind in der Nähe von alten Schmelzstätten häufiger gefunden worden. Sie zeigen sich leicht durch die Menge von Kohlenlösche an sowie durch den Gehalt an Teer, welcher bei der Verkohlung in den Boden gedrungen ist. Kunstvolle Meiler im neuzeitlichen Sinne haben wir uns keineswegs immer unter den alten Köhlerstätten zu denken; meist waren es roh zusammengestellte Holzhaufen, die man nach dem Aufflammen und genügenden Verkohlen durch Auseinanderwerfen oder Aufgießen von Wasser löschte. Ähnlich wird ja auch heute noch bei manchen afrikanischen Stämmen die Holzkohle hergestellt.

Regelrechte Meilerstätten nach der Art der heute als »slavische« Meiler bezeichneten, mit einer in den Boden eingegrabenen horizontalen Zündgasse, durch die das Feuer eingetragen wurde, sind in den römischen Eisenschmelzen am Dreimühlenborn im Taunus von Dr. Beck gefunden worden (Beck, Gesch. d. Eis. I, 524). Das hauptsächlich aus weichen Hölzern, wie Linden, Erlen, Rüstern, bestehende Material, meist Les- und Unterholz, wurde horizontal und radial geschichtet, nicht wie bei der Scheiterverkohlung aufrecht gestellt.

c) Schmelzeinrichtungen.

Bei den metallurgischen Schmelzeinrichtungen unterscheidet man im allgemeinen Herde und Öfen. Herde sind konische oder halbkugelförmige Vertiefungen, in den allermeisten Fällen in der Sohle der Hüttenstätte, welche mit einem möglichst feuerbeständigen Material ausgestampft sind und dazu dienen, die durch den Verbrennungsprozeß des Brennstoffes entstehende Hitze zusammenzuhalten und sie dem lagenweise mit ihm aufgeschichteten Erze mitzuteilen. Metalle und Schlacken sammeln sich an der Sohle des Herdes an, bis sie in solcher Menge vorhanden sind, daß man den Schmelzprozeß unterbricht, das Feuer löscht und nach geschehener Abkühlung die Schlacken und zuletzt das Metall herausnimmt.

Die Öfen bestehen aus einem meist oberhalb der Hüttensohle liegenden, von einem gut gefügten Mauerwerke umgebenen Schachte, in den Erz und Kohle in Lagen von oben eingetragen werden. Metall und Schlacke sammeln sich auf dem Herdboden, im »Sumpfe«, an; letztere kann aber durch eine seitliche Öffnung, das »Auge«, entweder beständig ablaufen oder zeitweilig durch Aufstoßen eines »Stichloches« entfernt werden. Man ist mit solchen Öfen in der Lage, einerseits die Schmelzung längere Zeit fortzusetzen und so eine größere Menge von Metall in dem Herde anzusammeln, andererseits aber auch, schwerer schmelzbare und unreine Erze zu verarbeiten, indem diese durch das längere Verweilen in dem Ofenschacht vorgewärmt und chemisch vorbereitet werden. Ist das Metall flüssig, so läßt man es ebenfalls durch ein Stichloch in Formen laufen und enthält so Scheiben oder Barren, Masseln von Metall. Ist das Metall nicht flüssig, sondern von teigartiger Konsistenz, wie dies bei Eisen und Stahl der Fall ist, so heißt es eine Luppe, ein Wolf oder ein Stück und wird nach Öffnung der Ofenvorwand, der Brust, herausgenommen. Dieser Wolf wird dann der weiteren Verarbeitung, welche in Ausheizen und Ausschmieden besteht, zugeführt.

Weil, wie bereits eben angedeutet, in den Öfen auch das Eisenerz und das reduzierte Eisen viel länger mit den glühenden Kohlen in Berührung blieb als in den Herden, so kam es nicht selten vor, daß das Eisen so viel Kohlenstoff aufnahm, daß es flüssig wurde, und wenn noch Kohle genügend in der Verbrennungszone des Ofens vorhanden war, als flüssiges Roheisen in den Herd einging, ohne daß man dies beabsichtigt hatte. Mit dem so erhaltenen Roheisen wußte man, da es sich nicht zur Bearbeitung unter dem Hammer eignete, anfangs nichts anzufangen, bis man gelernt hatte, es einem Frischprozesse im Frischfeuer zu unterwerfen und es in das ursprünglich beabsichtigte Schmiedeeisen umzuwandeln. Wie an späterer Stelle gezeigt werden wird, kannten Chinesen, Griechen und Römer bereits lange vor Beginn unserer Zeitrechnung das Gußeisen und seine Verwendung, die in Mitteleuropa erst im späten Mittelalter aufgekommen ist.

Ehe wir zur Behandlung der uns erhaltenen Ofenkonstruktionen übergehen, sei einiges über die Lage der alten Schmelzstätten gesagt. Man hat nach der relativen Höhenlage Unterschiede zu machen, welche sich auf den Grad der Technik und damit indirekt auf das Zeitalter der Entstehung beziehen. Man findet Schmelzstätten, welche auf die Benutzung des natürlichen Windes angewiesen waren, auf der Spitze von Bergen oder an solchen Berghängen, welche den herrschenden Winden ausgesetzt waren, oder auch am Seestrande, z. B. auf der Westküste Italiens, wo ein regelmäßig wiederkehrender Abendwind von der See aufs Land blies. Wandte man dagegen künstlichen Wind, durch Handgebläse erzeugt, an, so war man in der Wahl der Hüttenstätte unabhängiger und man errichtete sie dort, wo man das Holz und das Erz am bequemsten zur Hand hatte, also zumeist in den Wäldern in unmittelbarer Nähe der Erzgruben. Aus alter Zeit hat sich für diese Schmelzstätten der Name Waldschmieden erhalten. Ihrer sind zahllose an vielen Orten erhalten.

Für die allgemeine Altersbestimmung ergibt sich also, daß die Hütten auf Bergen und am Seestrande der ältesten, die in Wäldern der Römerzeit (und dem frühen Mittelalter) angehören. Doch ist diese Datierung nicht mit aller Strenge durchzuführen, indem Schmelzapparate (für Blei) bis zum 17. Jahrhundert in England noch mit natürlichem Winde betrieben wurden und die Zigeuneröfchen mit Handgebläsen in Osteuropa noch heute vorgefunden werden.

Im folgenden soll eine kurze Beschreibung und Skizzierung der gebräuchlichsten älteren Schmelzeinrichtungen Platz finden; doch sei dabei bemerkt, daß man nur wenige bisher in gut erhaltenem Zustande angetroffen hat; sie waren vielmehr zumeist in sich zusammengebrochen, daher man beim Aufgraben einer Schmelze größere Steine, welche zum Aufbau der Schmelzstätte gedient haben, so lange unverrückt liegen lassen soll, bis man ihre Lage zu dem eigentlichen Zentrum, dem Herde, festgestellt hat. Dieses liegt natürlich, am meisten mit Trümmern angefüllt, am tiefsten.

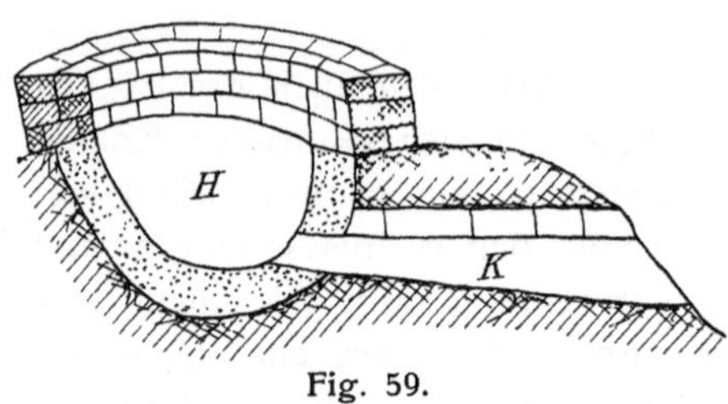

Fig. 59.

Die Figur 59 stellt einen Windherd vor, wie sie in der Gegend von Lustin, zwischen Dinant und Namur, in Belgien vorgekommen sind. In eine am Berghange angebrachte, mit (feuerfestem) Ton ausgestampfte Grube *H* von etwa 2—$2^{1}/_{2}$ Fuß, oft auch bis 6 Fuß Durchmesser führt seitlich ein Windkanal *K*, der mit einer Lage von Steinen überwölbt ist und dem Winde bis ins Herdfeuer zu blasen gestattet.

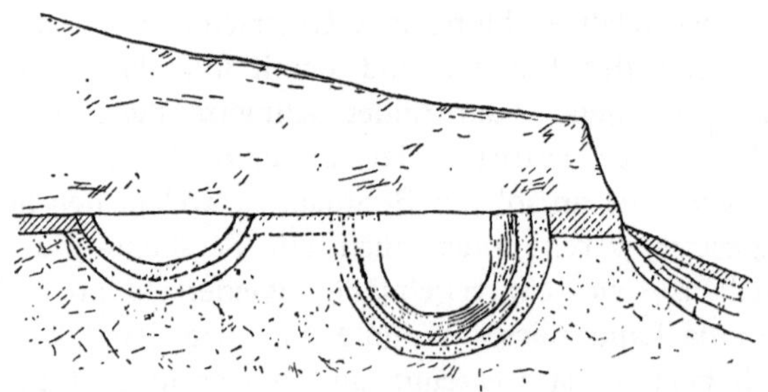
Fig. 60.

Überdies ist der obere Rand der Grube noch mit einem Steinkranz, behufs besseren Zusammenhaltes der Flammen, umgeben. Die gesamte Tiefe solcher Herde beträgt etwa 1 m.

Die folgende Skizze 60 zeigt einen am Hüttenberger Erzberge gefundenen Gebläseherd (nach Münichsdorfer in der Kärntner Zeitschrift für Bergbau, 1871, S. 90). In einem in Mörtel gelegten Pflaster befanden sich zwei Herdgruben, von denen die obere, 1,60 m im

Durchmesser und 0,6 m an Tiefe aufweisend, zum Erzrösten gedient zu haben scheint, während die untere, 1,30 m weit und 1,0 m tief, eigentliche Schmelzgrube war und auf der Basis ein ca. 16 cm starkes Tonfutter aufwies. Daß der Herd mit Gebläse betrieben wurde, beweist die Abwesenheit eines Windkanals und die große Zahl von Tondüsen aus der Umgebung der Schmelzstätte. Die ca. 6 m vom unteren Herd entfernte Schlackenhalde enthielt noch ca. 50 % Eisenoxyd.

Ähnliche Herdgruben hat man noch in unserer Zeit auf verschiedenen uralten Hüttenzentren, beispielsweise in Kordofan in der Umgegend des Dschebel Magnos (J. Russegger, Reisen, Band II, Seite 122 ff.) sowie am Kara-dagh bei Täbris in Persien in umfangreichem Gebrauch gefunden (Robertson, Annales des mines 1840, 3me série, Band 18, S. 667 ff.). Bei der an letztgenannter Stelle sicherlich bis auf ein Alter von mehr als 4000 Jahre zurückgehenden Eisenerzeugung benutzt man Herdgruben, welche unten etwa 14 Zoll im Quadrat groß, dabei ca. 9 Zoll tief sind und einen etwa 3 Zoll tieferen Vorherd zum Abstechen der Schlacken haben. Die Blasebälge liegen zum Schutze hinter einer 2—3 Fuß hohen Mauer und blasen durch eine um 6 Zoll hervorragende Tonform.

An die besprochenen Formen schließt sich enge der von Netto (Japan. Berg- und Hüttenwesen, Tafel IV) bekannt gemachte, von den Japanern seit undenklichen Zeiten für alle Erzschmelzprozesse benutzte, daher als Universalherd zu bezeichnende Apparat an, von dem die folgenden Skizzen 61 u. 62 in Grund- und Aufriß eine Anschauung vermitteln. Der »Ofen« besteht aus einer mit Gestübbe ausgestampften, annähernd halbkugeligen Vertiefung in der Hüttensohle von ca. 45—75 cm Durchmesser. Darunter ist, um die Umgebung trocken zu halten, eine Grube ausgeschachtet, mit Steinen ausgesetzt und mit Sand ausgestampft. Zur Winderzeugung dienen ein oder zwei Handkastengebläse, welche die Luft durch Tondüsen in den Herd schicken. Die Düsen münden am oberen Herdrand, und um ein direktes Aufsteigen

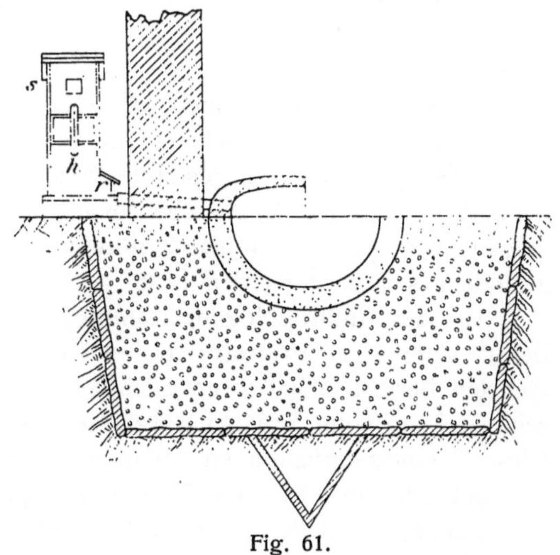

Fig. 61.

der Gebläseluft zu verhindern, die letztere vielmehr über den ganzen Herdquerschnitt zu verteilen, ist die Mündung der Düsen mit einem aus Ton bestehenden Gewölbe, welches bis etwa über den halben Herdquerschnitt hinwegreicht, überspannt. Von dem Gebläse trennt eine Brandmauer den Herd; die Verbrennungsgase entweichen durch einen aus lehmbeworfenen Fachwerk hergestellten, ca. 2 m über der Herdsohle beginnenden und von der Brandmauer sowie von Säulen gestützten Schornstein.

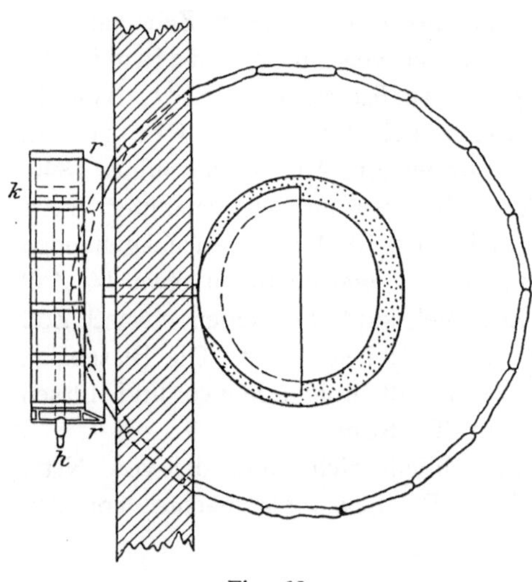

Fig. 62.

Der Herd hält zwei bis drei Schmelzungen aus, dann muß er mit Gestübbe ausgebessert werden. Die maximale Tagesleistung eines solchen Apparates beläuft sich nach Netto auf 400 bis 500 quamme = 3340 bis 4150 engl. Pfund; daher haben manche Hütten 30 und mehr solcher Herde in Gebrauch.

Auch am Mitterberge bei Salzburg hat Dr. Much ähnlich gebaute Schmelzstätten gefunden; 50 cm tief, ebenso breit, aus rohen Steinen zusammengelegt und mit einem teilweise verschlackten Futter versehen. An der genannten Örtlichkeit haben nach Much etwa hundert derartige Herde, die ebensoviel einzelnen Besitzern gehört haben mögen, wie aus der weiten Zerstreuung derselben auf dem Hüttengelände geschlossen werden kann.

Auf der Anthropologenversammlung vom 10. Dezember 1887 zu Berlin legte Herr Professor Kaufmann einen von Fundobjekten begleiteten Bericht über vorgeschichtliche Eisenschmelzen auf dem derzeitigen Dominium Schlaupitz, Kreis Reichenbach i. Schl., vor. Diese Schmelzeinrichtungen, 6 m voneinander liegend, hatten 1 m Durchmesser und ca. 60—70 cm Tiefe; eine 10 cm dicke Lehmauskleidung, die stellenweise mit Eisenschlacken zusammengeschmolzen war, fütterte den Herd aus.

Die Skizze 63 zeigt einen aus Steinen in einen Hügelabhang hineingebauten Windherd, wie sie in den Tälern des Berner Jura von Dr. Quiquerez und Anderen häufig gefunden sind und wohl als vorrömisch datiert werden können. Dieselben zeigen eine vollkommenere Konstruktion, bei welcher *H* den Herd und *W* die sowohl zum Abfließen der Schlacke, als zur Einführung des Gebläsewindes, als auch endlich zum Aufheben der Luppe — mittelst eines Brecheisens — dienende Öffnung darstellt.

Gewissermaßen das Verbindungsglied zwischen Herden und Öfen gibt die in Fig. 64 dargestellte Skizze eines vorgeschichtlicher Zeit angehörenden Eisenschmelzofens, der bei Epernay (Marne) gefunden ist (Globus, 1900, Band 77, S. 116).

Er ist als ein sog. Tiefofen in die Erde hineingebaut. Man grub an dem Abhange eines Hügels eine zylindrische Vertiefung, an deren Vorderseite man eine natürliche Erdschicht stehen ließ. Man

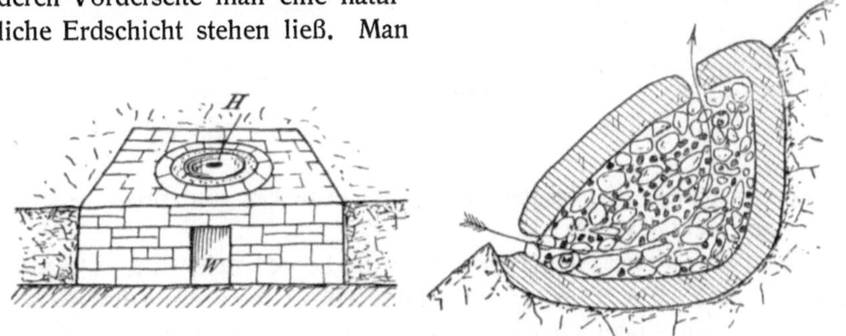

Fig. 63. Fig. 64.

kleidete das Loch mit Ton aus, füllte es schichtweise mit Holzkohle und Eisenerz und deckte die Füllung dann mit einem Tonmantel zu, der unten und oben ein Loch erhielt. Nachdem die Kohlen entzündet, hielt der Luftzug, der unten einzog und oben austrat, dieselben in Glut, bis das Eisenerz geschmolzen war. Analog gebaute Eisenöfen haben Morlot aus Österreich und Quiquerez aus dem Berner Jura beschrieben. Nicht selten findet sich um diese der vorgeschichtlichen Zeit angehörenden Schmelzstätten eine Umwallung aus Erde oder Steinen, die den Hüttenleuten als Zufluchtsort diente, in dem sie ihre Industrieerzeugnisse aufspeicherten.

Von den antiken Ofenformen sind die folgenden besonders charakteristisch. Fig. 65 ist der Durchschnitt von vielen ebenfalls im Jura gefundenen Windöfen, die aus einem Schacht *A*, einem Herde *B* und einem mit Steinen abgedeckten Windkanal *C* bestehen und in einen Bergabhang hineingebaut sind. Diese Öfen — es sind ihrer von Quiquerez mehr als 60 untersucht — hatten $2^1/_2$—$2^3/_4$ m Höhe; der Schacht war etwa 30—40, der Herd etwa 15—20 cm dick mit Ton ausgefüttert; das Ganze wurde von einem trocken aufgebauten Rauhgemäuer *a* aus unbehauenen Steinen umgeben und gehalten.

Der Windkanal diente auch zum Schlackenablauf und Aufbrechen der Luppe. Bemerkenswert ist die nach vorn geneigte Stellung des Schachtes, wohl dazu bestimmt, dem Winde auf der Rückseite einen

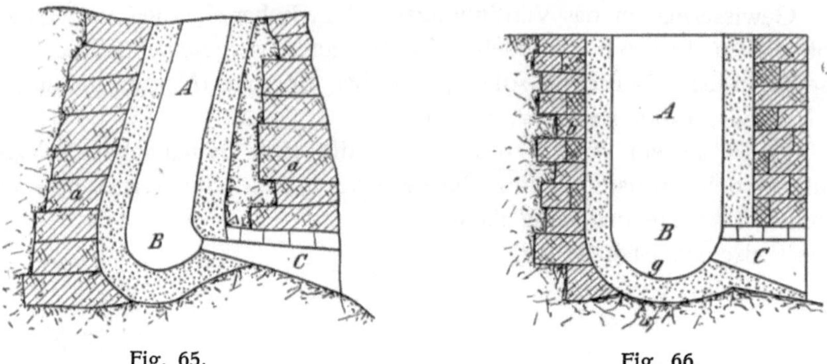

Fig. 65. Fig. 66.

leichteren Aufstieg zu gestatten, während vorne Erz und Brennmaterial dichter geschichtet waren.

Einen Windofen vom Kärnthner Erzberge stellt die folgende Figur 66 dar. Ein 1 m weiter und 1,70—2 m hoher senkrechter Schacht *A*, mit einem Quarztonfutter *g* ausgekleidet, schließt sich an einen Halbkugelherd *B* mit Windkanal *C* an; das Ganze steht in einem Rauhgemäuer *b*.

Eine dritte Form von Windöfen, ganz aus Steinen gebaut, ist in Fig. 67 zu sehen. Es ist eine zu Northamptonshire oft vor-

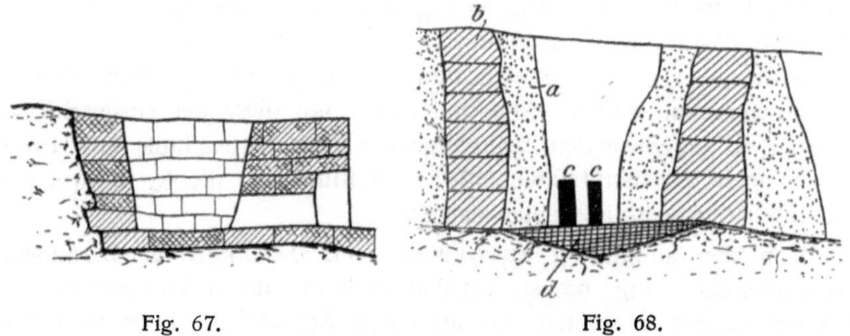

Fig. 67. Fig. 68.

gekommene Konstruktion eines römischen Bleiofens, bei welcher ein konischer Schacht von ca. 1 m Höhe und gleicher oberer Weite mit Wind- und Stichloch vorhanden ist.

In Figur 68 ist ein römischer Eisenofen, mit Gebläse betrieben, dargestellt, wie er 1878 von Dr. L. Beck am Dreimühlenborn beim römischen Saalburgkastell gefunden ist. Die Form bildet schon den Übergang zu den Wolfs- oder Stücköfen des frühen Mittelalters; der Schacht ist etwas über 1 m hoch, am Herd ca. 1/2 m weit und nach oben hin trichterförmig erweitert. Derselbe ist mit einem gut durchgearbeiteten Tonfutter *a* von über 10 cm Stärke und einem Rauhgemäuer *b* versehen. In der Rückwand befanden sich zwei Formöffnungen *cc* zum Einführen des Gebläsewindes, während in der Vorderwand eine verschließbare Öffnung vorhanden war, die als Stichloch und zum Luppenausbrechen dienen konnte. Auf der Ofensohle fand sich eine 60—80 cm starke Schicht von Eisenschlacken *d* vor.

Konische größere und freistehende Öfen zur Eisendarstellung hat Prof. Müllner (im Leobener Jahrbuch, 1905, S. 373 u. f.), allerdings unter Beigabe unrichtiger Figuren, aus den Schmelzen von Rudolfswert am Gurkflusse beschrieben.

Bei Herstellung eines Geländeeinschnittes zur Aufstellung einer Pumpenanlage fand man mehrere, ca. 2 m hohe schwachkonische Öfen von der Art der Figuren 69 a und b (verbessert nach den Anforderungen der Technik). Die äußere Schicht *m* des Ofens bestand aus einem

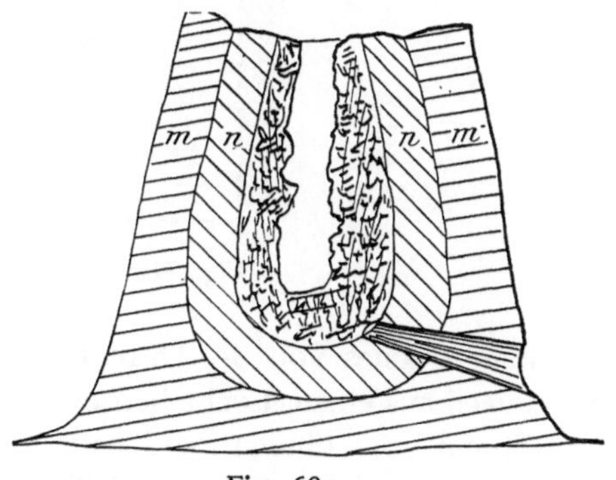

Fig. 69 a.

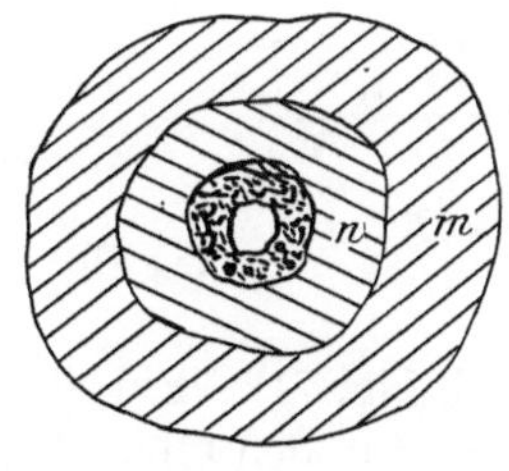

Fig. 69 b.

rotgebrannten Ton von 30—40 cm Stärke. In diesem Mantel war eine zweite, heller gefärbte Tonschicht *n* zu sehen, die vordem etwa 30 cm stark gewesen sein muß. Dann folgte der Ofenschacht von ca. 50 cm Weite, der mit Massen von Eisenschlacken gefüllt war. Man hat entweder einen mißratenen Prozeß vor sich oder ein plötzliches Ereignis zwang zum Verlassen der Hüttenstätte. Die Zufuhr des — hier nur natürlichen — Windes hat wohl eine nach außen konisch sich ausweitende Öffnung, die zugleich als Schlackenablauf dienen konnte, vermittelt.

Von den außerhalb Europas angewandten Ofenformen seien noch folgende als besonders bemerkenswert hier aufgeführt.

Typisch für Niederbengalen ist die in Fig. 70 reproduzierte Ofenform. Der Ofen besteht aus tonigem Sand und ist zylindrisch oder kegelförmig; er hat 7 cm dicke Wandungen und 85 cm Höhe; im Durchmesser mißt der Ofen 28 cm. Im unteren Teil befinden sich zwei Öffnungen, eine vordere zur Einführung der Düsen, aus der auch später das schwammige Eisen herausgezogen wird und die während des Ofenganges verschmiert ist; die zweite Öffnung *b* mündet unter dem Bodenniveau, rechtwinklig zu der ersten Öffnung, in einen kleinen Kanal, in den die Schlacke absickert. Ist letztere erstarrt, so nimmt der Arbeiter sie gelegentlich mit einer Zange weg (Andrée, Metalle bei den Naturvölkern, p. 70).

Zur Eisenerzeugung in Birma bedient man sich nach T. W. Blanford (zitiert bei Percy, Metallurgie II, 508) folgender Schmelzeinrichtung

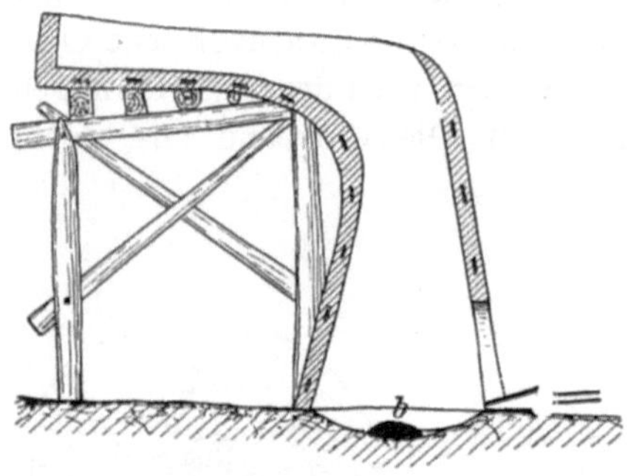

Fig. 70.

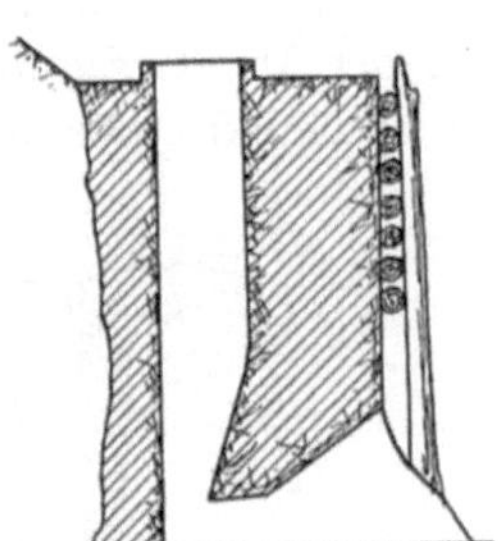

Fig. 71.

(vgl. Fig. 71). Ein steiler Abhang sandigen Tones von 3—3,5 m Höhe wird für den Ofen ausgewählt, der, einfach aus einem Loche besonderer Form bestehend, in den Boden, 60—80 cm vom oberen Rand entfernt, eingegraben wird, während hier die Böschung zu einer vertikalen Wand abgestochen ist. Oft umgeben auch 3—4 Öfen einen kleinen Schacht. Sie sind etwa 3 m tief und von ungleichem trapezoidalem Querschnitt, da die Breite der Vorderwand (innen gemessen) von 50 cm an der Gicht bis auf 120 cm am Boden, die der Rückwand von 30 cm auf 150 cm anwächst, während die Tiefe zwischen Vorder- und Rückwand von 50 cm an der Gicht auf etwa 55 cm in halber Höhe zunimmt und dann schnell bis zu 30 cm am Boden abnimmt.

Die Vorderwand ist durch horizontal hinter zwei starke senkrechte Holzbalken gelegte Pfähle gestützt. Der untere Teil der Vorderwand ist in der aus der Figur gezeigten Weise ausgestochen. Die so gebildete Öffnung mündet mit ca. 30 cm Höhe in der ganzen Breite des innern Raumes in den Ofen und dient zum Austragen der Schlacke und des fertigen Eisens. Wenn der Ofen in Betrieb kommt, so schließt man diese Öffnung mit feuchtem Tone, in den etwa 20 kleine Tonröhrenformen eingelegt sind. Diese Röhren werden aus feuchtem Ton über kleinen Holzstämmchen geformt, in 10 cm lange Stücke geschnitten und dann gebrannt. Der Durchmesser beträgt etwa 5 cm. Sie werden in einer Linie nebeneinander, ungefähr in halber Höhe vorgenannter Öffnung, angebracht.

Zum Kupferschmelzen bedient man sich zu Chetri in Vorderindien 1 m hoher und 28 cm weiter Öfen aus mit Ton verkitteten Schlacken. Die Mündungen der Blasebälge werden unten gleich miteingebaut. Es sind dies irdene, nach dem Ofen zu dicker werdende Röhren, die am Ofen ein für gewöhnlich mit einem nassen Lappen verstopftes, zum Zwecke der Staubentfernung gelegentlich geöffnetes Loch haben. Das dünnere Ende der Düse ist mit dem Schlauchblasebalge verbunden.

Endlich seien hier noch die sehr bemerkenswerten Schmelzofenformen der Djur (zwischen 7° und 8° n. Br. und 28° und 29° östl. L. v. Gr. auf der untersten Terrasse des eisenhaltigen Ostafrika) erwähnt, die durch Schweinfurth bekannt geworden sind. Die Schmelzöfen sind aus reinem Ton aufgebaut, und zwar je nach der Anzahl der sich beteiligenden Arbeiter in verschieden großen Gruppen. Die Höhe der Öfen beträgt 1—1,3 m, die beiden untersten Drittel dieser Höhe stellen einen nach unten sich erweiternden Konus dar; auf diesem ist, gleichfalls aus Ton, ein birnenförmiger Hohlraum aufgebaut, der sich nach oben hin trichterförmig erweitert, wie dies die nebenstehende Fig. 72 (nach Schweinfurth) veranschaulicht. Auf dem Niveau des Bodens hat der Ofen vier Düsenöffnungen; vor der einen Öffnung befindet sich die zur Ansammlung der Schlacke dienende Grube. Bis zur erweiterten Stelle füllt man den Schacht mit Holzkohle und setzt dann von unten her in Brand. Zuletzt ist der Brand so entfacht, daß das Erz in Tropfen durch die Kohlenmasse hindurchzusickern beginnt, um sich in der Grube auf dem Boden des Gestells zu sammeln. Die Masse wird aus einer der Düsenöffnungen herausgeholt, um durch wiederholtes Erhitzen und Hämmern in ein ziemlich weitgehend gereinigtes Schmiedeeisen verwandelt zu werden.

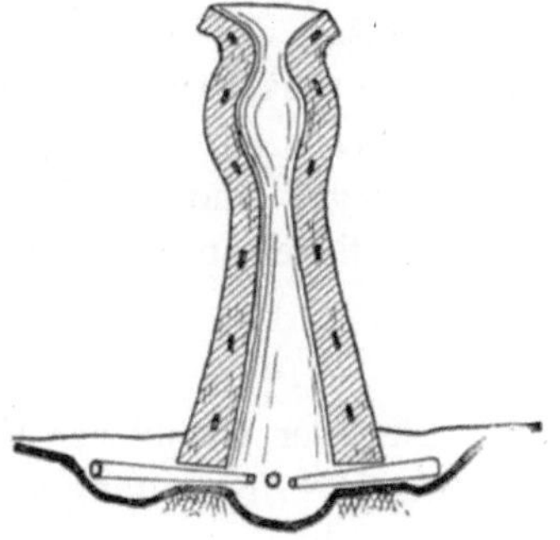

Fig. 72.

Selbst die Schlacken werden noch gepocht, und die daraus gewonnenen Eisenkügelchen kommen in Tiegeln zur Schmelzung.

Die südlichen Nachbarn der Djur, die Bongo, haben gleichfalls eine uralte einheimische Eisenindustrie, deren Ausübung ihnen ein Übergewicht über die nicht Eisen erzeugenden Dinka gegeben zu haben scheint. Sie haben Öfen, deren Inneres aus drei übereinanderliegenden und nur durch enge Hälse miteinander kommunizierenden Kammern besteht, deren obere und untere mit Kohlen, deren mittlere aber mit Erz beschickt wird.

Zum Schlusse dieses Abschnittes einige Worte über Schmelztiegel. Die Form der von den Alten zum Schmelzen benutzten Tiegel war entweder die eines Blumentopfes, konisch mit flachem Boden, oder die eines Kegels mit innen und außen abgerundeter Spitze oder endlich die einer modernen Probiertute, außen schwach konisch mit Fuß, innen kegelförmig ausgehöhlt. Die Größe variiert sehr. Die alten Ägypter benutzten zum Goldschmelzen Tiegel von ca. 12 cm Durchmesser und 15 cm Höhe, daneben auch viel kleinere, 4 cm weite und $7^1/_2$ cm hohe. Bei den Chinesen des Eisenhüttendistrikts von Tai-yang-chin fand v. Richthofen eine uralte Schmelzindustrie, welche sich 15 Zoll hoher und 6 Zoll weiter Tiegel bediente.

Das Material für diese Tiegel scheint meistens feuerfester Ton gewesen zu sein; Diodor erwähnt wenigstens dies Material — »irdene Gefäße« — bei seiner Schilderung des ägyptischen Goldbergbaus. Plinius nennt das Material Tasconium; dies beschreibt er als weiße Erdart, die sich von den andern dadurch unterscheidet, daß sie das Gebläse, das Feuer und das glühende Metall auszuhalten vermöge. Auch die Chinesen benutzten zumeist Tontiegel. Tiegel aus Speckstein sind in einzelnen Exemplaren in Hissarlik-Troja gefunden worden. Graphittiegel sind aus Böhmen und aus dem Untergrunde Wiens[1]), Serpentintiegel aus dem Rhonegebiet bekannt geworden.

d) Gebläse.

Eine der wichtigsten Verbesserungen in der metallurgischen Technik war die Anwendung von Gebläsewind an Stelle des natürlichen

[1]) Bei den zurzeit auf dem Judenplatze zu Wien vorgenommenen Kanalisationsarbeiten sind in einer Tiefe von 4 m eine Anzahl von Gegenständen römischer Herkunft gefunden worden. Es ist der Grundriß eines vornehmen Hauses ausgegraben worden, in dem sich auch eine Garnitur von Graphittiegeln vorfand. Das Merkwürdigste an dem größten dieser Tiegel ist das Fabrikzeichen in der alten Form eines Doppelkreuzes. Die auf zahlreichen Ziegeln gefundenen Marken: »Temporis Ursicini d . . .« und »LEG. X. GEM.« verweisen den Fund in das erste Jahrhundert n. Chr. (Deutsches Volksblatt, Wien; Notiz vom 25. IX. 07.)

Luftzuges. Wohl kaum ist diese Erfindung, wie die Alten taten, einem einzigen zuzuschreiben, vielmehr haben verschiedene Volksstämme, die ohne gegenseitige Beziehungen nebeneinanderlebten, sie selbständig gemacht, und zwar um so früher, je entwickelter ihre Hüttentechnik war. Man kann Balgengebläse, Kastengebläse und Zylindergebläse unterscheiden.

Das System der ersteren, von denen uns nur in den seltensten Ausnahmefällen etwas erhalten ist, indem höchstens die Spitzen oder Düsen aus Metall oder gebranntem Ton bestanden, während der Blasebalg selbst ganz aus Leder oder aus Leder mit Holzboden und Deckel bestand, scheint im wesentlichen allenthalben dasselbe gewesen zu sein, soweit es aus bildlichen oder schriftlichen Darstellungen erkannt oder aus neueren Beobachtungen ergänzt werden kann.

In den Grabüberresten der ägyptischen Theben ist uns eine interessante bildliche Darstellung eines Rennfeuerbetriebes mit zwei Ge-

Fig. 73.

bläsen aus der Zeit des dritten Thoutmes (18. Dynastie, um 1600 v. Chr.) erhalten, die wir hier Fig. 73 (nach Wilkinson, A popular account of the Ancient Egyptians, London 1854, II. Bd., S. 316) wiedergeben. Jedes Gebläse besteht aus zwei am Boden liegenden Ledersäcken, die in einem Rahmen befestigt sind und von denen abwechselnd der eine und der andere durch einen Lederriemen mit der Hand auseinandergezogen wird, so daß durch eine einfache, mit innerer Ventilklappe versehene Öffnung die Luft eintreten kann, und dann wieder mit dem Fuße zusammengepreßt wird, damit die eingesaugte Luft durch eine Düse nach dem Feuer hin entweichen kann.

Ganz ähnlich gebaute Gebläse werden heute noch in Bengalen [1]) angewendet.

[1]) Man vergleiche zum folgenden das Referat in »Glückauf« 1877, Nr. 40 vom 11. Juli nach einem Vortrage von Dr. E. Stöhr im Münchener Anthropologen-Verein.

Die Geschicklichkeit des indischen Schmiedes ist erstaunlich, und mit seinen einfachen Werkzeugen leistet er Außerordentliches. Unter dem ersten besten Baume schlägt er seine Werkstatt auf, auf dem Boden zündet er ein Feuer an, eine handhohe Lehmwand dient als Esse, und der Amboß ist meist nur ein großer Stein, vor dem der Schmied auf dem Boden hockt. Merkwürdig ist in Singhbhum der Blasbalg. Zwei 18 Zoll im Durchmesser haltende, ungefähr 8 Zoll hohe Holzblöcke sind schüsselförmig ausgehöhlt; über jede dieser Pfannen wird locker eine Ziegenhaut gespannt, die in der Mitte ein kleines Loch hat. An der Haut ist in der Mitte eine Schnur befestigt, deren anderes Ende an einem federnden, in den Boden eingegrabenen Stock hängt. Zwei solcher bespannten Pfannen stehen nebeneinander, zusammen das Gebläse bildend; von jeder Pfanne führt ein hohles Bambusrohr zur Esse. Soll der Blasebalg gebraucht werden, so tritt der Balgtreter auf die Pfannen, und zwar so, daß er mit den Fersen die Löcher in den beiden Häuten deckt und verschließt. Abwechselnd hebt er nun ein Bein ums andere auf, wodurch jeweils die mit der federnden Stange verbundene Haut angespannt und das Loch in ihr frei wird. Beim Niedertreten verschließt er mit der Ferse die Öffnung, drückt die Haut nieder und preßt die Luft durch das Bambusrohr zur Esse. Der Mann wirkt so zugleich als bewegende Kraft und als Ventil, und da zwei Schüsseln vorhanden sind, so erhält man einen ziemlich ununterbrochenen Windstrom.

Auch den Griechen waren Balgengebläse, φῦσαι, wohlbekannt; sie kommen bei Homer (Ilias XVIII, 372. 409. 412. 468. 470), Herodot (I, 68) und Thucydides (IV, 100) vor.

Bei Homer heißt es von der Arbeit in der Werkstatt des Hephaistos:

> Zwanzig bliesen zugleich der Blasbälg' in die Öfen,
> Allerlei Hauch aussendend des glutanfachenden Windes,
> Bald des Eilenden Werk zu beschleunigen, bald sich erholend.

Vergil erwähnt Balgengebläse in den Georgica (IV, 170): aliis taurinis follibus auras — accipiunt, redduntque; und schon Plautus sagt in seinen Schriften über die Skythen: folles taurinos habent, quum liquescunt petras, ferrum ubi fit: Sie haben Ochsenbälge, wenn sie die Steine schmelzen, aus denen das Eisen entsteht. Strabo schreibt die Erfindung der Gebläse dem zur Zeit Solons lebenden skythischen Philosophen Anacharsis zu, der auch den zweispitzigen Anker und die Töpferscheibe erfunden habe (letztere kommt aber schon bei Homer [Ilias XVIII, 600] vor, also lange vor Solon und Anacharsis, und Ausonius spricht in seinem Gedichte

Mosella (V, 267—269) von Blasbälgen mit hölzernen Böden und Deckel, deren Ventile mit Schafwolle gedichtet sind:

Sic ubi fabriles exercet spiritus ignes
Accipit alterno cohibetque foramine ventos.
Lanea fagineas adludens parma cavernis:

»So wie der Wind die Schmiedefeuer anfacht, mit zweifacher Öffnung der Wind sich schöpft und abschließt und das wollene Ventil an die buchenen Höhlen anspielt . . .«

Kastengebläse sind von jeher bei den Japanern in Gebrauch gewesen; ihre Konstruktion zeigen die Figuren 74a und b.

Das Gebläse ist doppeltwirkend, der Kasten länglich-parallelepipedisch und durch Leisten verstärkt; er steht etwas geneigt hinter einer Brandmauer. Der aus einer Bohle bestehende Kolben wird ebenso wie die Ventile mit Dachsfell gelidert. Die einseitig eingesteckte Kolbenstange ist mit einer Handhabe versehen, an der der Kolben von einem Kuli herangezogen wird, worauf dieser denselben mit dem Fuße zurückstößt. Die als einfache Klappen ausgebildeten Saugventile s, s_1 sind in die Stirnseiten des Kastens eingesetzt; die ebenso gebauten Druckventile d, d_1 befinden sich unten an den Enden der einen Seitenwand. Die ausgeblasene Luft strömt in den kleinen, angebauten Behälter r, von dessen Mitte aus die Düse zum Ofen geht. In einer Minute werden etwa 30 Spiele gemacht, von denen jedes etwa $^1/_{10}$ cbm Luft von wenig mehr als atmosphärischer Pressung liefert.

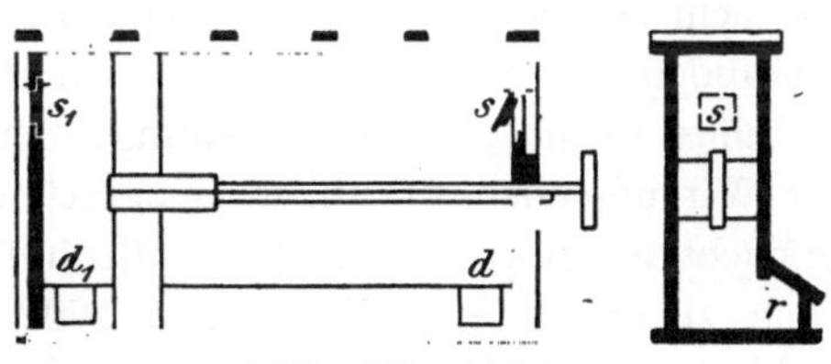

Fig. 74a und b.

Typische Zylindergebläse findet man bei den seit sehr alter Zeit mit der Eisenschmelzung eingehend vertrauten malayischen Völkerschaften von Neu-Guinea bis nach Madagaskar in Gebrauch. Die Gebläse auf Sumatra schildert Marsden (Beschreibung von Sumatra, 1785, S. 190) folgendermaßen: Zwei Bambus, 10 cm im Lichten weit und 1,5 m lang, stehen neben dem Feuer aufrecht und sind oben offen, unten aber verstopft. Etwa 3—5 cm über dem Boden ist in jeden Bambus ein dünnes und ausgehöhltes Stück Rohr als Windleitung eingesteckt. Um einen Luftstrom zu erzeugen, werden Bündel von Federn oder anderen weichen Körpern an langen Stielen in den Rohren auf und nieder gestoßen, wie die Kolben in einer Pumpe. Da dies wechselweise geschieht, entsteht ein kontinuierlicher Windstrom.

Nur in kleinen Einzelheiten weichen hiervon die Gebläse der Dajaks auf Borneo ab, die gleichfalls seit Jahrhunderten in unveränderter Form benutzt werden.

Ausgehöhlter Baumstämme bedienen sich die Eingeborenen Madagaskars als Gebläse (Ellis, 3 visits to Madagascar, London 1858, S. 264); ihre Eisenindustrie ist gleichermaßen uralt, da man nur selten tiefer als $^1/_2$ m zu graben braucht, um auf Eisenerz zu stoßen; das Ambohiviangavogebirge heißt geradezu das »Eisengebirge«.

Bei Ausgrabungen in Süd-Palästina sind Funde gemacht worden, welche darauf hindeuten, daß das Heißluftgebläse für Hochöfen, welches 1828 dem Ingenieur Neilson patentiert wurde, in nuce im Orient bereits lange vor unserer Zeit bekannt war. Die Nachforschungen in der erwähnten Gegend, dem Gebiet der aus der Bibel als sehr hüttenwesenskundig bekannten Philister, haben die Reste von acht Hüttenstätten zutage gebracht, die in der Zeit von 1500—500 entstanden sein müssen. Unter diesen Überbleibseln befanden sich auch die eines Ofens für Eisenbereitung, der in Gestalt von bedeckten und der Wirkung der Ofenhitze ausgesetzten steinernen Ringkanälen eine Vorrichtung besaß, um die Außenluft vor ihrer Einführung in den Ofen zu erwärmen. (Rundschau 1902, S. 322; Österr. Ztg. f. Berg- u. Hüttenwesen 1902, Ver.-Mitt. S. 86.)

e) Gießformen.

Das Material zu denselben ist teils gebrannter oder auch nur lufttrockner Ton, teils festes Gestein (Sandstein, Lava, Granit, Speckstein), teils endlich Metall, und zwar Eisen oder Bronze.

Zum Guß der Barren des Rohmetalles scheint man sich vornehmlich tönerner Formen bedient zu haben, wie auch Herodot bestätigt (III, 96): Darius ließ den goldenen Tribut in irdene Gefäße gießen, und so oft er etwas davon brauchte, schlug er Gold ab.

Wenn es sich um den Guß von Gebrauchs-, Schmuck- oder Verteidigungsgeräten handelte, stellte man die Gießform in hartem Stein oder auch in Metall her. Die beiden Hälften der Form sind auf der Seite, mit der sie zusammengelegt werden, geglättet; die — halbe — Gestalt des zu gießenden Gegenstandes ist dann in jede Hälfte hineingemeißelt oder hineingeschliffen (Fig. 75). Auch der Eingußtrichter ist jederseits halb vorhanden. Sind nur einfach umgrenzte Gegenstände darzustellen, z. B. Ringe, so hat man nicht selten kubische Formen angewandt, auf deren sechs Seiten die zu gießenden Formen eingemeißelt waren. Schliemann hat solche in Hissarlik-Troja gefunden.

Für den Hohlguß verwandte man Ton- oder Lehmkerne. In

einfacheren Fällen hat sich die Kernbildung und -festhaltung nicht von der heutigen Arbeitsweise unterschieden; dies erhellt beispielsweise aus dem elegantesten uns erhaltenen bronzenen Hohlgußstück, einer im Berliner Museum aufbewahrten Statuette des zweiten Ramses in Osirisform von feinster Arbeit, aus dem 14. Jahrhundert stammend, in der sich das Vorhandensein eines Sandkerns deutlich dokumentiert, noch besser aber aus verschiedenen Bronzestatuetten, die in die Zeit der VI. Dynastie (33. Jahrh. vor Chr.) zurückdatiert werden und in denen der Sandkern noch vorhanden ist (Andrée, Metalle bei den Naturvölkern, S. 51).

Sehr interessant ist die an manchen Stücken der Hohlgußtechnik der Hallstattperiode beobachtete Art der Kernbefestigung und -stützung, wie sie an Funden aus der Byciskalahöhle in Mähren

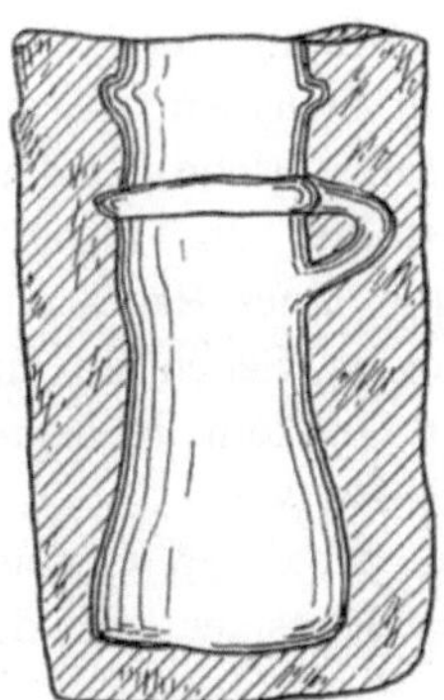

Fig. 75.

Fig. 76.

vorliegt. In der ca. 50 m langen und bei 20 m Breite 12—16 m hohen Vorhalle der Höhle befanden sich unter anderem eine prähistorische Schmiedestätte für Eisen- und Bronzearbeiten sowie zahlreiche Handwerksgeräte und Fabrikate. An dem Ostende dieser Schmiedestätte fand Dr. Wankel, Hüttenarzt in Blansko, 1873 einen gußeisernen Ring, der in Fig. 76 abgebildet ist. Er gehört nach den Fundumständen der Periode von Hallstatt an und hat folgende Beschaffenheit (vgl. Bonner Jahrbücher, Heft 81, 1886; Referat von Dr. Ad. Gurlt, Seite 222—223):

Der Ring hat 43 mm äußeren und 20 mm inneren Durchmesser, ist also 23 mm dick. Er ist hohl und hat etwa 2 mm Wandstärke, welche aber nicht gleichmäßig dick ist. Er wiegt 22 g und sein spezifisches Gewicht ist = 6,98. Er besteht aus einem sehr feinkörnigen grauen Gußeisen, in welchem der Chemiker Dr. Edmund König in Wien, nach Dr. Wankels Mitteilung, qualitativ einen beträchtlichen Phosphorgehalt nachgewiesen hat. Dieses erklärt die Sprödigkeit des Metalles, daher der Ring, wahrscheinlich durch Anschlagen mit der Spitzhacke, bei dem Ausgraben in seiner äußeren Wand zwei unregelmäßige Löcher erhielt, die auf der Abbildung vorn und hinten sichtbar werden. Die Wand zeigt ferner rechts von dem vorderen Loche sehr deutlich die Gußnaht und etwa 1 cm links von ihm eine eben geschliffene ovale Stelle von 8 mm größtem und 6 mm kleinstem Durchmesser, an welcher der Einguß gesessen hat. Der Ring ist also in einer zweiteiligen Gußform aufrecht stehend gegossen worden. An seiner inneren Peripherie ist er offen und zeigt einen in der Abbildung sehr deutlich hervortretenden ringförmigen Schlitz von etwa 3 mm Weite. Wie bei ähnlichen, bei Hallstatt und an anderen Orten gefundenen, hohl gegossenen Bronzeringen diente der Schlitz dazu, den ringförmigen Sand- oder Lehmkern im Inneren der Gußform dadurch schwebend zu erhalten, ehe das flüssige Metall hineingegossen wurde, daß der Kern, wie der Radkranz von einem Scheibenrade, auf einer 3 mm dicken Scheibe von Stein oder Lehm saß, welche bei dem Gusse die Dicke des ringförmigen Schlitzes ausfüllte. Im übrigen mußte die Scheibe in der Mitte so hohe, der Nabe eines Rades entsprechende Erhöhungen haben, daß diese auf beiden Seiten an die innere Wand der Gußform anstießen und so den Gußkern in seiner richtigen Lage erhielten, ehe das Gußeisen eingeflossen war.

Der Gießmeister gehörte wohl dem Keltenvolke der Bojer, Gotiner oder Skordisker an, die nach dem Zeugnisse der Klassiker vor der germanischen Einwanderung in Mähren saßen.

Aus dem Studium der antiken Hohlgüsse geht hervor, daß man bei den Ägyptern und Griechen (diese lernten von den Phöniziern, die sie aber bald formell wie technisch hinter sich ließen) auch den Hohlguß »mit verlorenem Wachs« gekannt haben muß. Bekanntlich geschieht dieser so, daß man zuerst einen Kern formt, der der Höhlung in der Figur entspricht, und dann darüber die Figur aus Wachs modelliert. Darauf formt man den Mantel, d. h. das Negativ des Gusses, trocknet dieses und erwärmt es dann so lange, bis das Wachs schmilzt. Nunmehr läßt man das Metall in den Hohlraum zwischen Kern und Negativ einfließen. Diese Technik haben die Griechen so vollkommen beherrscht, daß ihre Güsse nicht selten so dünn wie Kartenblätter ausgefallen sind. Das Gießen ohne Wachs, d. h. mit nicht schmelzbarem Modell, erheischt, daß man nach Modellieren desselben den Mantel abnimmt und nach Entfernung des Modells von neuem aufbringt. Es ist in diesem Falle aber sehr schwierig, den Mantel rein abzulösen und genau wieder so aufzubringen, daß keine Verschiebungen der Teile stattfinden. Aus diesem Grunde dürfte dieses

Verfahren auch von den Griechen kaum geübt worden sein, zumal ihre Hohlgüsse äußerst selten hierauf deutende Gußnähte besitzen.

Im übrigen muß darauf hingewiesen werden, daß den Alten manches geistvolle Gießverfahren zur Verfügung gestanden haben muß, dessen Kenntnis uns verloren gegangen ist; es soll hier nur an das Problem erinnert werden, wie die alten Techniker bronzene Ketten herstellten, deren Glieder nicht erkennen lassen, wie eins ans andere gefügt wurde.

f) Die einzelnen Hüttenprozesse.

1. Gold.

Von dem bei den Ägyptern gebräuchlichen Prozesse der Goldgewinnung, den wir auch wohl in derselben Ausführung bei den Griechen und Römern voraussetzen dürfen, gibt uns Agatharchides in seinem Periplus rubri maris, § 22, die beste Beschreibung. Es heißt hier von dem durch Waschen und Schlämmarbeit von allen erdigen Bestandteilen möglichst gereinigten Metalle: »Der Goldstaub wird gewogen und in ein irdenes Gefäß getan; dann setzt man nach Verhältnis einen Klumpen Blei, Kochsalzkrumen, ein wenig Zinn und Gerstenkleie zu. Darauf setzt man einen Deckel auf, den man gut verschmiert, worauf man das Gefäß ohne Unterlaß fünf Tage und fünf Nächte hindurch stark glüht. Ist dann das Gefäß abgekühlt, so findet sich in ihm nichts mehr als das zu einem Klumpen zusammengeschmolzene Gold, welches fast ebensoviel wiegt wie der Goldstaub (τὰ ψήγματα τοῦ χρυσοῦ), aus dem es entstanden ist.« Der Prozeß, wie ihn Agatharchides gibt, würde folgendermaßen verlaufen: Das Chlor des Kochsalzes würde mit dem im Golde enthaltenen Silber Chlorsilber geben, das Silber also durch Verflüchtigen aus dem Golde verschwinden; Blei und Zinn würden mit dem Metalle regulinisch verschmelzen; die Gerstenkleie würde sich beim Glühen in Kohle verwandeln und die Oxydation des Zinnes und Bleies verhüten. — Dann müßte man aber, wovon Agatharchides nichts angibt, das Gold vom Blei und Zinn auf dem Treibherde scheiden, und nun würde es allerdings ganz rein von Silber und unedlen Metallen erscheinen; es würde auch auf dem Treibherde nichts anderes zurückbleiben als reines Gold und somit auch die an sich fabelhafte Erklärung, daß alles außer dem Golde verschwinde, in der Weise zu erklären sein, daß Zinn und Blei vom Treibherde, wenn sie oxydiert sind, eingezogen werden.

Diodorus Siculus stellt (Bibl. hist. III, 13) den Prozeß ebenso dar wie Agatharchides, dessen Buch er jedenfalls vor sich hatte. Strabo gibt (Geogr. III, 2) eine reichlich verworrene Darstellung der Golderzeugung, aus der nur so viel hervorgeht, daß man das Gold mit einer »alaunhaltigen« — στυπτηριώδης — Erde und glühender Spreu verschmolz. Offenbar hat man als »Alaunerde« auch Borax, Salpeter und ähnliche Salze bezeichnet. Plinius erwähnt das mit Feuer geläuterte Gold als obrussa (offenbar ist dies ein an der betr. Hüttenstätte gebrauchter Spezialausdruck, wie so viele termini technici des Plinius) und nennt (XXXIII, 3. 19) Blei und (XXXIII, 3. 20) Alaun als Mittel, das Gold zu reinigen.

Daß man bleiische Zuschläge als Flußmittel benutzte, beweisen unter anderem auch die in neuerer Zeit in Griechenland gemachten Ausgrabungen, bei welchen viele antike Goldwaren zutage gefördert worden sind. Sie sind nach Landerer alle mit Silber vermischt, auch wohl deswegen durchaus blank geblieben. Für die Verwendung von Borax als Flußmittel zeugt ein von demselben Autor gefundener Tontiegel von Delos, welcher mit Gold- und Boraxresten behaftet war.

Die Form, in die man das geschmolzene Gold brachte, ist im Altertum meist die der quadratischen Platten oder der Ringe gewesen; erstere kommen in Ägypten unter dem Namen »tob« auf den Inschriften vor; in den Schatzkammern zu Ekbatana, unter den von Kroesus nach Delphi geschickten Weihgeschenken (Herodot I, 50) und unter den von Cäsar aus dem Staatsschatz genommenen Beträgen werden sie (Plinius XXXIII, 3. 17) als »Ziegel« (πλίνθος, later) genannt. Die Ringform kommt übrigens heute noch manchenorts in Afrika vor, so bei den Arabern am oberen Nil und bei den Bewohnern der Goldküste. Zum Ausschlagen von Goldblechen goß man übrigens das Edelmetall nicht in größere Barren, sondern in Stäbchen von 10—15 cm Länge und etwa 3—5 mm Stärke. Diese schlug man darauf mit dem Hammer, wie Plinius mitteilt, so fein aus, daß 750 und mehr Blättchen von je 4 Zoll Quadratseite aus einer Unze ausgebracht wurden (Hist. nat. XXXIII, 3. 19).

Was die Technik der Herstellung von Geräten und Gefäßen usw. aus Gold anlangt, so sind diese in der ältesten Zeit, bis etwa zum 9. vorchristlichen Jahrhundert, fast ausnahmslos mittelst des Hammers gestaltet, während seit jener Zeit dazu die Formgebung durch Gießen tritt. Parallel diesen Formgebungsmethoden erscheint in der älteren Zeit die Verbindung mehrerer Teile durch Nietung, in der jüngeren aber durch Lötung.

Draht wurde aus zu Streifen geschnittenem Blech, welches man rund schmiedete, hergestellt. Das Drahtziehen kommt erst sehr spät in Anwendung; in Italien war es zu Karls des Großen Zeit noch ungebräuchlich. Die Herstellung von hohlen Kugeln (Perlen) aus Goldblech geschah in der Weise, daß man zwei Halbkugeln aus Goldblech trieb und diese durch Falze miteinander verband.

2. Silber und Blei.

Von dem Zustande der Verhüttung dieser beiden Metalle sind wir nur sehr spärlich unterrichtet, da namentlich der Hauptgewährsmann für diese Daten, Plinius, von manchen Dingen, die er hierüber berichtet, nur eine höchst unvollkommene Kenntnis besaß. Im allgemeinen scheint der Vorgang der Verhüttung der gewesen zu sein, daß man zunächst die beiden Metalle zusammen ausschmolz, worauf das silberhaltige Blei — »Werkblei« — in den Treibofen gebracht wurde, in welchem das Silber ausgeschieden werden konnte. Wenigstens deutet auf einen solchen Prozeß die — inhaltlich übrigens falsche — Stelle bei Plinius XXXIII, 6. 31: »Bei der Feuerarbeit (opus ignium) scheidet sich Galena in Blei und Silber, und letzteres schwimmt wie Öl auf dem Wasser.« Galena ist hier Bleiglanz; vom Silber ist nun aber das Gegenteil wahr, indem es unter dem sich oxydierenden Blei auf dem Treibherde zu Boden sinkt. Dem hier berichteten Hüttenprozesse steht eine andere Beschreibung entgegen, die sich hist. nat. XXXIV, 16. 17 findet und, indem sie mitten in das vom Zinn Gesagte eingeschoben ist, wohl als ein dem plinianischen Manuskripte ursprünglich fremdes Einschiebsel angesehen werden darf. Es heißt hier wie folgt: »qui primus fluit ex fornacibus liquor, stannum appelatur; qui secundus, argentum, quod remansit in fornacibus, galena; quae rursus conflata dat nigrum plumbum.« Der Hüttenprozeß ist hier in dem Falle — annähernd — korrekt wiedergegeben, wenn man stannum als »Werkblei« nimmt, galena dann als Bleistein einsetzt, das Gemenge aus Schwefelblei und Schwefeleisen, von dem Dioscorides in seiner »materia medica« V, 28 sagt, es diene als Arznei (μολυβδοειδὴς λίθος). Dieser Bleistein ergibt im dritten Schmelzen Blei, nachdem man im zweiten Schmelzen aus dem Werkblei das Silber (und den Herd) erhalten hatte.

Daß der Bleihüttenbetrieb für die dabei beschäftigten Arbeiter höchst ungesund war, erwähnen mehrere alte Autoren. Plinius gibt dazu (h. n. XXXIV, 18. 50) an: »Wenn das Blei geschmolzen oder geglüht wird, so darf man die aufsteigenden Dämpfe nicht einatmen, weil sie so schädlich sind, daß sie sogar den Tod herbeiführen und daß Hunde unverzüglich daran eingehen.« Ähnliches berichtet Vitruv (VIII, 7), dem es auffällt, daß die Bleihüttenleute bleich aussehen und von den Dämpfen kränkeln.

Diesen Schädlichkeiten vorzubeugen, scheint man nach dem Urteile Strabos gelegentlich essenartige Aufbauten auf den Öfen angebracht zu haben, denn es heißt bei diesem Autor (Geogr. III, 2): »Die Schmelzöfen für Silber werden hochgebaut, damit der schwere und verderbliche Rauch in die Höhe geführt wird« —; gemeint kann natürlich nur der Rauch von dem Schwefel-, Blei- und Arsengehalt der Erze sein, nicht der Silberrauch an und für sich.

Im Verhältnisse zur modernen Technik muß der Prozeß im allgemeinen sehr unvollkommen gewesen sein; ging man doch beispielsweise im römischen Zeitalter im laurischen Bezirke nicht ohne Erfolg daran, aus den Schlacken der ersten Hüttenperiode Silber zu gewinnen; so lesen wir bei Strabo (IX, 399): »Nachdem man vergebens die alten Erzgänge versucht, beutet man nun den Haldenabraum und die Schlacke aus, indem man sie von neuem verhüttet und daraus einiges Silber gewinnt, was bei der früheren unvollkommenen Verhüttungsmethode zurückgeblieben ist.« Im allgemeinen enthalten die antiken Bleischlacken noch 10—15 % Blei.

Bevor es der Münze übergeben werden konnte, scheint man im laurischen Bergbezirke das Silber noch einem dritten Prozesse der Reinigung unterzogen zu haben; vielleicht hat man es feingebrannt und mit Wasser gekühlt (Brandsilber). Daß ein solcher Reinigungsprozeß vorgenommen wurde, kann aus der Anklage des Pantaenetos geschlossen werden, wo es heißt, Nikobulos habe die Silbermassen, welche seine Sklaven bearbeitet hatten, vollends reinigen lassen und habe nun das Silber, was durch diese Überarbeitung gewonnen sei, in seiner Hand (Demosthenes gegen Pantaenetos, 28). Das Feinbrennen hat man in besonderen Hütten vorgenommen.

Ähnlich wie im laurischen Distrikte hat man wohl allenthalben das Silber und Blei gewonnen. Eine Beschreibung des seit undenklicher Zeit in Indien gebräuchlichen Silberbleihüttenprozesses aus dem 15. Jahrhundert möge hier folgen (nach Percy, Metallurgie I, 1870, 211): »Man gräbt eine Grube, streut eine kleine Menge Kuhdung hinein und füllt sie dann mit Asche von Baboolholze. Das Ganze wird angefeuchtet und zu einem Napf geformt, in den sie das unreine Silber hineingeben. Darauf geben sie $^1/_4$ des Gewichts an Blei hinein, legen brennende Kohlen dazu und blasen bis zum Schmelzflusse. Dies wiederholen sie so oft als nötig, aber meistens nur viermal. Die Probe auf die Reinheit des Silbers liegt in seinem Glanze und darin, daß es rundum fest zu werden beginnt. Ist dies der Fall, so sprengen sie Wasser darauf, um es zu kühlen. Den aus Glätte bestehenden Napf (Herd) nennt man auf Hindostani kehrel, auf Persisch keuneh.«

Wie ersichtlich, liegt hier derselbe Prozeß vor, nur mit dem Unterschiede, daß er in einem und demselben Apparate begonnen und zu Ende geführt wird, nicht wie in Laurion in zwei Herden.

Große Unklarheit herrscht in den Angaben der Alten betreffs der Nebenerzeugnisse des Bleihüttenprozesses, indem einerseits ein Produkt mit verschiedenen Namen belegt, anderseits mehrere ganz verschiedene Erzeugnisse mit gemeinsamer Benennung zusammengeworfen wurden. So heißt die Mennige Ammion (Diosc. V, 109), minium (bei Plinius XXXIII, 7), sandaracha (Vitruv. VII, 12). Die Glätte heißt galena (Plin. XXXIII, 6), molybdaena (Plin. XXXIV, 18), lithargyros (Diosc. V, 102); galena wird an anderer als der zitierten Stelle des Plinius für Bleiglanz gesetzt; Dioscorides nennt (V, 100) den »Herd« des Bleiofenprozesses molybdaena usw.

Im einzelnen ergibt sich aus der Erklärung der Alten für uns das Folgende: Von den Produkten des Bleihüttenprozesses im weiteren Sinne kannten die Römer die Glätte, den Herd, den Bleirauch, die Mennige, das Bleiweiß und vielleicht den Bleizucker.

Die Bleiglätte entsteht nach Dioscorides, dem wir darüber die geklärtesten Nachrichten verdanken (de m. m. V, 102), durch starkes Glühen von »Bleisand« (μολυβδῖτις ἄμμος), als welchen wir uns jedenfalls unsere Bleiasche, d. h. durch Sauerstoffaufnahme graublau und staubig gewordenes Blei, vorzustellen haben. Die von Dioscorides (l. c.) angefügte Bemerkung, die Glätte entstehe auch aus Silber, ist ein Irrtum, jedenfalls dadurch verursacht, daß man die Glätte auf dem Treibherde durch Abtreiben des Werkbleis vom Silber gewann. Wie heute unterschied man auch bei den Römern zwischen Silberglätte und Goldglätte je nach der Farbe des Oxyds. Über die Entstehung der Glätte berichtet Plinius (hist. nat. XXXIII, 6. 35), sie bilde sich, »wenn das geschmolzene Metall aus dem oberen Teil des Tiegels in den unteren fließe«, was offenbar so verstanden sein soll, daß sie sich auf der Oberfläche des Metallschmelzflusses bilde und sich dann zum Rande des Tiegels hinziehe, um sich hier mit dem Futter desselben zum sog. Herd zu vereinigen. Hiermit stimmt dann auch die Fortsetzung des plinianischen Textes in den Worten . . . »man nimmt sie mit eisernen Spateln ab und glüht sie nochmals an der Flamme selbst«, d. h. man frischt daraus das Blei in besonderen Gefäßen. Als Kennzeichen der Qualität gibt Plinius (hist. nat. XXXIV, 18. 53) an, »sie sei um so besser, je weniger bleihaltig sie sei, je goldgelber, je leichter zerreiblich und je leichter an Gewicht sie sei«, d. h. je weniger regulinisches Blei und Silber sie enthält, und je mehr sie den Mergel des Treibherdes durchdrungen hat.

Die beste Glätte bezogen die Römer nach Dioscorides (de m. m. V, 102) aus Attika und Spanien, ferner aus Campanien (Dicaearchia) und aus Sizilien. Plinius nennt (XXXIV, 18. 53) Zephyrium in Cilicien als Produktionsort sehr guter Glätte, weil erde- und steinfrei.

Als zweitem Produkt der Bleiverhüttung haben wir der Mennige unsere Aufmerksamkeit zu widmen. Nach Dioscorides (V, 103) gewann man sie durch »Brennen«, d. h. langsames und langes Erhitzen von Bleiweiß. Das entstandene Erzeugnis nennt Dioscorides Sandyx. An anderer Stelle (V, 109) wird dieselbe Substanz Ammion genannt und als Erzeugnis des Glühens von »Silbersand« (ἀργυρῖτις ψάμμος), d. h. wohl silberhaltiger Bleiasche (deren Silbergehalt jedoch hier durchaus unwesentlich ist), beschrieben. Diese Darstellung aus Bleioxyd an Stelle aus Bleiweiß ist jedenfalls die bequemere und wird auch heute noch angewandt. Die Mennigefabrikation aus Bleiweiß beschreibt auch Vitruvius (de arch. VII, 12), wobei er sagt, die künstliche sei besser als die natürliche aus den Gruben gewonnene. Bei ihm heißt die Mennige sandaraca. Da nun aber Mennige nicht in der Natur als Mineral vorkommt, so liegt die Vermutung nahe, Vitruvius habe unter dem natürlichen Vorkommen unser Rauschrot gemeint. Bei Plinius (hist. nat. XXXIV, 18) findet sich eben derselbe Mennigeprozeß.

Von der Bereitung des Bleiweiß hatten die Alten nur eine unvollkommene Vorstellung. Weder Theophrast (de lap. 101), noch Vitruv (VII, 12), noch Dioscorides (de m. m. 5, 103), noch auch Plinius (hist. nat. XXXIV, 18) kennen den vollständigen Verlauf des Prozesses, weil sie die Mitwirkung der Kohlensäure nicht mit berücksichtigen konnten. Aus den zitierten Stellen ergibt sich, daß der Prozeß der Alten dem heute als »holländisches Verfahren« bekannten gleicht: Man setzte Bleiplatten in Töpfen (nach Vitruvius in Fässern mit Reisig) Essigdämpfen längere Zeit aus, schabte gelegentlich das an den Platten bereits gebildete Bleiweiß ab und filtrierte nach vollständiger Zersetzung des Bleis den Essig ab, reinigte eventuell das Bleiweiß durch Kochen mit Wasser (Theophrast) von mitgegangenen Verunreinigungen, preßte dasselbe in kleine Kuchen und trocknete es an der Sonne, um es nachher zu sieben und als Farbe oder als Arzneimittel oder Schminke zu benutzen. Das beste Bleiweiß kam von Rhodus, Korinth und Sparta, weniger vorzügliches von Dicaearchia.

Kurz sei dann noch des »Herdes« Erwähnung getan, d. h. des von der Glätte durchdrungenen Futters des Treibherdes. Dioscorides kennt ihn als Molybdaena (V, 100), beschreibt ihn als gelb, etwas glänzend, zerrieben gelbgrau, mit Öl gekocht leberbraun. Er tauge nichts, wenn er himmelblau oder bleigrau sei. Neben der in Silberschmelzöfen gefundenen molybdaena grabe man auch natürlich vorkommende bei Sebaste und Korykus, von der die beste gelb und glänzend sei, keine Schlacken und keine Steine enthalte. Im Altertum hat man jedenfalls gelegentlich den »Herd« wie auch noch heute zugute gemacht, indem man durch Glühen mit Kohle metallisches Blei aus ihm gewann. Die von Dioscorides als himmelblau oder bleigrau bezeichnete molybdaena ist wohl unser Ofenbruch, den man aus den Bleiglanzöfen gewinnt. Er ist, der antiken Beschreibung ganz konform, stahlblau, zerrieben grauschwarz. Die »gegrabene« molybdaena muß entweder unser Mimetesit (Gelbbleierz) sein oder aber es beruht die Notiz auf einer irrigen Anschauung des Dioscorides. — Plinius macht übrigens zwischen molybdaena, galena, lithargyros keinen Unterschied, so daß man alle drei Namen als Bleiglätte inkl. Herd nehmen kann.

Außer diesem Ofenbruch kannte man den Bleiofenrauch (ἡ σποδός Diosc. de m. m. V, 85); ob man denselben aber behufs Gewinnung des in ihnen enthaltenen Metalls einer neuen Schmelzung mit Kohle und Schlacke gebender Beschickung, einer sog.Raucharbeit, unterwarf, muß mangels darauf gerichteter Andeutungen unentschieden bleiben.

Die Form des aus den Hütten hinausgesandten Bleies war die der Barren von einer der heutigen ähnlichen Form und einem Gewichte von 70—75 kg. Manche tragen den Namen eines Kaisers oder auch eines Sklaven und die Bezeichnung ex arg., was nach Percy als ex argento, d. h. entsilbert, zu lesen ist; es ist also Blei, welches durch Reduktion der bei dem Abtreiben behufs Silbergewinnung entstandenen Glätte erhalten wurde. Stücke italischen Bleies haben 4 Zoll Länge, 2 Zoll Breite und 1/2 Zoll Stärke. Eine größere Zahl von Barren fanden sich auch in Spanien; bei Carthagena trug ein Barren von 34 kg Gewicht (nach Botella, Desc. geol.-minera de la prov. de Murcia y Albacete, Madrid 1868) die Inschrift M. P. Rosceis. M. F. M. A. I. C., was als Marco et Publio Rosceis Marci filii Maicia ergänzt worden ist. Einen Barren des gleichen Gewichtes fand man (Sella, les mines de la Sardaigne in Rev. univ. des mines XXXII, 1872, p. 186) zu Carcinadas auf Sardinien in der Nähe des Hafens Saint-Nicolas. Er trägt die Inschrift IMP. CÆS. HADR. AUG. und befindet sich zurzeit im Museum von Cagliari.

Benutzt wurde das regulinische Blei zu Spielzeug, minderwertigen Götterfigürchen, Münzen, Schreibstiften, Lampen, Schleuderkugeln, ferner zum Vergießen von eisernen Klammern oder Bolzen in Stein, zu Blechen ausgehämmert zum Dachdecken sowie in ziemlich großem Umfange zur Herstellung von Wasserleitungsröhren.

Als besonders interessant seien die Wasserleitungs**bleiröhren etwas ausführlicher** beschrieben. In Alatri, 70 km östl. von Rom, fand man i. J. 1882 mehrere wohlerhaltene Stücke Rohr, die **aus einer Platte zusammengebogen** und dann **gelötet** waren und bei einer Lichtweite von 10,5 cm 3,5 cm Wandstärke hatten. Die Rohrverbindungen waren durch Einstecken des einen Endes in die trichterförmige Auftreibung des anderen Endes hergestellt. Ähnlich verbundene Rohre fand man in Rom als Leitung für Wasser aus einem Reservoir zum Forum Trajanum. Die ganze Leitung hatte eine Länge von 1750 m; das Meter Rohr wog 133 kg, die ganze Leitung also 232750 kg. Solcher Leitungen hatte Rom aber zu seiner Wasserversorgung viele Tausende von Metern; man versteht daraus wohl, daß der Handel mit Blei im kaiserlichen Rom blühte und daß man zum Löschen der Ladungen der Bleischiffe eine eigene Werft, die spanische oder Bleiwerft, hatte, gegenüber der Ripa Grande, nahe der Marmorata (Marmorwerft für die Kaiserbauten).

3. Eisen.

Während des ganzen Altertums hat man fast **allenthalben** das Schmiedeeisen **direkt aus den Erzen** in den bereits oben geschilderten Luppenfeuern oder **Rennherden** dargestellt, später aber sogen. **Wolfsöfen** oder **Stücköfen** benutzt, aus deren Herden von Zeit zu Zeit eine Luppe von reduziertem Schmiedeeisen ausgebrochen wurde, die man der weiteren Verarbeitung durch Ausheizen und Ausschmieden übergab. Nur die **Chinesen** haben von dieser Methode eine Ausnahme gemacht, indem sie das aus den Erzen erzeugte flüssige **Roheisen** (**Gußeisen** erster Schmelzung) durch **Frischen** im Frischfeuer in Schmiedeeisen umwandelten. In Europa hat man im Altertum zwar **auch** Gußeisen gekannt, doch hat man den Ofengang stets so zu führen gesucht, daß möglichst **kein** flüssiges, sondern nur teigiges (Schweiß-)Eisen entstand, da man mit dem Gußeisen anfangs nichts anzufangen verstand, bis man das Frischen gelernt hatte.

Im folgenden sollen einige Eisenhüttenprozesse des Altertums zur Darstellung gebracht werden; zunächst wenden wir uns nach einem der ältesten Konzentrationspunkte dieses Gewerbes, nach **Indien**, das über einen großen Schatz der prächtigsten Eisenerze verfügt, deren Produkt so vorzüglich wird, daß es noch heute dem aus Europa importierten mindestens gleichwertig ist. Über den im südwestlichen **Bengalen**, in den Provinzen **Singhbhum** und **Dholbhum** gebräuchlichen Prozeß ist (nach **Stöhr** in »Glückauf« 1877, Nr. 40 vom 11. Juli) folgendermaßen zu berichten:

Anfänglich füllt man das Öfchen nur mit Holzkohlen allein, bis es ordentlich abgewärmt ist. Ist alles gehörig trocken, so wird die Brust geschlossen und die Röhre eingelegt, und dann beginnt man mit dem Aufgeben der gröblich zerkleinerten Eisenerze, welche sehr reine Magneteisenerze sind. Das Gebläse wird in Gang gesetzt, und handvollweise gibt man die Erze auf, ungefähr im Verhältnisse zu den nußgroßen Holzkohlen wie 1 : 10. Die Erze werden übrigens ohne jeden Zusatz aufgegeben. Nach einiger Zeit fließt durch die Seitenöffnungen, welche der Eisenmacher sorgfältig offen erhält, eine schwarze, sammetartige Schlacke ab, die leichtflüssig und sehr eisenreich ist. Nach 6—8 Stunden ist die ganze Schmelzkampagne beendet, und hat man während dieser Zeit dann $^3/_4$ Kubikfuß = 110—112 Pfund an Erzen aufgegeben, während der Kohlenverbrauch ungefähr $7^1/_2$ Kubikfuß beträgt. Zuletzt hatte man keine Erze mehr mitaufgegeben, sondern nur mehr Kohlen, und wenn nun alles niedergegangen ist, wird das Gebläse außer Arbeit gesetzt, die Ofenbrust aufgebrochen und der Eisenklumpen, der sich unten angesammelt hat, herausgenommen. Er besteht aus mit Schlacke noch sehr verunreinigtem Schmiedeeisen. Diese Luppe wird zerteilt und bei gewöhnlichen Schmiedefeuern wiederholt durchgearbeitet, um alle Schlacken zu entfernen. So erhält man zuletzt 20—22 Pfund trefflichen Eisens.

Zur Bedienung eines Öfchens sind zwei Arbeiter nötig: der Eisenmacher und der Balgtreter. In Singhbhum leben ganze Dörfer vom Eisenmachen, und in der Nähe eines Dorfes findet man oft lange Reihen von Öfchen auf einmal im Gange, wobei die Frauen dann meist das Balgtreten besorgen, die Männer die Öfen warten.

Bei dem eben beschriebenen rohen Verfahren, das überhaupt nur bei so prächtigen Erzen möglich ist, muß natürlich der Verlust an Eisen, sei es dadurch, daß es in die Schlacke geht, sei es durch den Abbrand beim späteren Bearbeiten, ein großer sein. Verschiedene Erzanalysen ergaben einen Eisengehalt der Erze von 65—70 % (genauer 69,2 Eisenoxyd, 29,5 Eisenoxydul), und müßten somit 110 Pfund aufgegebener Erze mindestens 71 Pfund Eisen geben; da nur 22 Pfund zuletzt erzeugt werden, so gehen an 70 % des Gehaltes als Abbrand und in den Schlacken verloren. Weitaus der größte Verlust findet beim eigentlichen Schmelzprozesse statt, indem die Luppe nur 35 Pfund wiegt, somit 48 % des Eisengehalts in die Schlacke gegangen sind. Würde man geeignete Zuschläge geben, so würde das Ergebnis ein günstigeres sein.

Ähnlich wird der Eisenhüttenprozeß auch in manchen anderen alten Industriezentren getrieben, so bei den Turkmenen in den Tälern des Karmes und Baghir Dagh, bei Tepideressi und am Jünik Tepessi, ferner am Karadagh bei Täbris in Persien, bei den Bongo und Djur, den Gaguellas und Osaka in Afrika.

Bei den Turkmenen bringt man nach Russegger (Reisen I, 546) alle 30 Stunden eine Luppe von etwa 30 okka = 67—68 Pfund aus, die in einem besonderen Frischherde mit Holzkohlen umgearbeitet wird. Das ganz vortreffliche Eisen wird heute per Zentner zu 80 Piaster verkauft. Bei den Eisenhüttenleuten des Karadagh bei Täbris erzielt man in 3—3½ Stunden eine ca. 30 Pfund schwere Luppe, die mit schweren Handhämmern gezängt und in Schirbel zerteilt wird, um dann weiter ausgereckt zu werden. Der Verbrauch stellt sich pro Charge auf 60 Pfund Eisenstein und 80—90 Pfund Kohlen. In einem Tage werden drei bis vier Chargen gemacht.

Mit dem gleichen Erfolge, nämlich fast 50 % Verlusten, arbeiten auch die meisten afrikanischen alten Eisenhütten; lediglich rühren solche geringen Ausbeuten von dem Mangel an geeigneten Flußmitteln her.

Daß man Flußmittel anwandte, ist uns von einigen Fundstätten bekannt geworden. So benutzen die Mandingos nach Mungo Park (Reise in das Innere von Afrika, Hamburg 1799, S. 332) die Asche von Maisstengeln als Flußmittel; bei Eisenberg in der bayrischen Pfalz fand man nach dem Korrespondenzblatt der »Westdeutschen Zeitschrift« vom November 1888 in einem jedenfalls vorrömischen Eisenschmelzofen eine fertige Beschickung, bestehend aus einer Lage Kohlen, einer Schicht zerstoßener Eisenerze und einer Schicht von faustgroßen Kalksteinen. Das resultierende Metall war ein vorzügliches stahlartiges Eisen.

Etrusker und Römer pflegten die Elbaner Erze, die kalkig-tonige Gangart führen, mit dem quarzigen Roteisenstein vom Monte Valerio bei Populonia zu mischen, um so eine leichtere Schmelzbarkeit zu erzielen. Es ergibt sich dies aus den von Simonin (de l'exploitation des mines et de la metallurgie de la Toscane usw. Annales des mines 1858, S. 565 ff.) gefundenen Schlacken und Eisenresten, die einen größeren Gehalt an SiO_2, CaO und Al_2O_3 aufwiesen (48—50 SiO_2; 36—40 FeO und 8—10 CaO + Al_2O_3).

Die Verwendung von kalkigen Flußmitteln beim Eisenhüttenprozesse scheint auch den ältesten Ägyptern bereits bekannt gewesen zu sein. Man fand nämlich (nach Iron, 1880, 26th of March, p. 227) unter dem ägyptischen Obelisken, der zu New-York aufgestellt wurde, ein kleines Stück Eisen von einem dem Puddelstahle nicht unähnlichen Aussehen, das folgende Zusammensetzung aufwies:

Eisen	98,738
Kohle	0,521
Schwefel	0,009
Silizium	0,017
Phosphor	0,048
Mangan	0,016
Nickel und Kobalt . .	0,079
Kupfer	0,102
Kalzium	0,218
Magnesium	0,028
Aluminium	0,070
Schlacke	0,150
Summe .	99,996.

Etwa $1/2$ % Kohle gibt dem Material die Härte unseres gewöhnlichen Schienenstahles; die geringen Mengen von Silizium und Phosphor entsprechen der Methode der Darstellung, und eine größere Menge von Kalzium verrät die Anwendung von Kalk als Flußmittel bei dem Prozesse. Das geringe Quantum Schlacke neben dem vorzüglichen Bruch beweist die energische Durcharbeitung.

Dieser im westasiatischen und europäischen Kulturkreise des Altertums üblichen Eisendarstellung direkt aus den Erzen steht die mittelbare Eisenerzeugung aus Rohgußeisen bei den Chinesen und Japanern gegenüber, wie sie namentlich durch Ferd. v. Richthofen bekannt geworden ist. (Reports; III: Honan and Shansi, Shanghai 1870, S. 15. 19, und Nr. VII: Chili, Shansi, Shensi, Sz-chwan, ebda. 1872, S. 57 ff.) Derselbe fand in der Provinz Shansi zu Tai-yang-chin, nordwestlich von Tse-chan-fu, und zu Kau-ping-hien Eisenhütten mit offenen Herden von 8 Fuß Länge, 5 Fuß Breite mit ansteigender Sohle und 4 Fuß hohen Mauern an den Langseiten. In diesen Herd wurden auf ein Bett von Anthrazitkohle 150 Schmelztiegel in einer Schicht oder 300 in zwei Schichten übereinander eingesetzt und die Zwischenräume ebenfalls mit Kohle ausgefüllt. Die aus feuerfestem Ton angefertigten Tiegel waren 15 Zoll hoch, 6 Zoll weit und mit einer Mischung von zerkleinertem Anthrazit und Eisenerz, Ton-, Spat-, Braun- und Roteisenstein aus dem Kohlenkalk besetzt. Das Brennmaterial wurde dann mit Handgebläsen in Brand gesetzt, brannte aber später von selbst mit genügendem natürlichen Zuge in etwa zwei Tagen nieder. Alsdann hatte sich in jedem Tiegel ein Roheisenkönig gebildet; derselbe war graues Roheisen, wenn man die Tiegel im Ofen langsam abkühlen ließ, dagegen weißes Eisen, wenn man den Inhalt der Tiegel noch flüssig auf den Hüttenboden ausgoß. Ganz dasselbe Verfahren wurde im Distrikte Yü-hien angewendet. In Sz-chwan fand von Richthofen jedoch 1871 20—30 Fuß hohe Öfen in Betrieb, welche, mit Holzkohlen und Handgebläsen, aus Toneisenstein der Steinkohlenformation, z. B. von Ya-chau-fu und Chung-king-fu, graues und weißes Roheisen bis zu einer Tagesproduktion von 4000 Catties oder ungefähr 2400 kg erzeugten.

Aus diesem so erzeugten Roheisen stellte man Schmiedeeisen nach Angabe des Thien-kong-khai-we, einer alten japanischen Enzyklopädie aus dem Jahre 1609, folgendermaßen her: »Man gräbt einen Napf von mehreren Fuß Breite und ca. $^{1}/_{10}$ Fuß Tiefe in die Erde und baut darum eine etwa 1—2 Fuß hohe Mauer aus Lehmsteinen. Nun läßt man das Gußeisen hineinlaufen, und mehrere an der Mauer stehende Arbeiter rühren es mit Stangen aus Pfirsichbaumholz um; das Gußeisen wird nach und nach ‚trocken' wie der Schlamm stehender Gewässer. Nun rührt man auf ein Zeichen eines Arbeiters die Masse heftig um — d. h. man macht Luppen —, und wenn sie sich entzündet — Oxydationsflammen —, so ist das Eisen hammergar. Wenn die Luppe kalt ist, wird sie in vierkantige Stücke zerschlagen. Andere nehmen sie fort, schlagen und bearbeiten sie und rollen sie zu Stäben, die man verkauft.« (Ed. Biot im Journal asiatique, August 1835.)

In Japan wendet man den vielfach als Sand und kompakte Massen vorkommenden Magnetit zum Eisenschmelzen an und gewinnt daraus flüssiges Roheisen nach folgender Manier (vgl. Andrée, Die Metalle bei den Naturvölkern, S. 113): Man stellt eine Grube von 3,5—4,5 m Weite und 3 m Tiefe her und füllt diese lagenweise mit Holzkohlenstaub und feuerfestem Ton, den man durch Brennen härtet, um so den Unterbau zu gewinnen, auf dem man den eigentlichen Ofen, unten 2,75 · 1,5 qm groß und 1 m hoch, errichtet. Der Ofen hat einen kegelförmigen Hohlraum, der zu Beginn der Kampagne mit Holzkohlen gefüllt wird, worauf man das Gebläse anläßt und die Kohle niederbrennen läßt. Nach etwa zwölf Stunden füllt man je 3750 kg Magneteisensand und Kohle zu, und setzt man dann das Schmelzen 60 Stunden lang fort; nach Ende des Schmelzens hat man etwa 46 % Roheisen abzulassen. Die ganze Manipulation vom Ofenbau bis zum Wegbringen des Produktes nimmt etwa acht Tage in Anspruch.

Auch bei den Griechen war flüssiges Eisen nicht unbekannt, wie aus einer Stelle bei Aristoteles (met. IV, 6) hervorgeht, wo von Eisen die Rede ist, das erst flüssig und dann wieder fest wird, wodurch Stahl, στόμωμα, entsteht. Das flüssige Eisen nennt er ἡ σταγών, d. h. Tropfen. Ferner sagt Pausanias (III, 12), der um 170 n. Chr. schrieb und sich durch seine Genauigkeit bekanntermaßen rühmlichst auszeichnet, im dritten Buche seiner ausführlichen Beschreibung Griechenlands, von dem Samier Theodoros, dem Sohne des Telekles, er habe es zuerst erfunden, Eisen zu gießen und Bildnisse daraus zu formen: πρῶτος διαχέαι σίδηρον εὗρε καὶ ἀγάλματα ἀπ' αὐτοῦ πλάσαι. Es ist nicht zu bezweifeln, daß sich dabei Pausanias des Verbums διαχεῖν gießen, ausgießen in demselben Sinne bedient wie bei dem Gießen des Wassers; und auf Eisen angewendet kann dann nur von Gußeisen die Rede sein. Theodoros lebte zur Zeit des Tyrannen Polykrates von Samos im sechsten Jahrhundert v. Chr., und Pausanias gibt uns daher das Zeugnis, daß wenigstens nach der Überlieferung die Kunst des Eisengusses in Griechenland zu seiner Zeit schon 700 Jahre alt war. Was die Darstellung des griechischen Gußeisens betrifft, so werden wir dabei sicher nicht an unsere Hochöfen, sondern allenfalls an die mit Handgebläse betriebenen Schachtöfen der Chinesen oder an die Reduktion des Eisenerzes in Tiegeln wie in China zu denken haben. Denn große Massen von Gußeisen sind in Griechenland schwerlich auf einmal weder erzeugt noch vergossen worden, sonst würden wohl Überreste davon bis auf uns gekommen sein. Da die Griechen Schmelztiegel und Blasebälge vielfach benutzten, so scheint wohl die Reduktion in Tiegeln die wahrscheinlichste Darstellungsweise gewesen zu sein. Dabei konnten aber immer nur Könige von 1—2 Pfund erhalten werden, und um einen größeren Guß zu machen, mußte man mehrere Könige zusammenschmelzen.

Als bemerkenswerte Fabrikate zählt Pausanias, als er von den zu Delphi ausgestellten Weihgeschenken der Lydierkönige spricht, eine Hydra und einen Heracles aus Gußeisen, Werke des Tisagoras, auf; am bewunderungswürdigsten erscheinen ihm aber der Guß eines Löwenkopfes und eines Wildschweines, welche als Gaben für den Dionysius zu Pergamum aufbewahrt wurden.

Wie den Griechen, so war auch den Römern Gußeisen nicht unbekannt, denn Plinius (hist. nat. XXXIV, 41) sagt in seiner Naturgeschichte, es sei wunderbar, daß das Eisen, wenn es aus dem Erze ausgeschmolzen würde, flüssig werde wie Wasser: mirumque, quum excoquatur vena, aquae modo liquari ferrum. Obwohl nun Griechen und Römer das Gußeisen wohl kannten, so können sie es doch nur in untergeordneter Weise gebraucht haben. Denn wäre das nicht der Fall gewesen, so müßten viel mehr Gegenstände aus diesem Metalle sich bis auf unsere Zeit erhalten haben, zumal da das Gußeisen viel schwerer rostet als das Schmiedeeisen, von dem sich so viele Gegenstände gefunden haben. Daher sind Sachen aus antikem Eisenguß sehr selten; dennoch kommen sie vor und werden sich wahrscheinlich noch häufiger finden, sobald einmal die Aufmerksamkeit auf sie gerichtet sein wird.

Eins der interessantesten Beispiele antiker Eisengußtechnik ist der bereits oben bei den Gießformen erwähnte Hohlring; ferner sind aus dem Walde bei Rudic und Habruvka, drei Stunden nördlich von Brünn, bei großen Halden von Eisenschlacken dünne Kuchen von einem harten, weißen, kristallinischen Roheisen gefunden worden, die sich als ein sehr dünnflüssiges Gußeisen herausstellten und aus Ton- und Brauneisensteinen des Jura gewonnen worden sind, wo diese in großen Mulden und Trichtern des Devonkalksteins auftreten.

Auch in dem gewaltigen gallischen Arsenale im Walde von Come-Chaudron, dessen Zerstörung in die Zeit des Kaisers Augustus fällt, hat man Gußeisen neben Gußstahl gefunden. Ein viereckiger, rechtkantiger Block besteht aus hoch gekohltem, weichem Gußstahl; im Jahre 1866 hat man bei Autun, dem alten Bibracte, einen unförmlichen Eisenklumpen von derselben Qualität wie der von Come-Chaudron in einem römischen Fundament eingemauert gefunden. Beide Blöcke stellen das älteste Gußstahlmaterial Europas dar (Beck, Gesch. des Eisens. I, 666).

Wir betrachten nun den Stand der antiken Stahlbereitung.

In Spanien waren schon früh die Stahlschwerter der Keltiberer berühmt, von denen Diodorus Siculus (V, 33) sagt, daß sie alles durchhauen, daß ihnen kein Schild, Helm oder Knochen widerstehen kann. Er gibt auch an, daß dieser vorzügliche Stahl dadurch erhalten wird, daß man die Luppenstäbe, laminae, längere Zeit in die Erde vergräbt, wobei das leichter oxydierbare Eisen rostet, während der Stahl zurückbleibt, ein Verfahren, das übrigens nach Swedenborgs altem Werke de Ferro 1737 auch in Japan noch gebräuchlich war. Besonders berühmt war die Eisenindustrie der Toletaner und der Vasconer, und Plinius (hist. nat. XXXIV, 14) schreibt die vorzügliche Härte des Stahles von Bilbilis, dem heutigen Bilbao, den guten Eigenschaften einer dortigen Quelle zu; er erwähnt auch als eine Merkwürdigkeit, daß in Kantabrien ein ganzer Berg aus Eisenerz bestehen soll, was wohl auf den noch heute berühmten Sommorostro bei Bilbao zu beziehen ist (hist. nat. XXXIV, 15). Auch Justinus rühmt die Stahlbereitung der Vasconer und sagt, daß das Wasser der Flüsse Bilbilis und Chalybs dem Eisen seine berühmte Härte gibt, indem er verkennt, daß es dabei auf die Beschaffenheit des Erzes zuerst ankommt (Justinus XLIV, 4). Es heißt hier: »Praecipua his quidem ferri materia, sed aqua ipso ferro violentior; quippe temperamento ejus ferrum acrius redditur; nec ullum apud eos telum probatur quod non aut Bilbili fluvio aut Chalybe tinguatur.«

Wie weit man die Härte des Stahles zu erhöhen verstand, geht aus der Notiz bei Theophrast (de lap. § 72, ed. Hill 1746) hervor, wo es heißt: »den Magneteisenstein vermag man mit Eisen zu schneiden«, denn nur der härteste Stahl greift diesen an.

Ebenso berühmt wie der spanische Stahl war der *norische*, aus dem Eisen des steirischen Erzberges hergestellte, den bereits *Homer* als νωροψ erwähnt und dessen auch spätere Autoren rühmend gedenken: Horaz (Od. I, 16. 9), Ovid (Metam. XIV, 7. 11. 12), Martialis (IV, 55, 12), Plinius (hist. nat. XXXV, 14. 41), indem sie ihn als Symbol der Kraft, Härte, Ausdauer darstellen.

Auch den *Juden* war Stahl bekannt; er heißt bei ihnen »barzel eschoth«, wobei *eschoth*, als Adjektivum zu *barzel* zu nehmen, die Beifügung »durchs Feuer gegangen« darstellt, so daß barzel eschoth wörtlich das »gehärtete Eisen« bezeichnet. In dieser Bedeutung kommt das Wort Ezechiel 27, 19 vor. Im Rabbinischen heißt Stahl *istama* (Talmud Berachoth, p. 62b), abgeleitet aus dem Griechischen στόμωμα.

Daß den Griechen bereits seit den *ältesten Zeiten der Stahl* bekannt war, geht aus verschiedenen Zitaten hervor. *Hesiodos* läßt in der Theogonie (V. 181) dem Kronos eine *Sichel* aus grauschimmerndem *Stahl* anfertigen (ὀρέπανον πολιοῦ ἀδάμαντος); dem *Heracles* legt er einen Helm aus Stahl und ein schützendes Schwert aus Eisen zu. Achilles setzt dem besten Bogenschützen als Kampfpreis ἰοέντα σίδηρον, *veilchenblaues Eisen* aus (Ilias XXIII, 850), was man wohl nur auf Stahl, der so anläuft, deuten kann. Von Xenophon erfahren wir (in exped. Cyri V, p. 282), daß er auf seinem Rückzuge an den Küsten des Pontus Euxeinos in das Land der *Chalybier* kam, welche fast alle von der Gewinnung und Verhüttung des Eisens ihren Unterhalt bestritten. Von den Chalybiern erhielt der Stahl im Griechischen seinen Namen χαλυψ. Aus allem dem geht hervor, daß den Griechen der Stahl bereits lange vertrautes Material war; Schliemann fand sogar einen Stahldolch in der Stadt Hissarlik in dem Schutte der von ihm für das von den Griechen zerstörte Ilion gehaltenen Stadt.

Als die Griechen später ihre Kolonisten nach Italien, Sizilien und weiter sandten, mußten diese also mit der Gewinnung und Benutzung des Eisens und der Stahlerzeugung vertraut sein, und da sie an Ort und Stelle Eisenerze genug vorfanden, so werden sie den Gebrauch derselben bald genug verbreitet haben.

Die *Erzeugung* des Stahls werden die Griechen jedenfalls im Anschluß an die mit der Verwendung von Gebläsewind Hand in Hand gehende Vergrößerung, namentlich Erhöhung der Schmelzöfen, sukzessive erlernt haben, indem mit diesen größeren Öfen nicht nur eine günstigere Ausnutzung des Brennstoffes erzielt, sondern auch eine reichlichere Kohlung des Erzeugnisses ermöglicht wurde. Es ist auch wahrscheinlich, wenn auch von den Griechen speziell nicht bezeugt, daß man dort oder da diejenige Stahldarstellungsmethode bereits gekannt hat, welche man in unseren Tagen noch zur Darstellung des Wootzmetalles in Indien anwendet, nämlich die Kohlung des kohlenstoffarmen Eisens durch Glühen bzw. Schmelzen im Tiegel unter Zusatz von kohlenstoffhaltigen Substanzen. Von den Ägyptern erwähnt Agatharchides die Benutzung von Kameldung zum Zementieren des Eisens, und wir können wohl bei den Griechen ein ähnliches Verfahren vermuten. (Von Wieland dem Schmied wissen wir, daß er mit Gänsekot Stahl bereitete!)

Die Härtbarkeit des Stahles durch Ablöschen in kaltem Wasser ist den Griechen bereits zur Zeit der Entstehung der homerischen Gedichte bekannt gewesen; gedenkt doch Homer bei dem Bericht von der Blendung Polyphems durch Odysseus (Od. IX, 391) eines solchen Vorgangs mit den Worten:

Wie wenn ein Schmied (χαλκευς!) die Holzaxt oder das Schlachtbeil
Taucht in kühlendes Wasser, das laut mit Zischen emporwallt,
Härtend mit Kunst, denn dieses erhöhet die Kraft des Eisens . . .

Daß hier der Schmied bzw. das Eisen, wie zuweilen bei Homer (z. B. Ilias I, 236; Od. XXIII, 196) als χαλκεύς und χαλκὸς (= Kupfer), genannt werden, hat manchmal die Fabel veranlaßt, man habe im Altertum das Kupfer zu härten verstanden. Nach Curtius (Etymologien I, 165) weist die Etymologie von χαλκὸς aber keineswegs auf Kupfer als ursprüngliche Bedeutung hin, sondern eher auf den Begriff »Metall« im allgemeinen von der Wurzel hlalaq = bearbeiten; die Griechen kannten überhaupt kein anderes Wort für Schmied als χαλκεύς, trotzdem χαλκὸς und σίδηρος unterschieden werden.

Den Vorgang des Härtens nannten die Griechen στόμωμα, die Tätigkeit nennt Pollux V, 3, § 21: ’εστομῶσθαι τῆν ἀκμῆν. Ursprünglich hieß auch ἄδαμας Stahl, wie der Helm des Herkules, die Pforten und Riegel bei Hesiodos beweisen; später aber wurde das Wort allein dem Diamant zugeteilt.

Den Vorgang des Anlassens des Stahls in Öl kennt Suidas, denn er schreibt: οἱ μαλθακὸν εἶναι βουλόμενοι τον σίδηρον ἐλαίῳ βάπτουσιν, οἱ δὲ σκληρὸν ὕδατε.

Nach dem Plataeer Daimachus unterschieden die Griechen zur Zeit Alexanders des Großen chalybischen, sinopischen, lakonischen und lydischen Stahl; davon benutzten sie den chalybischen zur Anfertigung von Zimmermannsgeräten, aus dem lakonischen verfertigte man Feilen und Bohrer und aus dem lydischen Schwerter (ap. Steph. beim Worte χαλυψ).

Mit der Herstellung des härtbaren und doch elastischen Eisens — des Stahles — war ein Material gewonnen, welches wenigstens für die Benutzung zu Werkzeugen und Waffen der Bronze an Güte voranstand. Zuerst mögen sich die Ägypter der eisernen Waffen bedient haben; wenigstens wissen wir aus Herodot, daß sie um 650 v. Chr. unter Psammetich solche hatten. Vielleicht hatten auch seine griechischen Söldner Waffen aus Eisen, da solche bereits in den homerischen Gesängen vielfach erwähnt werden (Od. XIX, 13 — Kampf des Odysseus mit den Freiern —, Ilias IV, 123 [Pfeil], dann Ilias XVIII, 34 — Messer oder Schwert —), die wir uns, sollen wir sie uns den aus denselben Quellen bekannten Schutzwaffen gegenüber als brauchbar denken, nur aus Stahl bestehend vorstellen können. Die große Umsicht, welche aber für eine ausreichend harte und doch nicht spröde Klinge nötig war, mußte eben den Gebrauch des Stahls gerade für Waffen erheblich verteuert haben, nachdem er für die Geräte des Landmanns bereits länger benutzt wurde.

Treten wir nun zum Ende dieses Abschnittes der technisch wie archäologisch wichtigen Frage näher: Benutzten die Griechen blanken, vielleicht polierten Stahl als Schmuck? An mehreren Stellen enthalten die homerischen Gesänge Hinweise auf eine solche Benutzung, so z. B. wird »bläulicher Stahl« als Verzierung von Schwertscheiden erwähnt; auf dem von Hephaistos für Achill auf Bitten der Thetis hergestellten Schilde befindet sich unter den zahlreichen Darstellungen auch die eines Grabens »aus dunkler Bläue des Stahles«, und vom Palaste des Phaeakenherrschers Alkinous auf Scheria (identifiziert mit Korkyra) heißt es: »Die Wände aus Erz erstreckten sich vom Grunde des Tores bis auf den Fuß des Gebäudes, das Simswerk war von blauem Stahle.« Als Verzierung von Schwertscheiden und Schilden kann man sich blau angelaufenen Stahl wohl denken und zwar am besten als eingelegte Verzierung; diese Kunst weist aber aufs deutlichste auf Kreta hin, wo sie an den Namen des Dädalus anknüpft, den das Altertum als einen Meister des Schnitzens, Gravierens und Einlegens in harten Materialien auf trocknem und nassem Wege kannte. Anders als durch Einlegen kann man die von Homer geschilderten Figuren und Darstellungen auf dem Schilde des Achilleus, z. B. das Blachfeld, die Gestalt des Ares und der Athene neben den Kriegern, überhaupt nicht hervorgebracht denken; an getriebene Arbeit zu denken, ist bei diesen Darstellungen untunlich. Verschiedene Funde haben aber wahrscheinlich gemacht, daß man sich unter dem von Homer als κύανος bezeichneten Schmuckgegenstand des Hauses des Alkinous nicht Stahl vorzustellen habe. Lepsius hält das κύανος für Lapis Lazuli oder für blaues Glas (ägyptisch); gestützt wird diese Ansicht auf einige Funde Schliemanns in Tiryns, wo Reste von dem zur Ausschmückung der Wand benutzten Alabasterfriese ausgegraben wurden, in dem blaue Glasflüsse eingesetzt waren. Immerhin vermögen diese Fundobjekte eine gute Anschauung von dem homerischen Wandschmuck zu geben. Landerer behauptet (Berg- u. Hüttenm. Zeit. 1875, S. 430), κύανος sei Schwefelkupfer; auch diese Vermutung gewinnt einige Unterstützung durch Ausgrabungsergebnisse; denn Schliemann fand in dem Schutte der von den Griechen zerstörten Stadt Ilion eine Anzahl von Kugeln dieses Minerals, die als Einlage und Verzierung in einer oder der anderen der vom Dichter zitierten Gestalten, minutiöser vielleicht auch als Verzierung von Dolchen, Schwertscheiden, Gürteln und ähnlichen Dingen gedient haben können.

Die Frage nach der Bedeutung des κύανος ist also nicht allseitig befriedigend zu lösen; die Bezeichnung ist nur für die Farbe, nicht aber für das Material bestimmend.

Ein uraltes Zentrum der Gewinnung und Verarbeitung von Stahl haben wir ferner in Nordindien, von wo die Industrie nach Nordwesten und Westen — Persien (Schiras, Ispahan, Kerman, Herat und Meschhed) — und jedenfalls auch nach Palästina (Damaskus) ausgegangen ist. Den indischen Stahl sowie den parthischen (gemeint ist der persische) rühmt Plinius (hist. nat. XXXIV, 14. 41) als die besten Sorten.

Die Stahlerzeugung in Nordindien — hauptsächlich in Golkonda — geht von den dortselbst als Bodenbedeckung weithin vorkommenden Magneteisensanden aus. Aus diesen werden zunächst in Stücköfen ca. 40 Pfund schwere Rohluppen erzeugt; diese werden alsdann gezängt, zerschroten und in offenen Feuern wiederholt geglüht und von neuem gehämmert. Dann trägt man die Stücke in sehr kleine Tontiegel ein, die oben 7,5 cm, unten 5 cm weit und 10 cm hoch sind, gibt Späne von Cassiaholz dazu und verschließt die Tiegel durch feuerfesten Ton. 20—24 solcher Tiegel werden dann in einem Gebläseofen erst langsam geglüht, darauf einige (4—6) Stunden scharf erhitzt. Es erfolgt aus einem jeden Tiegel ein kleiner, halbrunder Stahlregulus mit strahliger Oberfläche von kaum 1 Pfund Gewicht. Zur Herstellung größerer Gegenstände muß daher eine oft große Anzahl von regulinischen Stahlstücken zusammengeschweißt werden.

In Persien blüht die Industrie des Stahls so lange als man zurückdenken kann; man pflegt dort einheimischen Stahl, der sehr hart und spröde ist, mit indischem zu mischen, um so der daraus zu fertigenden Klinge die Härte des einen mit der Elastizität des anderen zu verleihen. Die Abkühlung geschieht außerordentlich langsam; den rotglühend gemachten Stahl wickelt man in nasse Tücher und setzt ihn dann 6—8 Tage einer mäßigen Hitze aus, die durch trocknen Dünger von Kühen und anderen Tieren gleichmäßig gehalten wird. Dieser Dung soll auch die Salze enthalten, die für die Damascierung als notwendig angesehen werden. Nach der Herausnahme aus der Erhitzungszone läßt man den Stahl ruhig abkühlen und poliert ihn dann. Den Damast bekommt das soweit fertiggestellte Gerät durch Behandlung mit Vitriol oder anderen Ätzmitteln.

Auch in dem japanisch-chinesischen Kulturkreise hat man Stahl bereits sehr zeitig herzustellen verstanden. Die Chinesen unterscheiden zweierlei Stahl, den natürlichen, der aus gewissen Eisenerzen hergestellt wird, und den künstlichen Stahl, chu-kang. Letzteren stellt man her, indem man einen Barren Gußeisen oder natürlichen Stahl mit einem Paket dünner Schmiedeeisenstäbe ringsum umgibt, mit Ton umhüllt und dann in einem Flammofen stark erhitzt. Stahl, low oder lowe, kommt bereits in den Tributen des Yu (um 2200 v. Chr.) vor. Kugelstahl, twan-kang, wird bei dem um 400 v. Chr. lebenden Leih-tse erwähnt, dessen Schriften, um 1710 von neuem ediert, sich in der Kang-hi-Enzyklopädie befinden. Er entsteht, wenn Schmiedeeisen in flüssiges Gußeisen eingetaucht wird. Dieselbe Methode der Stahlbereitung wird später im Pent-sao, einem unter der Dynastie Ming (1318—1617 n. Chr.) erschienenen Buche, wieder erwähnt; sie ist also sehr lange in Gebrauch gewesen und wird sogar noch heute ausgeübt.

Auch bei den Naturvölkern des nordwestlichen Afrika ist Stahlbereitung seit unvordenklicher Zeit bekannt. Als die vorzüglichsten Metallarbeiter gelten die Mandingo, die sich häufig unter anderen Stämmen als Schmiede niederlassen und deren Sklaven auch bei den Fullahs die meisten Metallarbeiten verrichten. Über ihre Stahlerzeugung hat uns Mungo Park unterrichtet. Sie bedienen sich 3 m hoher und 1 m weiter Lehmöfen, an deren Basis sie ringsum sieben Öffnungen für je drei Tonröhren machen, durch deren Öffnung und Schließung sie den Gang des Ofens allein regeln. Auf die Sohle des Ofens bringen sie ein Bündel sehr trockenen Holzes, darauf eine dichte Schicht Holzkohlen, eine Schicht Erz, darauf wieder Kohle und Erz und so fort, bis der Ofen ganz voll ist. Durch eine der Tonröhren wird das Feuer entfacht und dann einige Stunden lang mit Blasebälgen unterhalten, bis es von selbst mit großer Vehemenz eine ganze Nacht hindurch brennt, während stetig Holzkohlen zugegeben werden. Am zweiten Tage werden einige Röhren herausgezogen, so daß mehr Luft in den Ofen eintreten kann; am dritten Tage zieht man dann alle Röhren.

Einige Tage später, wenn das Ganze vollständig gekühlt ist, reißt man den Ofen zum Teil ein, und findet einen großen ziemlich homogenen Klumpen feinkörnigen Stahles, von dem einige Partieen allerdings nicht zu gebrauchen sind. Aus diesem Stahl werden durch wiederholtes Ausheizen in der Schmiede hervorragend gute Werkzeuge und Waffen hergestellt.

Es bleiben uns kurz die Formen zu besprechen übrig, die man dem versandfertigen Hüttenprodukte gab. Die am häufigsten vorkommende Handelsform des Eisens ist die des quadratisch oder rund ausgeschmiedeten lang gestreckten Barrens von etwa 5—10 kg Gewicht; an beiden Enden sind sie oft zu langen dünnen Spitzen aus-

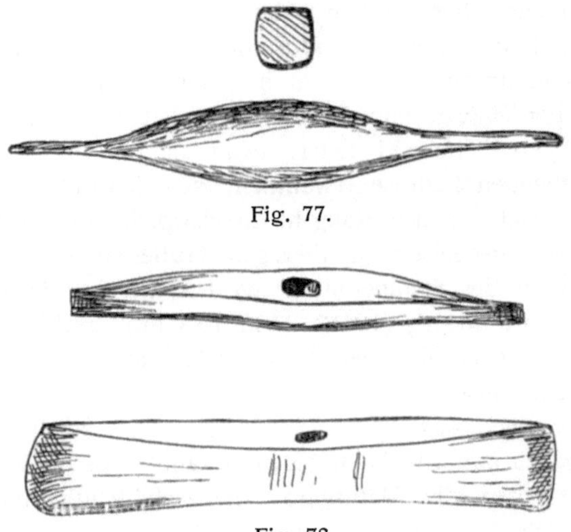

Fig. 77.

Fig. 78.

geschmiedet, welche als Beweis der Güte des Materials dienten und dem ganzen Barren etwa 50 cm Länge gaben. Namentlich die römischen Eisenbarren, wie sie in vielen Altertumssammlungen zu finden sind, zeigen diese Gestalt (Fig. 77), doch kommt sie unter anderem auch bei den Barren des zu Khorsabad ausgegrabenen Arsenals vor, in dem in Gestalt von ausgeschmiedeten Barren von je 4—20 kg Gewicht 160000 kg Eisen für den Kriegsbedarf aufgespeichert waren.

Solchergestalt haben wir uns auch das spartanische Eisengeld des Lykurg (ὀβελὸς der Spieß) sowie die von Cäsar (V, 12) bei den Britanniern erwähnten »taleae ferreae ad certum pondus examinatae« zu denken. Auch die von Diodor erwähnten »Vogelfiguren« aus Eisen sind nichts anderes.

An einigen Fundorten sind auch hammerähnliche mitten von

einem Loch durchbohrte und so zum Aufhängen an einem Stricke beim Transport auf Pferden geeignete Barren zutage gebracht worden (Fig. 78).

Neben dieser Form kommen auch würfelförmige und plattenartige Barren vor, endlich auch Kuchen, diese aber nur aus Gußeisen, z. B. in Mähren, dem Gebiete der Eisen bereitenden Gotiner.

4. Kupfer und seine Legierungen.

Hauptsächlich technische Gründe sind es, welche mit Sicherheit darauf schließen lassen, daß das Kupfer erst viel später als das Eisen den Menschen bekannt geworden ist; die Erze des Kupfers machen sich zwar durch ihre Färbung leichter bemerkbar, sind aber viel seltener als Eisenerze. Das Ausschmelzen des Kupfers aus den oxydischen Erzen ist im Prinzip dasselbe wie beim Eisen; es ist eine Reduktion mit Kohlenstoff, wobei aber zu beachten ist, daß, um Kupfer aus seinen Erzen zu gewinnen, eine Temperatur von mindestens 1100—1200 ° C nötig ist. Um dagegen Eisen zu gewinnen, kann man bereits mit 700—800 ° arbeiten; man bekommt einen schwammigen, lose zusammenhängenden Klumpen, der sich, wie oben gezeigt, durch Zusammenschweißen und Ausschmieden von der eingeschlossenen Schlacke reinigen läßt und zu einem brauchbaren Erzeugnis verarbeitet werden kann. Weit schwieriger gestaltet sich hingegen die Gewinnung des Kupfers aus seinen sulfidischen Erzen, da hierzu verschiedene Zwischenprozesse unumgänglich sind, welche lange Vorbereitung und große metallurgische Kenntnisse voraussetzen.

Bei der Interpretierung der an mehr als einer Stelle sehr verworrenen griechischen und lateinischen Texte ist zu beachten, daß sowohl χαλκός als auch aes für das Kupfer und gleichzeitig für einige Legierungen gelten, weil diese nicht als Mischungen, sondern als verschiedene Färbungen ein und desselben Metalles angesehen wurden, wie noch heute z. B. die Franzosen das Messing als cuivre jaune bezeichnen. Weil man nach dem Berichte des Plinius (hist. nat. XXXIV, 1) viel Kupfer aus einem Erze gewann, »quem chalcitem vocant in Cypro, ubi prima fuit aeris inventio«, nannte man das Kupfer später aes Cyprinum, dann kurzweg Cyprinum, woraus die modernen Bezeichnungen Kupfer, cuivre, copper, cobre usw. resultieren.

Alles Kupfer, welches sich nur gießen, aber nicht hämmern ließ, also das Rohkupfer, nannten die Römer (Plin., hist. nat. XXXIV, 8. 20) aes caldarium, die Griechen χυτόν oder τροχεῖον (Scheibenkupfer), im Gegensatz einerseits zum hammergaren Kupfer, aes regulare, ἐλτὸν, andererseits zum Schwarzkupfer, aes nigrum, χαλκὸς μέλας.

Was die Erze anbelangt, aus denen man das Kupfer herstellte, so kommen gediegen Kupfer, Rotkupfererz, Kupferkies, Buntkupfererz, Lasur, Malachit und Vitriol (zur Zementkupferdarstellung) vor; die beiden ersten bezeichnet Plinius als vena aeris, das sulfidische Erz generell als chalcites. (Außerdem gibt es noch einen — die — chalcitis benannten Stein, den man [vgl. weiter unten Zink, Galmei usw.] mit Galmei zu identifizieren hat.)

Die älteste Quelle, die uns mit den bei der Kupferherstellung üblichen Prozessen bekannt macht, bietet Plinius, in dessen Naturgeschichte es mit Bezug auf das capuanische Kupfer (l. XXXIV, 8. 20) wie folgt heißt: »Es wird nicht mit Kohlen-, sondern mit Holzfeuer geschmolzen, darauf in einem aus Eichenholz gemachten Siebe gereinigt, mit kaltem Wasser übergossen und mehrmals in derselben Weise geschmolzen, indem man zuletzt auf 100 Pfund Kupfer 10 Pfund spanisches silberhaltiges Blei zusetzt. So wird es zäh und nimmt eine hübsche Farbe an, die man bei anderen Kupfersorten durch Öl und Sonnenglut hervorzubringen sucht. Der kampanischen Methode ist die in vielen anderen Hütten Italiens und der Provinzen ausgeübte Methode des Kupferschmelzens durchaus ähnlich; doch setzt man nur 8 % Blei zu und schmilzt es nicht mit Holz, sondern mit Kohle. In Gallien gießt man das Kupfer zwischen glühende Steine; wenn die Glut es ganz durchzieht, bekommt man schwarzes, brüchiges Kupfer. Übrigens wird es in Gallien nur noch einmal nachgeschmolzen, obwohl es durch ein mehrmaliges Schmelzen sehr verbessert wird.«

Das erste Schmelzen geschah jedenfalls zwischen Kohle; dann aber wurde das Metall im Flammofen mit loderndem Holzfeuer unter starkem Luftzug nochmals geschmolzen und gereinigt (verblasen), wobei namentlich noch vorhandenes Blei oxydiert und ausgeschieden, zugleich aber der Schwefel fortgeschafft wird. Es entsteht eine treibende Bewegung auf dem Metall, die man durch Umrühren unterstützt. Auf dieses Umrühren ist wohl die mißverständliche Äußerung des Plinius von dem Eichenholzsiebe zu deuten; es handelt sich hier offenkundig um die Verwendung von Holzstangen zum Rühren. Ebenso mißverstanden ist die plinianische Notiz von dem Zusatz von 10 % Blei; hierdurch würde man, trotz des übrigens nur sehr geringfügigen Silbergehaltes, das Kupfer mißfarbig und brüchig machen. Treibt man dagegen nach Zusatz von silberhaltigem Blei die Masse im Flammofen ab, so nimmt das Blei auch die anderen unedlen, sich oxydierenden Metalle mit; das reine Silber bleibt, verteilt sich im Kupfer und macht es besser. Die Auslassung bezüglich des gallischen Kupfers ist nicht geradezu verständlich; sie soll aber wohl heißen: wenn das Kupfer zu lange und zu stark geglüht wird, so verbrennt es zu brüchigem, schwarzem Kupferoxyd. Man gießt das geschmolzene Metall in angewärmte, meistens steinerne Formen — und nun dürfen wir wohl den erklärenden Zusatz machen — »und trägt, um das Brüchigwerden des regulus zu vermeiden, durch zeitiges Ausstürzen aus diesen für eine Erhaltung der Zähigkeit Sorge«. —

Eine sehr alte und hochinteressante Kupferverhüttung hat sich zu Chetri am Fuße der Aravalliberge in der Radschputana erhalten, über die uns Brooke im Journal der Asiatischen Gesellschaft von Bengalen (Calcutta 1864, 519—529) genauer unterrichtet hat. Der Betrieb liegt heute in Händen von mohammedanischen Borahs und hat sich seit Jahrhunderten nur in der Größe der Apparate, nicht aber in der Art des Prozesses geändert.

Das Erz wird mit Hämmern zerschlagen und vom tauben Gestein getrennt, darauf stampft man das angereicherte Gut mit 16 kg schweren Hämmern, die den Pflasterrammen ähnlich sind, wobei der Arbeiter das Erz mit den Füßen zusammenschiebt. Das mehreremal so durchgestampfte feine Erz wird nun mit Kuhdung gemischt und in 2 cm dicke Kugeln geformt, die erst an der Sonne getrocknet und dann in einem Feuer aus Kuhdünger an der offenen Luft geröstet werden. Jetzt ist das Erz fertig zum Schmelzen. Der aus mit Ton verkitteten Schlacken erbaute 28 cm weite und 1 m hohe Ofen, in den drei Blasebälge münden, wird täglich etwa dreimal beschickt. Das geröstete Erz wird schichtweise mit Holzkohle in den Ofen gebracht, auch wird ein Zuschlag von alten Eisenofenabfällen gegeben. Auf jede Beschickung des Ofens kommen 5 mounds Erz, ebensoviel Zuschlag und 4 mounds Holzkohle.

Da das erschmolzene Erz schwefelhaltig ist, so muß es raffiniert werden. Dies geschieht dadurch, daß man einen Strom erhitzter Luft über das flüssige Metall leitet und dies andauernd abschäumt. Der Luftstrom wird von einem Blasebalg erzeugt, den ein Mann aufzieht, während zwei andere ihn niedertreten.

In unveränderter Form besteht ferner seit unvordenklicher Zeit bei den Hindus des Mahanuddytales im Sikkim-Himalaya, einige Meilen von dem Terai, eine Kupferverhüttung. Die Arbeiter sind Nepaulesen und haben die Gruben von der Regierung in Pacht. Nach Blanford (bei Percy, Metallurgie I, 322; übers. von Knapp) bricht das Erz im Hornblendegneis mit Schwefelkies und wird durch Feuersetzen gewonnen. Dann wird es geschieden, in Mörsern zerpocht und von Weibern auf einem Schlämmherde verwaschen. Der erhaltene Schliech wird in einem 2 Fuß hohen, aus sandigem Ton geschlagenen Öfchen unter Holzkohlen mit zwei Handblasebälgen aus Ziegenfellen, die in Tondüsen enden, verschmolzen. Nach dem Niederschmelzen sammelt sich am Boden eine Art Stein an, bedeckt von einer Schicht Schlacke. Man hebt diese, nachdem sie mit Wasser besprengt ist, ab, gibt dann von neuem Kohle auf, eine zweite Beschickung von Erz folgen lassend, mit der man ebenso fortfährt usw., bis man 8—10 Pfund Stein angesammelt hat.

Dieser Stein wird nach dem Erkalten zerpocht, mit Kuhdung angemacht und zu Ballen geformt; diese Ballen trocknet man an der Sonne und zündet sie in einem kleinen Röststadel an, den man lose aus Schlackenstücken zusammenstellt. Nach dem Rösten unterwirft man ihn einem zweiten Schmelzen in demselben Herd, wobei zwei Produkte fallen: 1. Metallisches Kupfer, etwa 1/3 vom Gewichte des Steins, 2. eine Schlacke, wesentlich aus der Asche der Kohlen bestehend, die ihrer sehr basischen Beschaffenheit wegen zur vollständigen Abscheidung und Reduktion des Kupfers beiträgt.

Sehr ähnlich ist nach einer bei Percy (Met. I, 324 deutsch) wiedergegebenen, in den Gleanings in Science zu Calcutta veröffentlichten Beschreibung (vom Dezember 1831, S. 380 Nr. 36) das Verfahren der Kupferverhüttung zu Singhana in Indien (28° 5′ n. Br., 75° 33′ ö. L.). Auch hier mengt man die zerkleinerten Erze mit Kuhdung, formt sie in Wülste und röstet diese in 4 Fuß breiten und 1 1/3 Fuß hohen Haufen. Danach ist das Erz rot gefärbt und zum Schmelzen geeignet; dies vollzieht man in 2—3 Fuß tiefen und 15 Zoll weiten Erdgruben, in deren Sohle eine Schicht Feinsand und Asche eingestampft wird. Gegen diesen Herd senkt man von drei Seiten Tondüsen ein, die vierte Seite bleibt zum Schlackenabfluß offen; dann füllt man die Räume zwischen den Düsen mit Ton aus, so daß ein ringförmiges Futter entsteht, auf dem man drei Tonringe von je 20—25 cm Höhe und 7 1/2 cm Stärke aufbaut. Am Grunde des Futters bringt man Löcher oder Abstiche an, die einstweilen mit Ton verstopft bleiben.

In zehn Stunden Tagesarbeit schmilzt man in dieser Art von Ofen 200 Pfund Erz mit 240 Pfund Kohle und einem Zuschlag von 160 Pfund Eisenschlacken. Am Tage nach dieser Schmelzung kann man das gewonnene Kupfer herausnehmen und zum Garen in einem ähnlich gebauten Ofen verwenden. Das gargemachte Metall wird alsdann in Barren von einem Fuß Länge und 4 Pfund Gewicht gebracht.

Weit mehr vorgeschritten war die alte Kupferindustrie in Japan; sie ist mehr der europäischen Technik ähnlich und wird in solid konstruierten Öfen von größeren Dimensionen, die nicht jedesmal von neuem errichtet werden müssen, ausgeübt. Man beginnt mit der etwa zehn Tage dauernden Röstung der Erze in Stadeln oder Röstöfen unter wechselnder Schichtung von Erz und Holz. Es folgt eine Schmelzung, bei welcher sich der Ofen allmählich mit dem kupferhaltigen Schmelzprodukt anfüllt, während die Schlacke durch eine Rinne abgelassen wird. Ist der Ofen voll, so wird der Stein durch aufgespritztes Wasser in Scheiben gerissen. Darauf wird er einer zweiten der vollzogenen ganz gleichen Röstung und Schmelzung unterworfen, nur daß mit dem erhaltenen Rohkupfer bei verschlossener Ofengicht eine Zwischenprozedur vorgenommen wird. Die Rohkupferscheiben kommen alsdann in ein Gießhaus, werden vor dem Gebläse gargemacht und das Garkupfer in Barren gegossen. Die Gießformen werden mit einem dicken hanfenen Tuche bedeckt, mit warmem Wasser besprengt und in einen mit warmem Wasser angefüllten hölzernen Trog gesenkt.

Wie aus den vorher beschriebenen Prozessen erhellt, handelt es sich einmal um die Niederschmelzung des rohen, mit Schwefel usw. verunreinigten Schwarzkupfers und dann um dessen Raffinierung (Garmachen), indem das letztere einem neuen Luftstrome ausgesetzt wird. Erst dadurch resultiert das reine, gare Kupfer. Es liegen also bei weitem kompliziertere Verhältnisse vor als beim Eisenschmelzen, wo doch schon ein Prozeß das Metall in brauchbarer Form entstehen läßt. Diese Betrachtung gestattet ohne weiteres den Schluß, daß zuerst die Eisendarstellung erfunden ist und sein mußte, ehe man zur Kupferverhüttung überging, ein Schluß, den trotz seiner Einfachheit recht viele Altertumsforscher, lediglich aus Mangel an technischer Erfahrung, nicht haben ziehen können.

Von den Legierungen des Kupfers interessiert uns am meisten das »Erz« κατ' ἐξοχὴν der Alten, die Bronze.

Was ist »Bronze«? Woher stammt und was bedeutet dieses in die deutsche Sprache scheinbar so unvermittelt aufgenommene Wort, das außerdem noch bei allen zivilisierten Völkern des Erdballs gangbar ist, wie bei den Franzosen und Engländern als bronze, bei den Spaniern als bronce, bei den Italienern als bronzo, bei den Slaven als bronz, bronza usw.?

Auch im Mittellateinischen, frühestens zu Beginn des vierzehnten Jahrhunderts, tritt das Wort in der prägnanten Form bronzium auf.

Man hat die Herkunft dieses vermeintlich abendländischen, in der Metallurgie wie im Kunstgewerbe gleich wohlbekannten Terminus, durch verschiedene Ableitungen zu erklären versucht; die unmöglichste aus allen ist vor nicht langer Zeit wieder ausgesprochen worden, nämlich: Bronze sei durch Kontraktion aus brûn-aes, d. h. »braunes Metall«, entstanden, also aus der Verquickung eines mittelhochdeutschen und eines lateinischen Wortes!

Der französische Chemiker Berthelot hat (in der ersten Nummer des »Engineering and Mining Journal« von 1891) die Mitteilung gemacht, daß er in einem aus dem elften Jahrhundert stammenden Manuskripte eine Stelle aus Plinius erwähnt gefunden habe, wo von einem Brundisium-Metall die Rede gewesen sei. Desgleichen sei in einem Schriftsatze aus Karls des Großen Zeit von einer compositio brundisii gehandelt worden. Da in alter Zeit in Brundisium (Brindisi) die Herstellung von Metallegierungen und namentlich Spiegeln geblüht, so schließt Berthelot, daß das Wort Bronze eine Korruption des Namens dieser Stadt sei.

Die Wortform und Wortbedeutung von Bronze führen uns indessen sicher nach dem fernen Osten, wo wir, was zunächst die Wortform betrifft, in dem persischen birindsch (heute die Bezeichnung für Messing) die Elemente brndsch von Bronze finden. Dieses persische birindsch geht nun, gleich dem armenischen pghingts, wieder zurück auf das mittelpersische (Parsi) barinz, und das sind insgesamt nasalierte Formen aus der Wurzel baredsch, welche schon in den heiligen Büchern des Zoroaster, also im Zendavesta, vorkommt.

Auf die Zendwurzel baredsch, welcher das sanskritische bhrâdsch (»glänzen, schön sein«) entspricht, geht aber auch die Wortbedeutung von Bronze zurück. Und das davon gebildete Beiwort parôberedschya, d. h. »mit Kupfer versetzt«, wird im Zendavesta geradezu vom Zinn gebraucht, womit also auch tatsächlich die Bronze bezeichnet ist.

In Ansehung der Zusammensetzung der antiken Bronze haben wir zwei durchaus selbständige Gebiete zu unterscheiden, einmal das chinesisch-japanische Bronzereich, das andere Mal das europäisch-westasiatische.

In dem chinesischen Kulturkreise gab es zur Zeit der Tschóu-Dynastie (1100—900) sechs Mischungsverhältnisse für Bronze, deren man sich in folgender Verteilung bediente:

5 Cu : 1 Sn für Glocken und Kessel,
4 - : 1 - - große und kleine Beile,
3 - : 1 - - Lanzen,
2 - : 1 - - Messer und Säbel,
4 - : 3 - - Messer zum Schreiben auf Bambus und für Pfeilspitzen,
1 - : 1 - - Spiegel.

(Nach v. Richthofen, China I, 373.)

Kein einziges dieser Mischungsverhältnisse findet sich bei unseren europäischen und westasiatischen Bronzen wieder, ein Beweis, daß die chinesische Kultur eine selbständig erwachsene, von außen her in keiner Weise beeinflußte ist.

Bei den europäisch-asiatischen Bronzen findet sich mit großer Übereinstimmung in der älteren Zeit eine Mischung von 9 Kupfer : 1 Zinn, abgesehen von unwesentlichen Verunreinigungen, die der Unvollkommenheit des antiken Scheideprozesses zur Last fallen. Indessen hatte diese Bronzemischung verschiedene Übelstände, die ihre Verwendung erschwerten; sie schmilzt sehr schwer, wird wenig dünnflüssig, beim Erstarren scheiden sich verschieden zusammengesetzte Legierungen aus, wodurch der äußere Habitus benachteiligt wird und die Patina ungleichmäßig entsteht; ferner ist sie schwer zu ziselieren und, last not least, stand sie in der späteren Zeit des Altertums zu hoch im Preise. Man kam infolgedessen bald von dieser Mischung ab und begann Zusätze zu den beiden Komponenten der Legierung zu machen. Blei wurde anfänglich wohl nur der Leichtflüssigkeit wegen, später auch aus ökonomischen Rücksichten zugesetzt. Man setzte mehrfach sehr bedeutende Mengen des billigen Materials zu, lernte aber bald erkennen, daß diese Mischung sowohl im frischen wie im patinierten Zustande unschön gefärbt war. Außer Blei verwendete man auch vielfach Zink als Zusatzmetall, doch mußte man sich bald überzeugen, daß — wenigstens für feine Statuengüsse — ein geringer Zinngehalt unerläßlich war. Gemeiniglich stellen infolgedessen die jüngeren antiken Bronzen eine zinnhaltige Messinglegierung dar.

Um das Aussaigern, d. h. die Sonderung der metallischen Bestandteile, wodurch das Gußstück fleckig und brüchig wird, zu vermeiden, gab man der Legierung eine breiige Konsistenz, indem man dem Gusse eine gewisse Menge alter, mehrmals umgeschmolzener, also oxydierter, Bruchbronze zusetzte — Plinius nennt (hist. nat. XXXIV, 9. 20) einen Zusatz von $33^1/_3$ % alter Bruchbronze —. Ferner war den alten Gießern bekannt, daß das Metall, insbesondere das Zinn, infolge der Oxydation, Verschlackung und Verdampfung, durch jedes Umschmelzen sich vermindert; die Römer setzten deshalb außer der Bruchbronze noch den 8.—25. Teil einer Legierung von Zinn und Blei zu.

Endlich haben die Alten bezüglich der Färbung der Bronzen reiche Erfahrungen gesammelt. Galmei wurde benutzt, um der Bronze eine goldige Farbe zu geben; man kannte bereits sehr wohl die Kunst, fertige Gußwaren in Galmei einzubetten und zu glühen, wodurch nur die oberste Schicht des Metalles zementiert und gefärbt wurde. Die Legierungen, deren man sich zur Herstellung von Spiegeln bediente, färbte man weiß durch einen Zusatz von arsenikhaltigen Substanzen. Auch hier hat man die Einbettung und Zementierung geübt, wie man mitunter am Querbruche antiker Spiegel bemerken kann, wo nur die äußerste Schicht silberweiß ist.

Zu den Bronzen gehört auch das im Altertum hochberühmte Korinthische Erz (aes Corinthium) und das Glockenmetall. Ersteres bestand aus Kupfer (es ist wohl ein Irrtum von Plinius [hist. nat. IX, 40. 65, und XXXIV, 1. 1], daß Kupfer das einzige unedle Metall gewesen), Zinn und Beimengung von Gold und Silber. Die Hauptfabrikationsstätten dieses mehr als Silber und fast gleich dem Golde bewerteten Materials waren Korinth, Delos und Ägina. Man unterschied nach Plinius (hist. nat. XXXIV, 1. 3) eine silberglänzende, eine goldgelbe, eine leberbraune und eine kupferbronzeähnliche Mischung. Aus delischem Erze wurden zuerst die Speisepolsterfüße hergestellt, später auch Bildsäulen von Göttern, Muscheln und Tieren. Berühmte Künstler in delischem bzw. äginetischem Erz waren Myron bzw. Polycletus.

Die Glocken gehören recht eigentlich in die Geschichte des Kupfers, da die Metallmasse, das Glockengut, vorwaltend aus Kupfer besteht. Glocken, Schellen, Zymbeln und dergleichen Klanggeräte sind schon sehr alt, und ihre erste Anwendung kann nicht nachgewiesen werden; sie finden sich unter griechischen und römischen Altertümern, und die Autoren sagen uns, daß die Pferde bei römischen Kampfspielen mit kleinen Glocken behangen wurden, selbst aus der Bibel wissen wir, daß das Kleid des Hohenpriesters an seinem Saume mit Glöckchen verziert war. Die Chinesen hatten schon von sehr alter Zeit her kleine Glocken an den Dachrändern ihrer Türme und größeren verzierten Gebäude, vielleicht mögen sie auch schon früher große Glocken fabriziert haben. Die größeren Glocken der Kirchtürme sind zuerst in Campanien in Italien im sechsten Jahrhundert unserer Zeitrechnung erfunden worden; gegen Ende desselben Jahrhunderts waren sie schon sehr verbreitet. Aes campanum war schon im Altertum sehr gepriesen und wurde, nach Plinius, vielfach zu Statuen verwendet. Die Stadt Nola in Campanien war der Ort, von wo aus die großen Glocken ihre Verbreitung erhielten; in Nola wurden sie gegossen: daher der lateinische Name Campana für eine große und Nola für eine kleine Glocke, zunächst für die Tischglocke in Klöstern. Einige leiten den Namen Campana vom alten Aes campanum her. Beides kann richtig sein, da die Etymologien ineinandergreifen. Im Anfange des neunten Jahrhunderts führte Karl der Große die Glocken bei den Kirchen allgemein ein und ließ die große Glocke im Dom zu Aachen gießen.

Die Form, in der das Kupfer die Hüttenstätte verließ, war die der Barren von parallelepipedischer Form oder die der Kuchen, d. h. dicker, runder Scheiben. Von beiden Formen sind wiederholt Exemplare gefunden worden; so beschreibt schon 1784 Thomas

Pennant (Tour in Wales 1784, vol. I, p. 65; II, p. 276) einen solchen, der auf der Insel Anglesea, dem alten Mona, am Parrys Mountain zu Llanvaethlle gefunden wurde und jetzt im British Museum aufbewahrt wird; er wog 50 römische Pfund und trägt als Aufschrift ein undeutliches L. Eine andere Kupferscheibe fand sich zu Caerhân bei Conway in Nordwales; sie trägt auf der oberen Seite den Stempel Socio Romae, wiegt 42 Pfund, ist $2^3/_4$ Zoll dick und hat 11 Zoll oberen Durchmesser. Ähnliche Vorkommen sind aus dem südlichen Spanien von Rio Tinto und aus Toscana von Campiglia und Fucinaja bekannt geworden.

Platten- und Ziegelform hatte auch das von den Ägyptern produzierte Kupfer, wie aus Funden und aus den Aufzeichnungen der großen Inschriften zu Karnak hervorgeht. Auch das assyrische Kupfer kam in ähnlichen Formen in den Handel.

Eigentümlich ist die Gestalt der in Katanga (10° südl. Breite und 26° östl. Länge) in Mittelafrika unter dem Namen Handa in einer uralten bodenständigen Industrie in großen Mengen geschmolzenen Barren aus Kupfer. Sie haben die Form eines rohgestalteten Andreaskreuzes (Fig. 79), sind $1^1/_4$—$1^1/_2$ kg schwer und messen in der Diagonale 33—35 cm, während die Arme etwa $4^1/_2$ cm breit und 1 cm dick sind. Bei manchen zieht sich auf der Oberseite der Arme ein 1 cm starker Mittelrand erhaben hin. Cameron gibt über den Transport dieser Barren an, daß sie zu neun bis zehn übereinandergelegt, zusammengebunden und an die beiden Enden einer Stange gehängt werden, um eine Traglast zu bilden.

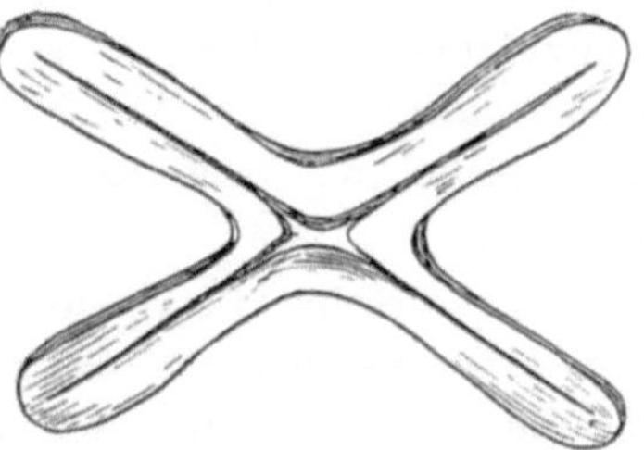

Fig. 79.

Die Nebenprodukte des Kupferhüttenprozesses hat man im Altertum teils als Glasfärbemittel, teils als Heilmittel benutzt.

Kupferoxyd benutzten schon Ägypter und Assyrer bei der Erzeugung rotgefärbter Glasflüsse; von den Phöniziern kam die Kenntnis zu den Griechen und zu den Römern; von den Indern erwähnt Plinius die Kunst des Glasfärbens mit Kupferoxydul (Hist. nat. XXXVI, 26. 65).

Als Heilmittel benutzten die Alten nach Dioscorides (de mat. med. V, 87) innerlich und äußerlich das »verbrannte Kupfer, κεκαυμένος χαλκός«, d. h. Kupferoxydul von roter oder Kupferoxyd von schwarzer Farbe, welches man aus den kupfernen Nägeln unbrauchbar gewordener Schiffe dadurch bereitete, daß man sie in einem rohen Tontiegel mit Schwefel oder mit Schwefel und Salz oder Alaun (στυπτηρία) oder mit Schwefel und Essig oder auch nur mit Essig behandelte. Kupferoxydul, welches im folgenden Dioscorides als »Kupferblüte«, χαλκοῦ ἄνθος, bezeichnet und gleichfalls als innerlich und äußerlich angewandte Arznei preist, stellte man auch in der Weise dar, daß man nach dem Ausgießen des flüssigen Metalls aus dem Schmelztiegel (μεταλλικὴ χώνη) sofort Wasser auf die Masse aufspritzte, so daß das Oxydul sich als Kruste ablöste.

Eine wichtige Rolle als Heilmittel hat bei Dioscorides und Plinius auch der Grünspan, ἰὸς ξυστός, aerugo, gespielt (vgl. dazu Dioscorides [de mat. med. V, 91]; Plinius [hist. nat. XXXIV, 11. 26]). Der erste Autor gibt von der Herstellung desselben folgende Beschreibung: »In ein Gefäß tut man recht scharfen Essig und schließt den Topf mit einem fugenlosen Deckel; nach zehn Tagen schabt man den entstandenen Grünspan ab. — Oder man hängt in einem Gefäße das Kupfer so auf, daß es nicht von dem Essig berührt wird und schabt auch hier nach zehn Tagen den Grünspan ab (Einwirkung der Dämpfe auf das Kupfer). — Oder man legt die Kupferplatten in saure Weintrester (Einwirkung von Essigsäure). Als Material zur Grünspanfabrikation dienen auch cyprische Messingnägel, Kupferfeilspäne sowie die dünnen Kupferplättchen, zwischen denen die Goldschläger die Goldbleche schlagen.«

Fast dieselbe Beschreibung von der Herstellung des Grünspans gibt Plinius an der angeführten Stelle. Einige Zusätze beziehen sich auf die Verfälschungen der Verbindung durch zerriebenen Marmor, Bimstein oder Gummi und Eisenvitriol. Bei dieser Gelegenheit werden wir auch mit der Qualitätsprobe für Grünspan bekannt gemacht; man glühte denselben auf einem Eisenbleche und beobachtete die Farbenänderung: reiner Grünspan blieb unverändert, mit Eisenvitriol gefälschter dagegen färbte sich rotbraun. Das Dasein des Vitriols verriet sich auch unverzüglich, wenn man Papier mit Galläpfeln einweichte und dann mit dem Grünspan bestrich; vom Vitriol wurde das Papier durch Verbindung mit der Galläpfelgerbsäure zu schwarzem, gerbsaurem Eisenoxyd sofort tief schwarz gefärbt.

5. Zinn.

Wir wissen, daß die asiatischen Kulturstaaten eine uralte Bronzeindustrie hatten; die chinesische Bronzeindustrie blühte (nach v. Richthofen, China I, S. 369) in den Zeiträumen von 1800—1500 und 1100—900 v. Chr.; nicht jünger dürfte die indische sein. Münzen, Vasen, Glocken, Spiegel und andere Gegenstände der Kunstindustrie wurden in so großer Menge angefertigt, und es ist der Gebrauch von verzinnten Küchengeräten so allgemein, daß man mit Recht auf eine frühzeitig hochentwickelte Zinnerzeugung schließt.

Im Altindischen heißt Zinn Naga; es ist dies derselbe Name, den das Land an der Westküste Hinterindiens führt. Im Zend heißt das Zinn Aonica, syrisch, chaldäisch und jüdisch Anak, jüdisch auch Oferet und Bedil; letzteres, wörtlich wohl mit »Ausgeschiedenes« zu übersetzen, kann auch mit »Bleiglätte« identisch sein. Äthiopische Bezeichnung für Zinn ist Naak, im Koptischen steht tram für Zinn.

Die Übereinstimmung dieser Wörter beweist die weite und frühe Verbreitung des Metalls von einem Zentrum aus, als welches sich sehr naheliegend die unerschöpflichen hinterindischen Zinnwäschen bezeichnen lassen.

Neben diesen uralten Bezeichnungen herrscht in dem Zeitraum von 1000 v. Chr. bis in die ersten Jahrhunderte nach Chr. im Mittelmeergebiete der Name Kassiteros. Woher das Wort stammt, ist unbekannt, wahrscheinlich ist aber, daß die damals den Welthandel beherrschenden Phönizier die weite Verbreitung der Bezeichnung bewirkt haben. Böthlingk hält in seinem Sanskritlexikon dafür, daß die Phönizier auch nach Indien den Namen gebracht haben, wo seit den letzten vorchristlichen Jahrhunderten tatsächlich Zinn mit Kastira bezeichnet wird.

Homer kennt das Zinn als κασσίτερος oder auch (vereinzelt) als κασσίτηρος — Ilias XI, 34: zwanzig zinnerne Schildbukel: ὀμφαλοὶ ἦσαν ἐείκοσι κασσιτέροιο λευκοί; Ilias XX, v. 271: Schildschichten aus Zinn; Ilias XXI, v. 592; XVIII, v. 613: Beinschienen aus Zinn —; Hesiod gibt bereits einige Andeutungen über das Umschmelzen des Metalls (siehe weiter unten), und seit dieser Zeit geht die Benennung durch die ganze griechische und lateinische Literatur bis nach Plinius. Neben Kassiteros, Kassiteron gebrauchten die Römer auch den Namen plumbum album, plumbum candidum, zum Unterschiede von plumbum nigrum = Blei; allerdings hat man das unterscheidende Adjektivum häufig genug aus dem Sinne zu ergänzen.

Mit dem Aufblühen der phönizischen Seemacht treten Britannien und Spanien als Zinnproduzenten in den Vordergrund. Schon Herodot nennt Britannien (III, 115) als νῆσοι Κασσιτερίδες; Strabo (II, 2), Plinius (IV, 36; VII, 57; XXXIV, 47) und Diodorus Siculus (V, 2) kennen gleichfalls die britischen Kassiteriden als Hauptzinnland. Daß das Gebiet in den Jahrhunderten um die Wende der Zeitrechnung tatsächlich den Markt beherrscht haben muß, erhellt aus der einen Tatsache, daß im vierten Jahrhundert n. Chr. statt des alten Namens das wälische Istaen oder das cornwallische Stean, lateinisch = stannum, zur Herrschaft kam.

Aus dieser Zeit mögen die Reste von Schmelzhütten stammen, welche hier und da noch im Gebiete alter Wäschen sich befinden. Diese Ruinen werden vom Volke, wohl in der Erinnerung an das frühe Mittelalter, während dessen sich die meisten Schmelzhütten und der Zinnhandel in Händen von Juden befanden, als Judenhäuser bezeichnet.

Le Grice beschreibt (ind. Trans. of geol. soc. of Cornwall, 1846, p. 46) zwei Formen dieser Schmelzstätten. In einem Falle traf man nur eine etwa 1 m breite und ebenso tiefe Höhlung im Boden, die mit Lehm ausgekleidet war. In dem Loche fanden sich noch Zinnkuchen. Le Grice vermutet, daß diese Form die älteste der Schmelzstätten repräsentiert. Man errichtete über und in dem Loche einen Holzstoß, auf den man das Erz auflegte. Das reduzierte Metall mußte durch die Kohlen in die Erdgrube rinnen, wo es sich in der Asche ansammelte.

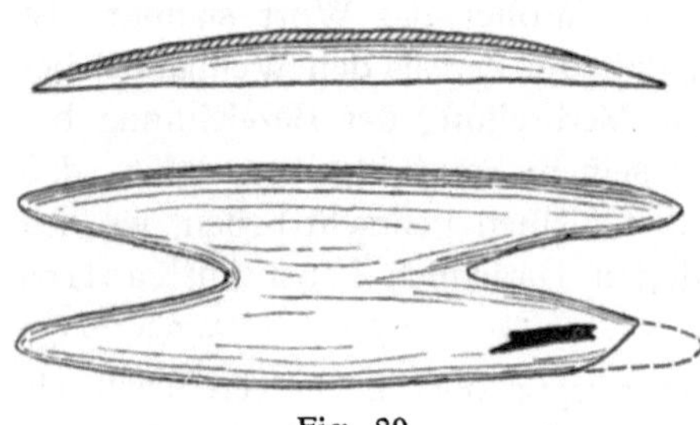

Fig. 80.

In dieser Art schmelzen nach A. v. Humboldt noch heute die Indianer Südamerikas ihr Silber.

Naturgemäß konnte man auf diese Weise nur sehr reine, also sehr leicht schmelzbare Erze ausbeuten, und in der Tat fanden sich in diesen Bodenlöchern nur sehr reine Zinnkuchen.

Eine besser eingerichtete Art der Schmelzstätten weist eine konische Höhlung in einem aus Steinen aufgebauten Sockel auf. Die Maße der konischen Höhlung sind die gleichen wie die der eben angegebenen Erdlöcher. Ein Kanal führte durch den Fuß des Steinsockels bis an den Boden des inneren Herdraumes. Wahrscheinlich diente dieser Kanal sowohl zur Aufnahme der Blasdüse als auch zum Ablassen des Metalls. Diese Schmelzstätten schreibt le Grice den Römern zu.

Die Handelsform des Zinns war im Altertum die der zu Ringen gebogenen dünnen Stäbe oder die kleiner Barren von halbzylindrischer oder parallelepipedischer Form und wenigen Pfund Gewicht oder endlich die der im Grundriß ⊥-förmigen Barren. Von allen Formen sind Exemplare in den Sammlungen verbreitet. Zinnringe hat man an fast allen prähistorischen Bronzegießstätten gefunden. Einen ⊥-förmigen Barren stellt Fig. 80 nach einem Funde im Hafen von Falmouth im Maßstab 1 : 70 dar.

6. Zink und Messing.

Ehe wir auf die Darstellung des Zinks eingehen, wollen wir kurz auf die metallurgischen Termini für dasselbe eingehen, und da finden wir insbesondere drei, die uns auch im Deutschen geläufig geworden sind, als uralte Ausdrücke wieder, nämlich Galmei, Spiauter und das — für grunddeutsch angesehene Wort — Zink.

Galmei (nach älterer Schreibweise Kalmei), d. h. kohlensaures oder kieselsaures Zink, ist bereits richtig mit dem antiken καδμεία identifiziert worden, wie aber das erstere aus dem letzteren entstanden sein konnte, hat erst Ende der achtziger Jahre Professor Dr. Karabaček von der Wiener Universität in einer kleinen Schrift, betitelt: Metallurgische Etymologien, erörtert (vgl. Österr. Zeitschr. 1891, S. 389). Man glaubte, weil im Deutschen in älterer Zeit auch Gadmei für καδμεία gesprochen wurde, daß Galmei aus einer Verschreibung anstatt Gadmei entstanden sei. Dem ist aber nicht so.

Unserem deutschen Galmei liegt vielmehr eine Wortverderbung des antiken καδμεία durch die Araber zugrunde, indem aus der ursprünglichen und richtigen arabischen Transkription قدميا kadmeia (wie man sie noch in guten alten Handschriften finden kann) infolge eines leicht erklärlichen graphischen Mißverständnisses der Abschreiber zunächst قلميا kalmeia, unser Kalmei (oder Galmei), hervorging. Weitere Verderbungen dieses arabischen kalmeia brachten im kursiven Zuge, man könnte fast sagen ,notwendig, wieder eine neue Form zustande, welche die Araber kalimija punktierten und aussprachen, woraus schließlich noch eine vierte Lesart kalimina entstand, und dieser letzten Verderbung verdankt unsere bisher unerklärte lateinische Bezeichnung lapis calaminaris für Zink ihre Entstehung.

Der Name Spiauter (engl. Spelter), mit dem man lange nichts anzufangen wußte, stellt sich als die Entstellung des arabischen isbiadâri dar, welches seinerseits aus dem Persischen sepîdruî, sepidrô, d. h. wörtlich: »im Aussehen weißglänzend« übernommen ist; letzteres bedeutet im Persischen Zinn. Die Verwechselung von Zinn und Zink, die dem Namen somit zugrunde liegt, fällt ausschließlich den Europäern zur Last, und zwar in einer Zeit, wo man beide aus Asien importierte Metalle noch nicht richtig zu unterscheiden wußte. Die mangelnde Unterscheidung findet sich übrigens noch bei dem Chemiker Libavius zu Ende des sechzehnten Jahrhunderts.

Den Metallnamen Zink wandte zum ersten Male Basilius Valentinus im fünfzehnten Jahrhundert in der Bezeichnung »der Zink, der Zinken« [1]) als »Ofenbruch« an.

[1]) Die Ableitung von cincinnus »gekräuselt« ist gesucht.

Man wußte nicht, woher dieser Ausdruck gekommen sei, zog es der Einfachheit und des gleichen Wortklanges wegen vor, ihn aus dem Deutschen stammen zu lassen und ihn von dem zackigen Aussehen des Ofenbruches abzuleiten.

Nun ist aber nach dem oben genannten Autor schon in persischen Quellen aus dem zwölften Jahrhundert ein mit Zink identisches Wort »seng« zu finden, welches »Stein, Mineral« bezeichnet, aber gleichzeitig zur Bezeichnung des Erzes gebraucht wurde. »Zink« ist also κατ' ἐξοχὴν »der Stein«, und dieser war ja in Europa allein bekannt, als Basilius Valentinus schrieb.

Unser Zink ist danach als ein persisches Wort anzusehen, obwohl es seiner Form und seiner Anwendungsmöglichkeit auf die Erscheinungsformen des Metalles im Hüttenprozesse sehr leicht als ein urdeutsches Wort angesehen werden kann.

Die Geschichte der ersten Zinkdarstellung reicht nicht bis ins Altertum, soweit es sich um die selbständige Verhüttung von Zinkerzen zur Darstellung des Metalles gehandelt hat, indes ist das Zink in seinen Erzen zuerst dadurch von Bedeutung für die Metallurgie geworden, daß man die Eigenschaft eines derselben, des Galmei, das Kupfer in ein gelbes Metallgemisch zu verwandeln, sehr früh kennen lernte und ausbeutete. Durch das ganze Altertum zieht sich die Vorstellung, daß eine Art Erde, mit Kupfer geschmolzen, dieses in ein gelbes Metall verwandle, in dem Sinne, daß es sich nur um eine bloße Farbenänderung, nicht um eine Legierung handle. Das neue gelbe Metall heißt bald mössinöcisches Metall, bald Oreichalcum (bei Strabo), bald Aurichalcum (Plinius); die zu seiner Herstellung benutzte gelbe Erde heißt bei Strabo lediglich »eine gewisse Erde«, bei Plinius und den meisten späteren Cadmia oder Cadmea terra, καδμεία, καδμια und tritt teils als natürlich vorkommendes Mineral, teils als Kunstprodukt auf.

Ehe wir auf die Messingdarstellung eingehen, suchen wir die Frage zu beantworten: War den Alten metallisches Zink bekannt?

Bekannt war metallisches Zink im Altertum jedenfalls, wie aus mehreren Stellen bei Dioscorides und bei Strabo hervorgeht. So heißt es bei dem ersteren, Cadmia werde, mit Kohle erhitzt, glänzend, er äußert aber nicht, ob von Metallglanz die Rede sein soll oder nicht. Mehr besagt eine Stelle aus dem 13. Buche Strabos, wo von Kleinasien die Rede ist und es heißt: Bei Andeira findet sich ein Mineral, welches durch Brennen zu Eisen wird (ὅς καιόμενος σίδηρος γίνεται), aus dem aber, wenn es mit einer gewissen Erde im Schmelzofen behandelt wird (μετὰ γῆς τινος καμινευθεὶς), ein silberähnliches Metall, Pseudargyros, abtropft (ἀποστάζει ψευδάργυρον); wenn dieses Kupfer aufnimmt, so entsteht »krama«, »Mischung«, welches andere auch Oreichalkos nennen (ἡ ποσλαβοῦα χαλκὸν τό καλούμενον γίνεται κρᾶμα ὅ τινες ὀρείχαλκον καλοῦσι); auch am Flusse Tmolus findet sich Pseudargyros (γίνεται δὲ ψευδάργυρος καὶ περὶ τον Τμῶλον). Das Pseudargyros oder »falsche Silber« ist unzweifelhaft das Destillat des Zinkerzes, das metallische Tropfzink, unter der »gewissen Erde« ist nichts anderes als Galmei oder ein anderes Zinkerz zu verstehen. Um so sicherer kann diese Behauptung ausgesprochen werden, als der Tmolus dabei erwähnt wird. Am Tmolus findet sich nämlich ein — mineralreicher — Gebirgsausläufer, der den Namen Cadmus führt, also den des phönizischen Königssohnes, der nach allen Nachrichten der Alten (Herodot II, 49, V, 57—59; Strabo VII, c. 326, IX, c. 401; Pausanias III, 15. 8; IX, 5. 1 u. f.; 10. 1; 12. 1 u. f.; 16. 5; 19. 4; 26. 3) ein sehr unternehmender und kluger Mann war und sich als guter Patriot sehr für den heimatlichen Handel mit Montanprodukten interessierte, und als Entdecker nicht nur des Goldes, sondern auch anderer Metalle, namentlich von Hyginus (einem um das Jahr 10 v. Chr. schreibenden Freunde Vergils) auch des Erzes, aes, χαλκὸς, im Sinne eines Metalles oder einer Metallegierung, genannt wird. Nach diesem Gebirge oder nach dem Manne, von dem dieses seinen Namen bekommen hat, ist das Erz des Zinks, der Galmei, cadmia, καδμία, genannt worden. Zwar bezeichnet cadmia bei einigen klassischen Autoren auch den Ofenbruch, jedoch ist aus dem Zusammenhange der zu betrachtenden Stelle stets mühelos die zutreffende Bedeutung, ob Galmei oder zinkischer Ofenbruch, herauszulesen.

Lassen wir zunächst nunmehr die beiden Hauptautoritäten des Altertums, Dioscorides und Plinius, über den Galmei reden.

Bei Dioscorides heißt es (V, 84): Der beste Galmei (καδμία ἀρίστη) ist der cyprische, genannt βοτρυῖτις (von βότρυς, die Traube, also traubiger Galmei), fest, mäßig schwer, von traubenartigem Aussehen, aschfarben, im Bruche auch aschfarben oder veilchenfarbig. Diesem am nächsten steht eine äußerlich bläuliche, im Innern aber weißlich werdende Sorte (ἔξωθεν μὲν κυανίζουσα; λευκότερα), dem Onyx analog gestreift (διαφύσεις ἔχουσα ἐμφερεις ὀνυχίτῃ λίθῳ); so wird er aus den Gruben gewonnen. Außerdem gibt es noch eine Sorte, genannt πλακώδης (blättrig, schollig), die mit gürtelartigen Linien versehen ist und daher auch ζωνῖτις genannt wird. Auch heißt eine Sorte Ostracitis; sie ist dünn, großenteils schwarz, erdig und scherbenartig (ὀστρακώδει ἐπιφανείᾳ); der weiße ist schlecht (φαύλη).

Nach diesen Ausführungen, welche sich offensichtlich mit den Galmeierzen befassen, nicht, wie manche wollen, mit dem Ofenbruche, kommt Dioscorides auf die als Nebenprodukt erzeugte καδμεία, gewissermaßen das durch Destillation erzeugte Zink. Hierüber später.

Plinius, bei dem sich übrigens manche Angaben des Dioscorides konfundiert, manche indessen in wörtlicher Übereinstimmung finden, erwähnt unter dem Namen Cadmia einen kupferhaltigen Stein mit gleichzeitigem Zinkgehalte. Er schreibt nämlich (hist. nat. XXXIV, 2 und 22: »Fit aes et ex lapide aeroso, quem vocant cadmiam. Celebritas in Asia et quondam in Campania, nunc in Bergomatium agro, extrema parte Italiae. Feruntque nuper etiam in Germania provincia repertum.« Man stellt Kupfer auch aus einem Stein her, den man Cadmia nennt; man findet diesen häufig in Asien, vormals in Campanien und neuerdings in dem Gebiete der Bergomaten (Bergamo) am äußersten Ende Italiens. Man berichtet auch, vor kurzem sei Cadmia auch in der Provinz Germanien (Stolberg-Gressenich oder Wiesloch?) gefunden worden. Welches Kupfererz Plinius hier meint, ist kaum festzustellen. Manche Kommentatoren, z. B. Hardouin und andere, sagen geradezu, es sei der Stein, den die Franzosen Calamine nennen, also Galmei; sein Name komme wahrscheinlich vom Erfinder des Kupfers, Cadmus her und daher sei die Bezeichnung bei Plinius konfundiert. Daß der Stein in der Tat ein Zinkerz gewesen, läßt sich schwer bestreiten, zumal er eine Abart des im folgenden beschriebenen Chalcites gewesen sein mag. Plinius fährt nämlich (a. a. O. XXXIV, 2) wie folgt fort: »Fit et ex alio lapide, quem vocant Chalciten in Cypro, ubi prima fuit aeris inventio. Mox vilitas praecipua, reperto in aliis praestantiore, maxime aurichalco, quod praecipuam bonitatem admirationemque diu obtinuit. Nec reperitur longo jam tempore, effeta tellure.« Kupfer wird also hiernach »auch aus einem anderen Stein (Erz) gemacht, den man auf der Insel Cypern, wo das Kupfer zuerst erfunden ist, Chalcites nennt. Bald ist dieser, weil man in anderen Gegenden einen besseren gefunden hat, geringgeschätzt worden; am besten findet man ihn im Aurichalcum, das lange vorzüglicher Güte wegen Bewunderung erregt hat. Doch wird es schon seit langem nicht mehr gefunden, da der Boden an Erz erschöpft ist.

Was haben wir nun unter Chalcites zu verstehen? Schon Aristoteles schreibt (hist. anim. V, 19): Ἐνδὲ κύπρῳ οὗ ἡ χαλκίτις λίθος καίεται, »auf Cypern, wo der Chalcites gebrannt wird.« Nach Solinus soll (ex Callidemo XI, 30) aes zuerst bei der euböischen Inselstadt Chalcis gefunden worden sein. Von dieser Gegend, in welcher auch das andere Kupfererz, cadmia, vorhanden gewesen sein soll, hat jedenfalls auch der Chalcites seinen Namen erhalten, und so wäre er nur eine Abart der Cadmia, eine andere Art Galmei. Wenn nun cadmia nach Cadmus benannt sowie der Chalcites ein ähnlicher

Stein sein soll, so liegt die Vermutung nahe, daß dieser Stein seinen Namen von der Stadt Chalcis erhalten hat, und daß beide, Cadmia wie Chalcites, schon zur Zeit des Cadmus bei Chalcis gefunden wurden.

Im übrigen gibt es im Griechischen einen χαλκίτης und eine χαλκῖτις, Mineralien, die von Plinius konfundiert werden; er unterscheidet auch drei Sorten Chalcitis, nämlich Erz, Misy und Sory.

Als wichtigste Zinklegierung ist im Anschluß hieran das Messing zu behandeln.

Im Altertum gab es nach den Notizen der Schriftsteller drei Arten der Metallegierung, das wir heute Messing nennen; wie es uns scheint, ist indes eine von diesen durch Irrtum und Verwechselung der Hüttenprozesse ins Dasein getreten, die beiden anderen Arten sind ein allerdings nur in geringen Quantitäten vorgefundenes zinkhaltiges Kupfererz und das aus Mischung von Kupfer und Galmei hergestellte Messing im heutigen Wortsinne.

Daß es im Altertum Messingstein oder Messingerz in dem Sinne eines zinkhaltigen Kupfererzes gegeben haben kann und auch gegeben hat, kann man nach den bestimmten Angaben des Plinius (hist. nat. XXXIV, 2), Festus, Isidorus (Origin. XVI, 19) nicht gut bestreiten. Nach Plinius war zu seiner Zeit das natürliche Messingerz, das Aurichalcum (»Goldkupfererz«), bereits gänzlich ausgebeutet. Aber es gab noch andere ähnliche Erze, welche zur Messingdarstellung dienten. Das seiner Güte nach dem Aurichalcum am nächsten stehende Erz war das Sallustianische, welches im Alpengebiete der Centronen vorkam (Grajische Alpen); auch seine Gewinnung war nicht lange nachhaltig. Dann folgte das Livianische Messingerz in Gallien. Beiderlei Erz hatte seinen Namen von dem Bergherren; jenes vom Freunde des Kaisers Augustus, dieses von dessen Gemahlin Livia, die eines plötzlichen Todes starb. Auch das Livianische Erz wurde nur noch in geringer Quantität gefunden, als Plinius schrieb. Den höchsten Ruf hatte das Marianische, nach den (heute als Sierra Morena bekannten) Marianischen Bergen benannte, auch als Cordubensisches (von der Stadt Corduba = Cordova) bezeichnete. Von diesem heißt es, es nehme am meisten Cadmia an und komme dem echten Aurichalcum am nächsten: »hoc cadmiam maximan sorbet et aurichalci bonitatem imitatur.« Hier erscheint der Ausdruck »sorbet« sehr bezeichnend, da das Kupfer bei der Bildung von Messing aus Galmei das Zink wirklich absorbiert. Wenn Hesychius bestritten hat, daß es ein Messingerz gäbe, so bezog sich dies jedenfalls auf das fabelhafte, in der Dichterphantasie produzierte Aurichalcum, dem seines goldähnlichen Glanzes wegen höherer Wert und falscher Ursprung beigelegt wurde. Daß mit diesem falschen Goldglanze des Messings bereits im Altertum ein absichtlicher oder unabsichtlicher Schwindel getrieben wurde, läßt sich aus alten Schriftstellern beweisen. So schreibt Cicero (de offic. III, 23): Si quis aurum vendens orichalcum se putet vendere, indicetne ei vir bonus aurum illud esse, an emat denario, quod sit mille denarium? »Wenn jemand Gold verkauft in der Meinung, er verkaufe Messing, soll ihm ein redlicher Mann sagen, das sei Gold, oder soll er um einen Denar kaufen, was 1000 Denare wert ist?«

Was übrigens den Namen des Messings anlangt, so kennen die Griechen kein aurichalcum, was bei ihnen auch χρυσόχαλκος heißen müßte, sondern nur ein ορείχαλκος, auf dessen Deutung an dieser Stelle in Kürze eingegangen werden soll. Das Wort wird meist hergeleitet von ὄρος Berg und χαλκός Kupfer, also mit der Deutung »Bergerz, Bergkupfer« versehen. Weshalb man aber gerade das Messing als Bergerz bezeichnet haben soll, ist nicht einzusehen, wenn es auch aus natürlich vorkommenden Zink-Kupfererzen gewonnen wurde. Außer von ὄρος kann man den ersten Teil des Wortes indes auch von ὀρεὺς, ὀρέως, Maulesel, Maultier, ableiten und man kann dann (nach Frantz in Berg- u. Hüttenmänn. Zeitung 1883, S. 158) so erklären: Wie das Maultier als Mischung von Pferd und Esel existiert, so ist das Messing als eine Mischung von Kupfer und Zink anzusehen, es heißt deshalb Maultiererz, ὀρείχαλκος, so daß das lateinische aurichalcum hiermit gar nicht zusammenzubringen ist, wenn man nicht auri als bloße Umbildung von ὀρει ansehen und nicht auf die Ableitung von aurum, Gold, zurückführen will.

Bei den Juden, denen das Kupfer als nchoschet schon bei ihrem Eintritte in die Geschichte bekannt war, kommt erst zur Zeit Ezechiels eine aus dem lediglich einen metallischen Glanz bezeichnenden Sellenzusammenhange (Ezech. I, 4. 27. 28) als Messing[1]) zu deutende Legierung vor, das chaschmal. Außerdem findet sich in der jüngeren Literatur der Juden der Ausdruck nchoschet kalal — »glänzend helles, glattes Erz« —, welchen man vielleicht mit dem Begriffe für das bekannte korinthische Erz zu identifizieren hat.

Daß man im Altertum natürliche Zink-Kupfererze fand und verarbeitete, erhellt auch aus der Zusammensetzung von Statuen und namentlich von Münzen.

Nach Percy, Metallurgie I (Deutsch), Seite 478 u. 479 fand man folgende Znsammensetzung verschiedener Münzen:

---

1) Einige Bibelübersetzer nehmen das chaschmal als die Lichterscheinung beim Meteorsteinfall oder beim Auftauchen eines Kometen.

	I.	II.	III.	IV.	V.	VI.	VII.	VIII.	XI.	X.
Cu .	81,97	74,24	82,26	81,07	83,04	85,67	79,14	86,92	88,58	72,20
Zn .	18,68	14,42	17,31	17.81	15,84	10,85	6,27	10,97	7,56	27,70
Sn .	—	5,28	—	1,05	—	1,14	4,97	0,72	1,80	—
Pb .	0,14	6,57	—	—	—	1,73	9,18	1,10	2,28	—
Fe .	0,12	0,40	0,35	—	0,50	0,74	0,23	0,18	0,29	—
Ag .	—	—	—	—	—	—	—	0,30	0,21	—
As .	—	—	—	—	—	—	—	Spur	—	—
Sb .	—	—	—	—	—	—	—	Spur	—	—
Sa. .	100,91	100,91	99,92	99,93	99,38	100,13	99,79	100,19	100,72	99,90.

I. Von Vespasianus, 71 n. Chr.
II. - Caracalla, 199 n. Chr.
III. - Münze gens Cassia, 25 v. Chr.
IV. - Nero, 60 n. Chr., hellgelb.
V. - Titus, 79 n. Chr.
VI. - Hadrianus, 120 n. Chr., schön gelb.
VII. - jüngere Faustina, 165 n. Chr., weißgelb.
VIII. - Hadrian, äußerlich bronzefarben, auf dem Bruch wie Messing.
IX. - Trajan, bronze- wie messinggelb.
X. - römische Münze; Avers: Tib. Claudius; Revers Antonia Augusta; aus dem Museum zu Dorpat.

Wenn in diesen Münzen Zink konstatiert ist, so darf man nicht daraus schließen, daß dies Metall durch absichtliche Beimischung in diese Kunsterzeugnisse hineingekommen ist, sondern man kann aus der gesamten antiken Literatur nur entnehmen, daß der Zinkgehalt unbekannt war, vielmehr aus den Kupfererzen hineingekommen ist.

Was die Herstellung von Messing anlangt, so wird man zweierlei Methoden zu unterscheiden haben, je nachdem die Erze ockerig oder kiesig waren. Ockerige Erze bestanden jedenfalls aus Kupferkarbonat und Zinkkarbonat, und müssen, wenn sie nach der Methode der Römer mit Holzkohle in kleinen Schachtöfen verschmolzen werden, unmittelbar Messing gegeben haben an Stelle des erwarteten Kupfers; und in der unmittelbaren hohen Hitze in der Nähe der Form konnte sich ein Teil des Zinks verflüchtigen und in den kälteren Ofenteilen als Destillationskondensat (»Ofengalmei«) absetzen. Waren die Erze kiesig, so enthielten sie neben dem Schwefel- und Kupferkies das Zink als Blende und es mußte eine Röstung der Verhüttung vorausgegangen sein; in diesem Falle begegneten die Alten aber sicher Srhwierigkeiten, und es ist schwerlich unmittelbar Messing erhalten worden; doch kann sich immerhin Ofengalmei gebildet haben, durch dessen Schmelzung mit Brennstoff man auf leichte Weise Messing erhalten konnte.

Daß zu Zeiten des Plinius die Messingfabrikation bestand, geht mit Bestimmtheit auch noch aus folgender Stelle hervor, worin er die verschiedenen Sorten des Kupfers und seine Mischung beschreibt: In

Cyprio coronarium et regulare est, utrumque ductile; coronarium tenuatur in laminas taurorumque felle tinctum speciem auri in coronis histrionum praebet (hist. nat. XXXIV, 8. 20): »Bei dem cyprischen Kupfer unterscheidet man Kranzkupfer und Stangenkupfer; beide lassen sich schmieden. Das Kranzkupfer wird zu Blättern geschlagen, mit Ochsengalle gefärbt und hat so an den Kränzen der Schauspieler das Ansehen von Gold.« Das coronarium ist offensichtlich Messing; die Galle gab einen schwach-grünlich färbenden Überzug, der die Ähnlichkeit mit Gold nur hob.

Interessant sind für uns auch die zinkischen Nebenprodukte, nämlich Zinkoxyd und Zinkasche. Ersteres kommt im Griechischen als καδμεία, σποδός, πόμφολυξ vor, und Dioscorides sagt von demselben in seiner Materia medica (V, 84 ff.) folgendes: »Die Cadmeia entsteht in den Messingöfen (ἐκροῦ χαλκοῦ καμινευομένου), indem sich der Rauch an die Wände und den Ausgang (Flugstaubkammern?) des Ofens hängt (προσιζανούσης τῆς λιγνύος τοίς τοίχοις καὶ τῇ κορυφῇ τῶν καμίνων). An der Ofendecke bringt man nämlich ein Geflecht von Eisendraht an, auf welchem sich die von dem Erze emporsteigenden Körperchen festsetzen und zusammengehalten werden sollen (τὰ αναφερόμενα σώματα ἀπὸ τοῦ χαλκοῦ). Im Laufe des Ofenbetriebes vereinigen sich die einzelnen Teilchen und bilden eine zusammenhängende dichte Decke . . . Der Pompholyx (ἡ πόμφολυξ) unterscheidet sich vom Spodos nur durch das Ansehen (εἴδικως), den eigentümlichen Eigenschaften nach aber nicht (γενικὴν οὐκ ἔχει παραλλαγήν). Der Spodos ist schwärzlich, von Hälmchen, Haaren, erdigen Teilchen verunreinigt, indem er von der Erde und den Wandungen zusammengekratzt ist. Der Pompholyx dagegen ist weiß und schmuck und ist so leicht, daß er in die Luft fliegen kann. Der rein-weiße ist der leichteste. Man fängt ihn in den Messingöfen auf, erzeugt ihn aber anderseits auch aus dem Galmei, den man unter Luftzutritt mäßig glüht. Man läßt den als Rauch emporsteigenden Pompholyx in eine über dem Ofen angebrachte Kammer steigen, woselbst er sich anfangs wie Wasserschaum, bei zunehmender Menge wie Wollknäuelchen anhängt.« Man benutzte die Materialien in der Heilkunst, z. B. gegen die Krätze und als Agens beim Augenwasser, sowie zum Vernarben von Wunden.

Plinius gibt (XXXIV, 10. 22) von diesen Nebenprodukten folgende Schilderung: Sie entstehen aus den durch Feuer und Gebläse emporgetriebenen feinsten Teilen; die leichtesten hängen sich an die Decke des Ofens, die anderen an dessen Seiten, die feinsten an die Mündung des Ofens, aus dem die Flammen lodern; er heißt Rauchgalmei (capnitis), ist ausgebrannt und leicht wie Asche. Der inwendig traubenartig an der Decke hängende heißt Trauben-Galmei (botryitis); er bildet die beste Sorte und ist asche- oder purpurfarbig. Die dritte Sorte heißt wegen ihres Bruches Blättergalmei (placitis).

7. Quecksilber.

Die Kenntnis des Quecksilbers ist schon aus der prähistorischen Zeit erwiesen, indem am Avalaberge in Serbien vorrömische Tongefäße und Sammeltöpfe für regulinisches Quecksilber gefunden worden sind.

Soweit bisher unsere Kenntnisse von den Phöniziern reichen, fehlt uns jegliche Spur von dem Bekanntsein des Zinnobers oder Quecksilbers bei ihnen, doch machen uns Jeremias (c. XXII, 14) und Hesekiel (XXIII, 14) in dem Worte schaschar = rote Farbe, mit dem Begriffe des Zinnobers (senafschar) bekannt, dessen man sich zum Bemalen von Tempelwänden, Götzen und Menschenfiguren bediente. Auch aus Sapientia (XIII, 14) erfahren wir von der Benutzung desselben Materials zum gleichen Zwecke bei den Ägyptern. Das Material mag wohl aus den von Vitruv (de arch. VII, 8) als erster Fundort genannten Gruben von Ephesus stammen. Die Karthager beuteten in Spanien bereits lange vor den Römern die Gruben von Almadén aus, die auch Theophrast (de lap. § 103 u. 104) kennt. Im Jahre 404 v. Chr. soll es (nach Plinius XXXIII, 37) dem Athener Kallias gelungen sein, Zinnober aus einem die laurischen Silberlagerstätten begleitenden rötlichen Sande herzustellen. Plinius nennt dies das »echte minium«, zum Unterschied von dem minium secundarium, der Mennige. Den Zinober nennen Griechen und Römer übrigens gleichlautend κιννάβαρις = cinnabaris, beim Quecksilber unterscheiden sie zwischen dem natürlichen, argentum vivum (χυτὸς ἄργυρος) und dem aus Erzen künstlich hergestellten hydrargyron.

Von der Darstellung des Quecksilbers redet zuerst Theophrast (de lap. § 105), allerdings falsch, indem er Zinnober in einem Kupfermörser mit einer aus demselben Metall bestehenden Keule unter Zusatz von Essig behandeln will, also nach einem Verfahren, welches höchstens den Zinnober mit Grünspan verunreinigen würde, aber in keinem Falle auch nur ein Atom Quecksilber freilegen könnte.

Vitruv äußert sich bezüglich der Gewinnung von Quecksilber und der Reinigung und Zugutmachung von Zinnober wie folgt (d. arch. VII, 8): »Man gräbt Klumpen aus, welche man anthrax nennt, bevor sie in Zinnober verwandelt sind. Die Erzgänge (vena), aus denen man den Zinnober gräbt, haben einen roten Staub um sich herum. Während der Zinnober gegraben wird, fließen aus ihm da, wo die eisernen

Werkzeuge einhauen, viele Tropfen von Quecksilber aus, die unverzüglich von den Bergleuten gesammelt werden. Die Zinnoberklumpen werden in einem Ofen erhitzt; dabei steigt aus ihnen ein Dampf auf, der sich am Boden des Ofens sammelt; man nimmt dann die eingesetzten Klumpen heraus, kehrt den die Quecksilberkügelchen enthaltenden Bodensatz zusammen und bringt diese so zur Vereinigung.« Wie Vitruv das Verfahren angibt, ist sein Zweck nur, durch die nicht bis zum Glühen gesteigerte Hitze des Ofens das schon in den Zinnoberklumpen vorhandene regulinische Quecksilber zum Verdampfen zu bringen und dann vom Boden, wohin es sich durch seine Schwere gesenkt hat, zu sammeln.

Zum Reinigen des Zinnobers wusch und kochte man nach Vitruv (d. arch. VII, 9) die gedörrten und zerstoßenen Klumpen so lange, bis ihre rote Farbe hervortrat.

Dioscorides beschreibt die Gewinnung von Quecksilber aus Zinnober folgendermaßen (de mat. med. V, 110): »Man legt auf einen irdenen Topf, worin sich der Zinnober befindet, einen gewölbten eisernen Deckel, streicht ihn mit Lehm fest und feuert mit Kohlen. Später schabt man den ‚Ruß', der sich an den Deckel gehängt hat, ab; dieser verwandelt sich in Quecksilber« (indem der Schwefel des Zinnobers sich mit dem Eisen des Deckels vereinigt hat).

Die Verwendung des Quecksilbers beschreiben Vitruv, Dioscorides und Plinius; man benutzte es, um Silber und Kupfer zu vergolden (inaurare [Plin. XXXIII, 32, Vitruv, de arch. VII, 8], als Arznei oder endlich auch zur Reinigung des Goldes, also zur Amalgamation. Vitruv und Plinius geben uns eine Beschreibung von der Reinigung des Goldes aus alten Kleidern (Vitruv VII, 8, Plinius XXXIII, 32), wo es heißt (Vitruv): »Ist ein Kleid mit Gold durchwebt und zum Gebrauche zu alt, so wird das Tuch über einem irdenen Gefäße verbrannt, die Asche ins Wasser geworfen und Quecksilber hinzugetan. Dies zieht jedes Goldstäubchen an und löst es in sich auf (cogit secum coire). Darauf gießt man das Wasser ab, schüttet die Verbindung von Gold und Quecksilber durch ein Tuch und preßt dieses aus; das Quecksilber geht, da es flüssig ist, durch das Tuch, das Gold bleibt rein zurück.« Letzterer Zusatz ist nicht richtig; es bleibt ein Amalgam von Gold und Quecksilber zurück, welches man zu glühen hat, wobei das Quecksilber verfliegt, während das Gold bleibt.

In ähnlichem, auch zum Teil unrichtigem Sinne äußert sich an der zitierten Stelle Plinius.

Ob die Amalgamation auch auf den Gold- und Silberhütten angewandt worden ist, muß man aus dem Stillschweigen der Alten als zweifelhaft annehmen; in Ansehung der Reinigung der Silbererze kann man die Nichtanwendung der Verquickung ferner daraus vermuten, daß arme Silbererze, bei denen eine solche vorteilhaft hätte zur Anwendung kommen können, von den Alten gar nicht abgebaut wurden, endlich auch aus der Tatsache, daß der jährlich gewonnene Vorrat an Quecksilber relativ klein war.

Den Zinnober benutzte man als Malerfarbe, als Zusatz zur Schminke und Salbe sowie als Arzneimittel. Als Qualitätsprobe galt nach Vitruv das Glühen auf einem Eisenblech; »ist der Zinnober mit Kalk gemischt, so wird das Gemenge dunkelfarbig (indem sich der Schwefel mit dem Calcium und dem Eisen verbindet), reiner Zinnober büßt dagegen beim Glühen nichts von seiner Farbe ein«.

Das Salz im Altertum.

Bei allen Kulturvölkern schreibt sich der Gebrauch des Salzes schon aus grauer Vorzeit her, und gewiß hat es seinerzeit ebensogut einen Fortschritt in Wohlfahrt und Sitte begründet wie die Anwendung von metallenen Werkzeugen. Freilich reichen nur wenige geschichtliche Quellen in diese Zeit hinauf. Der Begriff »Salz« war bei den Alten noch ein schwankender; man sah als solches alles das an, was gewisse Einwirkungen auf die Geschmacksnerven zeigte und die Eß- und Trinklust anregte; was dem reinen Kochsalz nicht völlig entsprach, sah man als eine besondere Art, immer aber als »Salz« an. Das hebräische neter und kinit, ebensowohl das griechische ἅλς und νίτρον und das lateinische sal, nitrum bedeuteten anscheinend sowohl Kochsalz als Soda, Potasche, Salmiak und Salpeter. Herodot beschreibt das Kochsalz als ἁλός ἀμμωνιακός nach seinem Vorkommen bei der Oase des Jupiter Ammon in Lybien, und Dioscorides führt unter demselben Namen Eigenschaften des Kochsalzes auf, namentlich seine Spaltbarkeit und seine geraden Blätterdurchgänge. Als sal ammoniacum erwähnen Strabo, Plinius, Arrianus, Synesius, Aëtius das Steinsalz.

Wahrscheinlich lernten die ältesten Nomadenvölker Asiens das Salz an den Meeresküsten und großen Binnenseen kennen, wo es infolge reichlicher Verdunstung des Wassers in der trocknen, heißen Luft den Boden bedeckt. Zogen dann die Hirten und Jäger mit ihrem Hab und Gut nach anderen wald- und grasreichen Gegenden, so fehlte ihnen wieder das liebgewonnene Gewürz zu Fleisch und Käse; ja zeitig hatten sie wohl auch die fäulniswidrige und konservierende Eigenschaft kennen und schätzen gelernt. So wurde das Salz zu einem begehrten Handelsartikel und, da der einzelne doch nur wenig davon bei sich tragen kann, zu einem der ältesten und am meisten internationalem Gegenstande größerer Handelstransporte. Als dann in vorgeschichtlichen Zeiten Europa von Asien aus besiedelt wurde, als Iberer, Italiker und Pelasger den Süden, Kelten, Germanen und Slaven den Norden einnahmen, haben alle diese Völker, wie man aus der Sprachvergleichung schließen kann, das Salz bereits gekannt. Dafür spricht die Verwandtschaft des griechischen ἅλς mit dem lateinischen sal, dem gotischen salt, dem slavischen soli, dem irischen salan, dem cambrischen halen. In engster Verbindung hiermit stehen unsere heutigen Ausdrücke der Salinentechnik, als Sole, Salzborn, Salzkothe, Halloren, Hall oder Halle als Anhängsel von Ortsnamen oder die Flußnamen Saale, welch letzteren alle Zuflüsse von Salzquellen empfangen. Nur bei zwei europäischen Sprachen findet man abweichende Namen für das Salz, im Litauischen druska und im Albanesischen kryp; in beiden hängen sie zusammen mit Verben, welche »streuen« bedeuten.

Der Genuß von Salz muß aus diesem allem als uralt gefolgert werden; von vielen Völkern wurde es auch schon frühe als Symbol von Sitte, Treue und Gastlichkeit gebraucht, ja förmlich deswegen als heilig gehalten. Bei den Ägyptern, welche teils vom Meere her, teils von der westlichen Wüste her mit Salz versorgt wurden, war den Priestern der Genuß desselben verboten, entweder weil dasselbe den Göttern geopfert wurde oder vielleicht auch, weil man vor dem Einbalsamieren die Leichen in Salzlake zu legen pflegte. Bei den Juden mußten alle Opfer nach mosaischem Gesetz gesalzen sein; bei den Griechen gehörten Bohnen und Linsen mit Salz gemischt zu den Reinigungsopfern. Eigentümlicherweise erscheint aber das Salz bei den griechischen Göttern bzw. deren Mahlen verpönt. Über eine Stätte, die verflucht worden war, streute man Salz aus zum Zeichen, daß nichts mehr darauf wachsen sollte, weil stark salzhaltiger Boden unfruchtbar ist.

Das Verschütten des Salzes bei Tische galt schon bei den Römern als ein böses Vorzeichen, erhielt doch das Familienmahl seine eigentliche Weihe durch das Salzfaß, welches gewöhnlich ein Familienerbstück war. Die Römer hielten selbst in den Zeiten größter Einfachheit und Sittenstrenge darauf, daß es von Silber und, ebenso wie das Salz selbst, glänzend rein sei.

»Mit Wen'gem lebet gut, wem auf bescheid'nem Tische
Das väterliche Salzfaß glänzt«

singt Horaz in einer seiner Oden.

Bei den Germanen waren Solquellen von so hohem Werte, daß die Chatten und die Hermunduren um den Besitz des heutigen Salzungen einen förmlichen Vernichtungskrieg gegeneinander führten und noch Jahrhunderte später Burgunder und Allemannen sich gleichfalls um streitige Salzquellen blutig bekämpften.

In der Gewinnung des Salzes haben wir bei den Alten drei Methoden zu unterscheiden:

1. die Erzeugung aus dem Meerwasser, aus Seen oder dem Boden,
2. die Benutzung von Solquellen zur Ausgewinnung von Salz,
3. den bergmännischen Betrieb auf Steinsalz mit oder ohne Benutzung von Wasser.

* * *

1. Salzgewinnung aus dem Meere, aus Seen oder aus dem Boden.

Die ältesten Notizen von der Benutzung des Seesalzes gibt Dioscorides (de mat. med. V, 125); es heißt dort: Das Seesalz (τὸ θαλάσσιον) ist dicht, weiß und gleichartig. Das beste kommt von Cypern, Sizilien, Afrika und Phrygien. Plinius ergänzt uns diese Nachrichten, indem er (hist. nat. XXXI, 7. 39) angibt, daß auf Cypern die Stadt Citium Salz aus Seen erzeuge; auf Sizilien seien der kokanische Bezirk und ein bei Gela gelegener See besonders salzreich; auch in Phrygien, Kappadozien und bei Aspendos werde Seesalz gewonnen. In allen oder wenigstens den meisten von diesen Fällen scheint man lediglich das durch die Sonnenhitze auskristallisierte Salz in Haufen zum Trocknen ausgestürzt zu haben, um es so unmittelbar zu verkaufen. Ausdrücklich bezeugt dies Plinius von der Gegend von Utica, wo man die durch Austrocknen außerordentlich zusammengebackenen und hartgewordenen Haufen mit dem Eisen zerteilen mußte. In einzelnen Gebieten hat man aber auch das Seewasser in Pfannen eingedampft, z. B. auf Kreta und in der Nähe der Nilmündungen in Ägypten (Plinius, hist. nat. XXXI, 7, 39).

Am nächsten lag den am Rande von Salzsteppen wohnenden Völkern die Gewinnung von Steinsalz aus den Efflorationen des Bodens, so in Äthiopien, Lybien, Arabien, Persien und an anderen Orten mehr. Im vierten Buche Herodots heißt es (c. 181) beispielsweise von der Sahara: »Oberhalb des Küstenstrichs Lybiens läuft ein Sandstreif hin, auf welchem sich etwa alle zehn Tagereisen Hügel von Salzklumpen befinden; — ἁλός ἐστι τρύφεα κατὰ χόνδρους μεγάλους ἐν κολωνοῖσιν — aus der Höhe jedes Hügels quillen süße Quellen. (c. 185 heißt es weiter): In der Sandwüste südlich des Atlasgebirges sind ebensolche Salzhügel; alle Leute bauen daselbst ihre Wohnung aus Salzstücken, denn die Gegend ist dort durchaus regenlos.« Diese Beobachtung ist mehrfach bestätigt worden; im vierzehnten Jahrhundert bereiste z. B. Ibn Batuta den zwischen Marokko und Timbuktu liegenden Teil der Sahara und fand daselbst alle Häuser der Stadt

Taghasa aus Salzquadern gebaut und mit Kamelhäuten bedeckt. Als Dr. Otto Lenz Afrika von Tanger nach Timbuktu und dem Senegal durchquerte, fand er bei Tandeni, dem tiefstgelegenen Punkte der Sahara (immer noch 148 m über dem Meere) außer den uralten Steinsalzgewinnungsstätten die Reste einer vor- oder frühgeschichtlichen großen Stadt, deren Mauern aus Erde und Steinsalz, zuweilen aber auch aus Holz zusammengefügt waren. Dr. Lenz sah hier große Karawanen von Kamelen, die mit Steinsalzplatten beladen waren und bis Timbuktu reisten. Aus den Resten der alten Stadt erwarb er einige Steinwerkzeuge (Diorit), auf einer Seite wie ein Meißel, auf der andern wie ein Hammer gestaltet. Die Frauen benutzen diese Instrumente zum Zerreiben des Kornes. In derselben Gegend fand Dr. Lenz auch Steinsalzgruben, die wohl auch auf eine lange Vergangenheit Anspruch machen können.

Durch Strabo kennen wir die Salzgewinnung »bei den Äthiopen«, d. h. in Abessynien und südlich davon. Hier liegt die vier Tagereisen lange und eine Tagereise breite Salzebene von Tigré und Dankali; die Oberfläche des Bodens ist mit kleinen Salzkristallen bedeckt; doch gewinnt man auch Steinbruchssalz aus geringer Tiefe, und hierauf mag sich wohl Strabos' Bemerkung (Geogr. XVII, 2) beziehen, daß man das Salz wie bei den Arabern »grabe«.

2. Benutzung von Solquellen.

Die frühesten Nachrichten von der Ausbeutung von Solquellen finden wir bei Suidas und Strabo, welche von den im heutigen Bosnien und Dalmatien wohnenden Ardiäern und Antariaten berichten, daß sie ein Übereinkommen auf gemeinsame Benutzung der Salzgewinnungsstätten gehabt hätten; doch sei dieses nicht innegehalten worden, worauf es zum Kriege gekommen sei. Das Salz sei von ihnen nicht nur als Speise für Menschen und Tiere, sondern auch als ein für die in unwirtlichen Gegenden wohnenden Ardiäer äußerst wichtiges Handelsobjekt gewonnen worden.

Die alten Nachrichten melden, daß »das Salz sich im Frühjahre aus einem aus dem Tale kommenden Flusse ausgeschieden habe; sei das Wasser ruhig stehen geblieben, so habe man in fünf Tagen festes Salz gewonnen«.

Diese Notiz muß unbedingt Mißtrauen erregen, da man nicht wohl annehmen kann, daß von dieser intermittierenden Salzquelle die Illyrier nicht nur ihren eigenen Bedarf gedeckt, sondern auch noch den Markt damit versorgt hätten; jedenfalls hätte man die Sole versieden müssen. Viel plausibler erscheint aber die strabonische Nachricht, wenn man annimmt, daß es sich um die Ausbeutung von Steinsalzlagerstätten handelte.

Solche haben sich in der Gegend von Konjika gefunden und sind auch beim Bau des Ivantunnels zutage gekommen; es ist daher auch wohl die Annahme berechtigt, daß man es an anderen Stellen der Formation gefunden habe. Ebenso ist anzunehmen, daß die zeitweilig heftigeren atmosphärischen Niederschläge ein größeres Steinsalzvorkommen in mehr oder weniger großer Tiefe nach und nach auslaugten, so daß infolgedessen Sole zutage trat, die den Alten bekannt war. Die Austrittsstelle konnten sie nun leicht, namentlich im Karstgebirge, verdämmen, alles Wasser, namentlich vom Herbst und Frühjahre, sammeln, und im Sommer, wenn die Sonne eine entsprechende Höhe erreicht hat, konnte man die Sole zum Abfluß bringen, um sie in primitiven Salzgärten zugute zu machen. So hat man den »Salzbach« der strabonischen Notiz zu verstehen [1]).

Salzige Quellen waren, wie bereits eingangs angedeutet, auch zwischen Chatten und Hermunduren das Streitobjekt. Weitere Zeugnisse für Solebenutzung bringt Plinius bei. In Kappadozien, Chaonien, Gallien, Germanien sowie einem Teile Spaniens goß man die Sole entweder auf glühende Kohlen in Gestalt von großen Stößen angezündeten Eichenholzes, oder man versott das Salzwasser in Pfannen, oder endlich man ließ es an der Sonne verdunsten. Das auf die erstgenannte Art erzeugte Salz war schwarz und von beißendem Geschmacke (sal niger = beißender Witz bei Horaz).

Die älteste Art der Salzverdampfung haben wir uns so vorzustellen, daß man die Sole in Gerinnen einer als Grube im Erdboden hergestellten und mit Salzton ausgekleideten oder ausgestampften Konzentrationsstätte zuleitete und dort heiße Steine, entweder künstliche oder natürliche, in die Grube warf, welche das Wasser zum Verdampfen brachten, so daß man eine konzentriertere Lösung und schließlich selbst festes Salz zurückbehielt.

Solche Salzgewinnungsstätten haben sich in ziemlichem Umfange auf der »Dammwiese« am Salzberge von Hallstatt, dann aber auch im Seilletale, bei Salares und Bourte court und Moyenvic, wo sie als briquettage, »Ziegelzeug«, bezeichnet werden, gefunden. Am Hallstätter Salzberge sind natürliche Steine angewandt worden (s. Öst. Ztschr. 1903, S. 399). An der Seille findet man dagegen gehäufte Massen von mit der Hand gekneteten, mannigfaltig, meist aber parallelepipedisch

[1]) Diese Erklärung hat Herr Reichsfinanzminister B. Kállay de Nagy-Kalló in dieser Sache abgegeben; wir entnehmen sie dem Aufsatze von Oberbergrat Rücker in der Österr. Zeitschr. f. Berg- u. Hüttenwesen 1893, S. 249 ff.: »Über bosnische Salinen«.

geformten und dann gebrannten Tonstücken als Reste der dem genannten Zweck dienenden prähistorischen Anlage (Korr.-Bl. d. Ges. f. Anthrop., Ethnogr., Urgesch. 1901).

An dieser Stelle mag wohl passend die Art der Salzgewinnung angeschlossen werden, die mit der Einleitung von süßem Wasser auf die Lagerstätte einsetzt, worauf man die künstliche Sole nachher zum Versieden bringt. Diese Art des Betriebes ist schon von den Kelten am Hallstätter Salzberg, bei Hall und Ischl ausgeübt worden; am interessantesten ist von den Rückbleibseln dieser Betriebsepoche jedenfalls eine im Jahre 1885 im Christianstollen erschrotete Keltensole, die anfangs 2,5 hl stündlich ergab, nach etlichen Stunden aber schon auf 2 hl sank und allmählich auf 1,3 hl pro Stunde abnahm. Sie stellt ein interessantes Vergleichsobjekt mit unseren modernen bekannten Solen dar; die Resultate dieses Vergleichs sind in der folgenden Tabelle (nach Aigner in Österr. Ztschr. 1886, S. 163) zusammengestellt.

	Spezifisches Gewicht bei 14° R.	In 100 Teilen fixer Rückstand	In 1 hl Sole kg			
			Chlor-Magnesium	Chlornatrium	Sulfate von Kalk, Kali, Natron	Direkt gefunden
Ischl, kontin. Wässerung	1,201	25,79	0,420	29,65	1,716	31,004
Hallstatt, frisch erzeugt	1,205	26,56	0,565	29,91	1,170	32,03
Hallstatt, 1 1/2 Jahre alt .	1,207	26,57	0,809	29,49	1,278	32,09
Aussee, vierjährig vom Eustach Herrisch-Werk	1,220	27,83	1,062	28,85	4,858	33,96
Keltensole	1,230	28,385	0,314	31,07	3,521	34,905

Diese Sole zeichnet sich also durch das höchst bekannte spezifische Gewicht unserer analysierten Kammergutsolen aus und hat nahezu 35 kg pro Hektoliter. Nimmt man das spezifische Gewicht von 1,207 für die 1 1/2 jährige Hallstätter Sole als Normalhältigkeit bei 14° R an, so hat sich diese alte Sole um mehr als 2 3/4 kg pro Hektoliter angereichert.

Was jedoch diese Sole besonders unterscheidet, ist der relativ hohe Chlornatriumgehalt gegen die Summe der Sulfate.

Aus einer sehr alten Zeit (nach Fichtel, Geschichte des Steinsalzes und der Steinsalzgruben Siebenbürgens, 1780, auf 3500 Jahre geschätzt) stammen die interessanten Reste eines durch künstliche Verlaugung der Salzlagerstätten geführten Betriebes zu Königsthal in der Máramaros (s. Preißig, Gesch. d. Máramaroser Bergbaus, in Öst. Ztschr. 1877, S. 301, 311, 321), die an Hand genannter Veröffentlichung hier besprochen werden sollen. Den Nachweis des Bestandes des Salzbergbaus vor der Hallstattperiode liefern die bei Königsthal gefundenen Kelte und Armringe (Figuren 81 und 82) sowie ein bronzenes Fäustel mit zylindrischem Stielloch.

Im Jahre 1817 fuhr man mit dem Schachte der

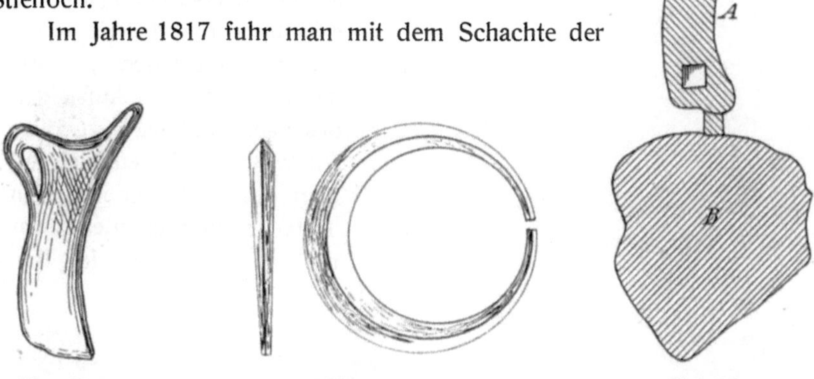

Fig. 81. Fig. 82. Fig. 83.

damals eröffneten Franzgrube einen $9^1/_2$ m langen und 3,8 m breiten alten Abbau von der Gestalt *A* in der Fig. 83 (Grundriß) an, und hinter diesem einen zweiten Abbau, *B*, der mit altem Holzwerk, Bastseilen, Letten und Schmand gefüllt war und bei unregelmäßigem Umfange 13 m Durchmesser und 7 m Höhe erkennen ließ; ein Bau, dessen Sohle 13 m unter Tage lag. Ebenso fand man Schächte von 7 qm Fläche, die mit unbehauenem Eichenholz von 16—26 cm Stärke ausgezimmert waren, außerdem Tagebauweitungen von $7^1/_2$—$9^1/_2$ m Durchmesser, gleichfalls mit 32—36 cm starkem Holz verzimmert.

Fig. 84.

Die Salzgewinnung geschah in folgender Weise: Man leitete nach Anhieb des Salzes in trapezförmig aus Rundholz gehauenen Rinnen Süßwasser in hölzerne Sammelrinnen, die am Salze auf Haken ruhten und die nach Gestalt von Fig. 84 in bestimmten Entfernungen am Boden durchbohrte und mit Lindenbast durchzogene Pfropfen besaßen. Diese Zapfen ließen das Wasser am Salz herabfließen, so daß sich nach und nach Einschrämungen von den in den Figuren 85 a—c gezeigten Formen bildeten. Im Laufe der Zeit entstanden so Baue von der Form der Fig. 86; hier sind *a* die Salzbänke, *b* die Wasserleitungsrinnen, *c* Sammel- und *d* Verteilungsrinnen, *e* Bastfäden, *f* Holzhaken. Mit dem Aufsteigen des nach und nach gesättigten Wassers, dessen Hebung man nur aus einer geringen Tiefe bewerkstelligte, war man aber genötigt, den Bau

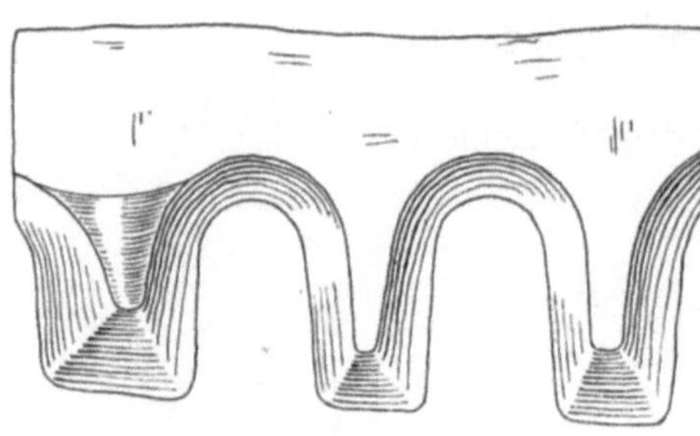

Fig. 85 a.

Fig. 85 b.

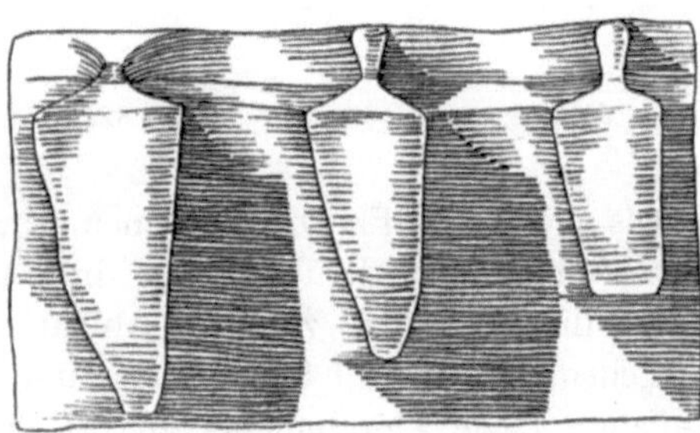

Fig. 85 c.

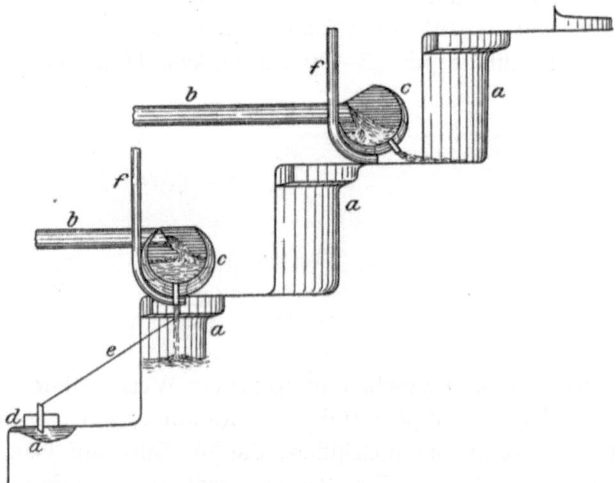

Fig. 86.

bald zu verlassen und in 15—20 m Entfernung eine neue Gewinnung anzusetzen.

Nach dem Einwässern des Salzkörpers gewann man die auf fünf Seiten freigelegten Rippen mit Hilfe des Schlägels. Außer den aufgezählten Gegenständen fand man noch kleine Schaufeln nach Art der Fig. 87, Stücke von aus Lindenbast geflochtenen Seilen, einen sehr plumpen Bergtrog und ein bereits verkohltes Hirschgeweih.

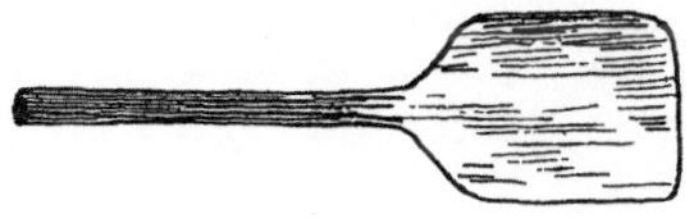

Fig. 87.

3. Salzgewinnung im Steinbruchsbetriebe.

Plinius erwähnt (hist. nat. XXXI, 7. 39) Steinsalzbrüche am Berge Oromenus in Indien, wo es dem Könige mehr Einkünfte verschaffe als Gold und Perlen, ferner in Kappadozien, in Cyrenaica und in Hispania citerior bei Egelasta. Letzterer Fundort ist der noch heute berühmte Salzfelsen von Cordona in Catalonien. Aus der vom selben Autor gegebenen Notiz, daß man in Gerrae, einer Stadt Arabiens, Mauern und Häuser aus Salzsteinen gebaut habe, die man mit Wasser zusammenklebte, sowie aus der Bemerkung, die baktrischen Flüsse Oxus und Ochus führten viel Steinsalz in Blöcken (hist. nat. l. cit. »salis caementa«) darf man wohl den Schluß ziehen, daß an den genannten Stellen auch Steinsalzbrüche betrieben worden seien. Von Gerrhae am Persischen Meerbusen sagt übrigens Strabo (XVI, 3) ungefähr das gleiche wie Plinius; er nennt die Umgegend »das Salzland« (ἁλμυρίς). An die Salzgewinnung von Tandeni in der Sahara, deren Betrieb Dr. Lenz fand, sei hier nur noch einmal erinnert.

Wie die Steinsalzbrüche eingerichtet gewesen sind, entzieht sich vollkommen unserer Kenntnis, doch darf die Vermutung wohl ausgesprochen sein, daß die Alten analog wie in den anderen Tagebauen das Material im Strossenbau und mit denselben technischen Hilfsmitteln, die oben beschrieben sind, gewonnen haben.

Anhang.

I. Arbeiterverhältnisse und technische Leitung bei den Bergwerken des Altertums.

a) Die Arbeiterverhältnisse.

Der tief einschneidende Unterschied zwischen dem Kulturleben unserer Tage und dem des Altertums und vergangener Zeiten überhaupt gründet sich wesentlich darauf, daß es dem Menschen mehr und mehr, und namentlich im letzten Jahrhundert, in einer vordem kaum geahnten Weise gelungen ist, die von der Natur dargebotenen Kräfte in seinen Dienst zu zwingen. Wasserdampf, elektrischer Strom, die lebendige Kraft fließenden Wassers, der Druck des Windes werden heute zu gewaltigen Arbeitsleistungen herangezogen, die wohl eines plinianischen Vergleiches mit Gigantenarbeit würdig wären. Das Altertum aber wußte nur die Kraft des Menschen und der Tiere zu benutzen, und erst gegen sein Ende treten Spuren zutage, daß man auch sein Augenmerk auf die lebendige Kraft des Wassers zu lenken begonnen hatte. In einer Epoche; wo jede, auch die schwerste Arbeit dem Menschen unmittelbar oblag, wo nur wenige und rohe Werkzeuge seiner Muskeln Kraft unterstützten, ist es aber sehr verständlich, daß die Arbeit nicht als etwas Ehrenvolles angesehen werden konnte, sondern daß man sich dem in den allermeisten Fällen äußerst schweren Joche nach Möglichkeit zu entziehen suchte. Die Kulturaufgaben konnten also nur dadurch einer Erfüllung entgegengeführt werden, daß ein Teil der Menschen unter das Joch gezwungen wurde, indem ein anderer Teil sie zu Sklaven herabdrückte. Der Sklave vertrat im Altertum die Maschine oder das Werkzeug, wenn auch insofern nur in unvollkommener Weise, als er das von ihm Gewollte nicht mit der automatischen Willenlosigkeit ohne Abweichung und ohne Ermüdung wie die tote Maschine ausführen konnte.

Wer aber waren diese Arbeiter? In den ältesten Grubenbetrieben, von denen uns die Geschichte berichten kann, in den ägyptischen, waren es in der überwiegenden Mehrzahl Verbrecher und Gefangene aus den nicht seltenen Kriegen, daneben aber auch Schuldgefangene, in Ungnade Gefallene und, wenn derartiges Arbeitspersonal fehlte, selbst Unschuldige. Nicht selten war es, daß mit dem eigentlich Schuldigen seine gesamte Familie zur Bergarbeit herangezogen wurde. So lesen wir z. B. auf einer Inschrift des Amenemhat II.: »Ich habe angelegt einen Bergbau durch die Alten und zwang die Jungen, das Gold zu waschen.«

Fesseln an den Füßen, arbeiteten diese Leute Tag und Nacht, bewacht von Soldaten, die, um Begünstigungen zu vermeiden, aus anderen Volksstämmen genommen waren und eine den Gefangenen unverständliche Sprache redeten. Ihre Behandlung war eine durchaus unmenschliche, kam es doch nach den Berichten Diodors nicht selten vor, daß ein Arbeiter unter den Peitschenhieben seines Aufsehers sein Leben aushauchte. Es heißt davon bei ihm (III, 13. V, 38): »Die bei diesen Gruben beschäftigten Arbeiter, die der Sauberkeit entbehren und kärglich ernährt werden, kann man nicht ohne Mitleid ansehen, da ohne Rücksicht auf Alter und Geschlecht Greise, Weiber, Kinder, alle mit Schlägen zur Arbeit getrieben werden und, bis sie der Tod erlöst, fronen müssen.«

Bei den Griechen waren es, nach den alten Autoren — Demosthenes; Strabo VII, 3. XI, 23; Polybius IV, 38; Pollux VII, 14 — und den erhaltenen Abbildungen zu schließen, in der Hauptsache Barbaren von den östlichen Sklavenmärkten, daneben waren auch Sträflinge in Gruben, Zerkleinerungsstätten, Wäschen und Hütten angelegt. Je nach der Güte, die von ihrem Alter, Geschlechte, Körperbau und ihrer Geschicklichkeit abhängig war, kostete ein Sklave mehr oder weniger Geld zur Anschaffung und, sollte seine Arbeitskraft möglichst lange aushalten, auch zur Unterhaltung. Im Preise standen die Grubensklaven nächst den Mühlensklaven am niedrigsten; es wurden pro Kopf Beträge von 1,5—10 Minen, d. h. 112,5—750 Mk., gezahlt. Eine besondere technische Ausbildung steigerte den Kaufpreis ganz erheblich; so erfahren wir z. B., daß der große athenische Grubenbesitzer Nikias, des Nikeratos Sohn, einen Sklaven von besonderen Fähigkeiten um ein Talent, d. h. etwa 4500 Mk., kaufte. (Binder, Laurion, S. 32.)

Im laurischen Bergbaubezirke kostete der Unterhalt eines Sklaven pro Tag etwa einen Obolus, d. h. 8—10 Pf.; an Kleidung war wegen der Wärme der Gruben wohl kaum etwas notwendig. Als Unterkunftsstätte dienten für einzelne Gruppen von Arbeitern elende Steinhütten, von denen im Gebiete von Laurion noch einige in Fundamentresten erhalten sind. Im allgemeinen mag man wohl die Arbeiter dauernd in der Grube gelassen haben. Geldlöhnung wurde den Arbeitern wohl niemals gezahlt, findet man doch in den alten Bauen nirgends eine griechische Münze. Diese Arbeitskräfte gehörten im athenischen Staate entweder dem Grubenbesitzer oder einem Sklavenhalter, von dem sie um eine bestimmte Abgabe (ἀποφορά nach Plutarch, de moribus 249) gemietet worden waren. Der Grubenbesitzer mietete gleich ganze Scharen, sog. Familien von Sklaven, zuweilen zugleich mit ihrem Aufseher. An Pacht war pro Tag und Kopf meistens ein Obolus zu zahlen; außerdem war der Pächter für die Erhaltung der Zahl der Mietsklaven und für deren Unterhalt verantwortlich.

Es ist ganz naturgemäß, daß bald den reichen Grubenbesitzern das Verständnis dafür aufgehen mußte, daß aus dem Vermieten von Sklaven sehr gute Einnahmen zu erzielen waren. Indem sie auf den Sklavenmärkten die Preise in die Höhe schraubten, brachten sie den ganzen Handel bald in ihre Hand und zwangen so den minder kaufkräftigen Grubenherrn, seinen Arbeiterbedarf zu mieten. So hatte z. B. Nikias an den Thrakier Sosias 1000 Sklaven vermietet; der Schwiegervater des Alkibiades, Hippias, vermietete 600, Philomonides 300 Mann; aus dem Vermieten erzielten diese täglich rund 1 Obolus pro Kopf. Auf Grund dieser und ähnlicher Erfahrungen machte Xenophon dem Staate den Vorschlag, behufs Erweiterung seiner Einnahmen auch Sklaven zu kaufen und zu vermieten, in der staatswirtschaftlich wertvollen Anschauung und Absicht, die, durch das Zusammenfließen des Gewinnes in die Hände einzelner, erlahmte Unternehmungslust der jedenfalls recht großen Anzahl von kleinen Besitzern, die nun auf Grund der Preiserhöhungen auf Mietung von Arbeitern, also Preisgabe eines größeren Gewinnanteiles angewiesen waren, durch die Aussicht auf Erwerb billiger Arbeitskräfte vom Fiskus wieder zu stärken. Hatte man von Staatswegen z. B. 1200 Mann gekauft, so brachten diese in einem Jahre bei einer täglichen Miettaxe von einem Obolus 432000 Obolen, d. h. etwa 54000 Mk., wofür man beim Preise von 1,5 Minen (= 112,50 Mk.) pro Kopf rund 500 neue Sklaven erwerben konnte.

Bei den Griechen mag wohl das Los der Grubensklaven nicht so hart gewesen sein, als bei den anderen Völkern, wenigstens kennen wir nur zwei Sklavenerhebungen, von denen die erste blutig niedergeschlagen wurde, die zweite aber für die Arbeiter erfolgreich war. Der erste Aufstand fällt in die Zeit des peloponnesischen, bzw. deceleischen Krieges; es entflohen ca. 20000 Mann. Der zweite fällt in eine Epoche, als der Betrieb schon seinem Niedergange zustrebte, nämlich in das Jahr 103 v. Chr. Gleichzeitig mit den Sklaven von Sizilien erhoben sich die von Laurion, töteten ihre Wächter, bemächtigten sich der Feste auf Cap Sunion und zogen plündernd durch ganz

Attika (Athen. VI, 104. VII, 118. 322; Strabo III, 147; Diodor V, 37). Während der ganzen durch fünf bis sechs Jahrhunderte dauernden Betriebszeit ist sonst von keiner ähnlichen Erhebung etwas kund geworden; vielleicht veranlaßte auch die Rücksicht auf den von dem Sklaven repräsentierten Geldwert den Besitzer zu einer guten Behandlung seiner Arbeiter. Überdies scheint auch das persönliche Verhältnis der Grubenbesitzer zu manchen seiner Untergebenen, wenigstens nach den Äußerungen des Pantaenetos zu urteilen, auf Vertrauen gegründet gewesen zu sein.

Bei den Römern stellten in der Anfangszeit offenbar die an Ort und Stelle ansässigen Provinzialen das Arbeitspersonal, die mit der Unterwerfung in den Zustand der Halbfreiheit kamen. Sollte der Bergwerksbetrieb nicht unterbrochen oder der Gewinn nicht geschmälert werden, so war dies Vorgehen der Bergverwaltung das einzig richtige, zumal die Römer als Bürger eines Ackerbaustaates nur dem Ackerbau ihr Interesse entgegenbrachten und jede andere Beschäftigung als minderwertig ansahen. Ein Vorgehen wie das bezeichnete sehen wir z. B. darin, daß Vibius (man lese bei Florus, epit. IV, 12 nach) die Dalmatiner zwang, Bergbau auf Gold zu betreiben, ferner darin, daß aus Dalmatien und Pannonien die Pirusten nach Dazien versetzt wurden. Für diese Behauptung sprechen auch die in Britannien gefundenen Bleibarren mit typischen Eingeborenen-Namen, z. B. de Cea (ngis), de Brig (antis) als Stempelinschriften.

Von höchstem Interesse ist in dieser uns augenblicklich beanspruchenden Angelegenheit die Salzbergbaustätte des Hallstätter Bezirks. Im Grabfelde von Hallstatt nächst dem sogenannten Rudolfturme sind alle Gräber, ohne Unterschied, ob es Brand- oder Leichengräber sind, mit einer Fülle von Beigaben ausgestattet, die die Bergleute als reich und vornehm, mit Glanz und Prunk ausgestattet erscheinen lassen. Schon ihr blendender, selbst dem Ohre vernehmbarer Schmuck zeigt ihr selbstbewußtes Wesen, und ihre weit kostbarer als jeder andere Besitz ausgestalteten Waffen nehmen sie selbst ins Grab noch mit. Es ist die eingeborene Rasse, deren Schädel echt germanischen Typus an sich tragen, in deren uneingeschränktem Besitze sich die Salzwerke befanden. Anders aber ist das Verhältnis auf dem untern Grabfelde, in der Lahn im Escherntale. Es waren allerdings noch immer Salzkocher germanischer Rasse, aber ein armes, heruntergekommenes Geschlecht. Ein Topf ohne Schmuck, ein Glas ist die ärmliche Beigabe; von Waffen, die den freien Mann kennzeichnen, keine Spur. Neben ihnen Trümmer von Mauern, römische Münzen, Inschriftsteine. Es waren Männer vom alten Stamme noch, aber Knechte der Römer, in deren Frondienst sie das Salz gruben!

Wie in Hallstatt, so verhielt es sich auch mit den Goldgruben bei den Tauriskern. Strabo berichtet nach einem Geschichtswerk des Polybius, daß zu dessen Zeit (etwa ums Jahr 150—160) bei den norischen Tauriskern infolge der dortselbst aufgenommenen äußerst ergiebigen Goldgruben so viel Italer zusammengeströmt seien, daß das Gold in ganz Italien bis auf den dritten Teil billiger geworden sei, so daß die Einheimischen die Italer verjagt und das Gold selbst verkauft hätten. Dennoch kamen die Gruben unter Roms Oberhoheit, wie denn Strabo kurz und trocken hinzufügt: »Jetzt jedoch stehen alle Goldgruben unter den Römern.«

Ähnliche Verhältnisse mögen die Römer nach der Eroberung der metallreichen Länder wohl allenthalben eingeführt haben, auch dem Goldbergbau der Victumuler im Vercelleischen Gebiete ist anscheinend dasselbe Geschick geworden; der Raubbau wurde aber hier durch ein zensorisches Gesetz sistiert, wonach kein Pächter mehr als 5000 Menschen halten durfte (Plin. XXXIII, 21. 11). Gewisse Stämme erfreuten sich eines besonderen Rufes als Bergleute, z. B. die Galläzier in Spanien, die Pirusten in Dalmatien, die Besser und Thraker in Makedonien. Namentlich Salona in Dalmatien lieferte dem Trajanus treffliche Arbeiter nach Dazien. Die am Fuße des Hämus im Gebiete des Nestus wohnenden Besser wurden durch ihre Geschicklichkeit im Stollenbau äußerst wertvolle Lehrmeister für die Minierarbeiten im Belagerungskriege, wie das Zeugnis des Vegetius in seinem (um 390 verfaßten) Werke über das Kriegswesen dartut. Hier heißt es (II, 11): ut etiam cunicularios (Tunnelgräber) haberent, qui more Bessorum ducto sub terris cuniculo . . . emergerent ad urbes hostium capiendas. Auch bei dem Dichter Claudianus kommen sie als bewährte Bergleute vor:

Quidquid luce procul venas rimata sequaces
adhibita pallentis fodit sollertia Bessi.

Sie sind wohl als gelegentlich scharenweise wandernde Grubenarbeiter anzusehen, und ist auf sie wohl die Verordnung des Kaisers Theodosius vom Jahre 424 zu beziehen, wo es heißt: metallarii qui ex ea regione deserta ex qua videntur oriundi, ad externa migrarunt, indubitanter ad propriae originis stirpem laremque revocentur, wonach also die auswandernden Bergleute unverzüglich an ihre Heimatstätte zurückzukehren gehalten waren, wenn diese Gegend durch den massenhaften Wegzug der Leute wirtschaftlich herunterging.

Außer diesen Arbeitern finden Soldaten, wenn auch nur zeitweise, bei Grubenbauten Verwendung. Bei Tacitus lesen wir z. B. (Annales XI, 20), daß sich die Legionssoldaten des Kaisers Claudius in allen Provinzen darüber beschwerten, daß sie zu Schürf- und Untersuchungsarbeiten herangezogen würden; unter dem Prokurator Juventius arbeitete ein stratiotes, und ein G. Aurelius Demos, auch ein Soldat, der sich mit drei Kindern an Ort und Stelle aufhielt, als Brunnengräber. Jedoch hatten die Soldaten, ebenso wie andere von einem Unternehmer zur Verfügung gestellte freie Arbeiter, nur Nebenarbeiten zu versehen; den eigentlichen Grubenbetrieb unter Tage versahen sie nicht. Als solche Nebenarbeiten werden z. B. in den Steinbrüchen Geräteschmiede (chalceus, siderurgos), Brunnengräber, Steinschneider (lapidicaesores), Steinspalter (quadratarii), Zeichner (artifices) bezeichnet. In den Erzgruben tritt keine so große Vielseitigkeit in der Handwerksbezeichnung ein; die Bergleute werden nur nach dem von ihnen bearbeiteten Erze unterschieden als Gold-, Silber-, Eisen-, Kupfer-, Bleibergleute (aurarii, argentarii, ferrarii, aerarii, plumbarii). Mit diesen Bezeichnungen werden aber gleichermaßen Berg- wie Hüttenleute belegt; nur einmal erkennen wir eine Sonderbezeichnung für Hüttenleute, nämlich bei dem Dichter Ovid, welcher (trist. III, 11. 5. IV, 1, 67) confectores aeris erwähnt, die wir uns offenbar in der officina oder flatura (Schmelzstätte) angestellt zu denken haben.

In welcher umfassenden Weise für die Grubenarbeiter gesorgt wurde, lehrt uns das im Frühjahre 1876 in der Nähe des Dorfes Aljustrel zwischen Ourique und Messejana in einem antiken Bergwerke, dem metallum Vipascense, gefundene in Erz gegrabene Berggesetz, welches aus paläographischen Gründen in die Zeit der flavischen Kaiser, etwa ans Ende des ersten nachchristlichen Jahrhunderts, zu setzen ist. Die Verordnung, welche uns nur in einem Bruchstück überliefert ist, ist ein Spezialgesetz für das Bergwerk von Vipasca und sein Territorium, vergleichbar den leges coloniarum, welche die Gründung einer Gemeinde aussprachen und regelten. Wenn auch das Bergwerksterritorium und seine Insassen keine Gemeinde im streng römischen Sinne des Wortes bildeten, so war seine Verfassung doch der Gemeindeverfassung ganz analog, und ebenso wie wir, trotzdem sich bei den einzelnen Stadtverfassungen nur in geringfügigen Einzelheiten Abweichungen herausstellen, doch für jede einzelne Gemeinde eine besondere, auf den Namen ausgestellte lex finden, können wir auch bei der Masse der sonstigen kaiserlichen Gruben analoge Bergwerks- und Territorialverfassungen annehmen.

Das Denkmal ist 1877 von Professor Soromenho zu Lissabon publiziert und dann von Hübner und Mommsen, mit einem ausführlichen Kommentar versehen, im III. Supplement des »Corpus inscriptionum latinarum« herausgegeben worden. Nachstehend folgen wir der in der »Zeitschrift für Bergrecht« (Brassert), Jahrgang 32, Seite 227 usf. von Binder niedergelegten Ausführung.

Der Prokurator war der Vorstand der Berggemeinde und hatte nicht nur das Interesse des Fiskus, sondern auch das der Arbeiter zu wahren. Dadurch, daß die Regierung gewisse Gewerbe monopolisierte und verpachtete, so unter anderen die Walkerei, Lederbearbeitung, Schuhfabrikation, wahrscheinlich auch die Vertreibung von Eisenwaren, ja sogar die Barbierstuben, wurden die Bergarbeiter vor willkürlicher Ausbeutung durch die Spekulation der Händler geschützt und das Leben, wenn auch beengt und durchaus nicht glänzend, doch erträglich gemacht. Das ärarische Bad wurde von Jahr zu Jahr (vom 1. Juli bis zum letzten Juni) verpachtet, und durch strenge Vorschriften für den Pächter war der tägliche Genuß des Bades für Männer, Weiber und Kinder gesichert. Freie Badebenutzung haben Freigelassene und Sklaven des Kaisers, das Personal der Bergverwaltung, Soldaten und Kinder; die Weiber zahlen 1 Aß, die Männer 1/2 Aß; dies ist etwas mehr, als man in Rom zahlen mußte.

Für den Bergmann wichtiger erscheinen das VII. und IX. Kapitel der Verordnung, weil sie speziell das Berg- und Hüttenwesen behandeln; indes ist die Behandlung wegen der im Texte stehenden technischen Ausdrücke, für welche eine befriedigende Erklärung zu finden schwer hält, nicht gerade einfach. Die Übersetzung des von Prof. Hübner, Mommsen, Bücheler, Büchsenschütz, Hirschfeld, Jordan, Krüger und anderen rekonstruierten Textes, enthaltend in Kapitel VII die Gebühr für Erz- und Steinförderung, lautet folgendermaßen:

»Wer innerhalb der Grenzen des Bergwerksdistriktes von Vipasca Kupfer- und Silbererze oder den aus denselben gewonnenen Staub und Roherze nach Maß und Gewicht pochen, fertig machen, brechen, scheiden und waschen will oder einen Steinbruch zu eröffnen gedenkt, möge Sklaven und Tagelöhner schicken und innerhalb dreier Tage die Meldung machen; er hat dann dem Pächter am Ende eines jeden Monats eine Anzahl (die bestimmte Zahl fehlt im Texte) Denare zu entrichten, widrigenfalls er das Doppelte zu bezahlen hat.

Wer aus anderem erzreichen Gebiete Roherz von Kupfer oder Silber nach Vipasca schafft, hat dem Pächter für 100 Pfund (37,7 kg) einen Denar zu entrichten. Wurde dies nicht an dem dafür bestimmten Tage vollzogen, so ist das Doppelte zu zahlen, und der Pächter hat das Recht auf das gereinigte, gepochte, fertig gemachte, gebrochene, geschiedene Erz und auf die Steine und fertig behauenen Steinplatten in den Steinbrüchen, solange die schuldige Gebühr nicht bezahlt wurde. Von der Pfändung sind ausgeschlossen Sklaven und Freigelassene, welche im Dienste ihrer Herren und Patrone die Kupfer- und Silberschmelze besorgen.«

Aus dem Inhalte dieses Abschnittes ersehen wir, daß das Betriebsrecht selbst verpachtet war und von dem Pächter oder der Gesellschaft der Pächter gegen eine entsprechende monatliche Gebühr weiter vergeben werden konnte, daß ferner sogar für nach Vipasca zur Verhüttung gebrachte Roherze eine solche dem Betriebspächter zu zahlen war. In beiden Fällen geschah die Abrechnung nach Maß und Gewicht. Bei Nichteinhaltung des Zahlungstages stand dem Pächter das Pfandrecht an allen gewonnenen Materialien zu.

Die auffällige Erwähnung des Umstandes, daß nach Vipasca auch aus anderen metallreicheren Gegenden Erze importiert werden konnten (gegen Gebührenzahlung), gestattet den Schluß, daß sich an genanntem Orte größere Hütten befanden, ja daß vielleicht gerade Schlackenhalden — scauriae — das ursprüngliche Objekt des Hüttenbetriebes waren und daß man erst in zweiter Linie wieder angefangen hat, verlassene Lagerstätten aufzunehmen.

Das IX. Kapitel, das letzte der erhaltenen, handelt von dem Freischurf und der Mutung (im heutigen Wortsinne). Wer innerhalb der Grenzen des Gebietes von Vipasca eine Grube beansprucht, hat dies innerhalb von zwei Tagen dem Pächter dieses Vectigals anzuzeigen; man verlangt von ihm die Zahlung eines pittaciarium, d. h. einer Gebühr für die Aufstellung der die Besitznahme anzeigenden Tafel (pittacium).

Als im vierten nachchristlichen Jahrhundert die Privatindustrie zum Betriebe von Gruben zugelassen wurde, waren die Eingeborenen, soweit sich die Macht des römischen Reiches überhaupt dauernd und kraftvoll hatte geltend machen können, nicht mehr als halbfreie coloni, welche, an den Boden, den sie bearbeiteten, gebunden, mit ihm in den Besitzstand eines anderen Herrn übergingen; andererseits waren sie der Ehe und des Eigentumserwerbes fähig. Daß ihre Lage gelegentlich unerträglich wurde, beweisen schon die nicht seltenen Versuche der Auswanderung, auf denen die Arbeiter aus der Reichsosthälfte sogar bis nach Sardinien kamen, und gegen die sich die Kaiser durch besondere Verordnungen schützen mußten, nicht minder aber auch die Tatsache, daß beim Goteneinfalle die Bergarbeiter sich den Eroberern anschlossen, wodurch die Gruben zum Erliegen kamen.

Außer freien Bergleuten sandte man aber auch Verbrecher in die Gruben. Auf Brandlegung, Diebstahl mit der Waffe in der Hand, Gewalttat an römischen Bürgern, Wegelagerei, Notzucht, Grenzverletzung, Diebstahl in kaiserlichen Gruben und auf Prostitution männlicher Personen (letztere Bestimmung ist von Diokletian eingefügt worden) stand Verurteilung »in metallum« oder »in ministerium metallicum«. Nach der Todesstrafe war dies die härteste Kapitalstrafe, die an Sklaven und

Bürgern niederer Klasse vollzogen wurde. Der Unterschied zwischen den Strafen »in metallum« oder »in ministerium metallicum« ist nur geringfügig; bei der erstgenannten Strafe trugen die Delinquenten schwere, bei der anderen Verurteilung aber leichte Fesseln. Ausdrücklich heißt es bei den Grubensklaven, daß sie Sklaven der Strafe, nicht solche des Kaisers sind. Im übrigen konnten auch Weiber »in metallum« verurteilt werden, wobei man sie dann meist in den Salinen, Kalkbrüchen und Schwefelgruben arbeiten ließ. Auch konnten die Sklaven von einer Provinz in die andere verpflanzt werden, wie uns eine Stelle aus den Digesten belehrt. Als unter Hadrian die Christenverfolgungen einsetzten, verurteilte man auch die gefangenen Christen in die Gruben, wie man auch schon unter Titus die gefangenen Juden sowie später unter Konstantinus die Anhänger der Manichäersekte dorthin verschickte.

Echt römische Kupfergruben mit Zeugen eines langen und bedeutenden Betriebes (auf einem Lager an der Grenze zwischen Kalk und Sandstein) in Gestalt von ausgedehnten Halden, Pingenzügen und zusammengebrochenen Stollen befinden sich zu Beni-Melout am Djebel Sidi Rgheis in Algerien. Vgl. Fournel, Richesses minérales de l'Algerie. Diese Gruben sind seit 200 unter Severus von gefangenen Christen in Betrieb genommen worden, wie aus den Notizen Tertullians und Cyprians erhellt. Tertullianus sagt (in seiner Apolog. adv. gent. XII): in metallo damnamur; inde censentur Dei vostri. Viktor Vitensis sagt A. 487 von den Christenverfolgungen durch die Arrianer: Disperguntur . . . in locis squalidis metallorum. Auch die bei Sigus, einer Stadt am Ampsagaflusse, gelegenen Kupfergruben wurden von Christen betrieben. A. 257 wurden auf Befehl der Prokonsuln Valerianus und Gallienus der Bischof Cyprianus von Karthago nebst neun anderen Bischöfen, Priestern, Diakonen und zahlreichen Laienchristen hierhin verurteilt, bei der Gewinnung der Erze tätig zu sein. In einem Dankschreiben an den die Mitgefangenen durch einen Brief und Geschenke tröstenden Cyprianus heißt es: Cypriano carissimo . . . Felix, Jader, Polianus una cum praesbyteris et omnibus nobis commemorantibus apud metallum Siguense aeternam in Domino salutem.

Auch in den großen Steinbrüchen Ägyptens waren Hunderte von Christen zwangsweise angelegt. Bei Alfonsus Ciacconius, Vitae et res gestae Pontificorum Romanorum, T. I, heißt es von dem Papst Clemens dem Ersten (gest. ums Jahr 100): Sanctissimus Clemens . . . in exilium ductus ultra Ponticum vel Euxinum mare versus Paludem Maeotidem prosse Civitatem Chersonesum in deserto loco ubi plus quam duo mille Christiani homines ad marmora secanda erant damnati ... Unter marmora ist auch Granit zu verstehen. Eusebius erzählt gleichfalls von den Steinbrüchen in der Thebais, daß hier eine unzählbare Menge von Christen gearbeitet habe (v. Rath, «Granit.« Berlin 1878, S. 46). Belzoni fand in den Brüchen zu Syene eine römische Inschrift, die nach Faustino Corsi, Delle pietre antiche, Roma 1845, S. 23, lautet: Jovi Optimo Maximo. Hammoni. Chnubidi. Junoni. Reginae. Quorum sub tutela hic mons est quod primiter sub imperio populi Romani felicissimo saeculo dominorum nostrorum invictorum imperatorum Severi et Antonini piissimorum Augustorum et Getae nobilissimi et Juliae Dominae Augustae matris castrorum Juxta Philas novae lapicedinae adinventae tractaeque sunt . . . Auch hier sind sicher gefangene Christen angelegt gewesen.

Zur Zeit des Commodus (180—193) mußten viele Christen in den Bergwerken Sardiniens arbeiten, wie aus den »Philosophomena« eines unbekannten zeitgenössischen Autors hervorgeht. Doch wurden sie auf Bitten von Commodus' Geliebten Marcia freigelassen, welche, zum Christentum geneigt, vom Bischof Victor ein Verzeichnis der Verurteilten ausgewirkt hatte und den Priester Hyacinth hinschickte, um ihnen die Begnadigung durch den Cäsar mitzuteilen (B. Aubé in Ac. d. Inscript., 8. Nov. 1878 — Journal des Debats, 11. Nov. 1878).

Alle in die Gruben verurteilten Verbrecher blieben andauernd unter Tage; ihr Entweichen zu verhüten, scheinen die weiten Räume bestimmt gewesen zu sein, die man gelegentlich in den Gruben gefunden, und in denen man die Sklaven eingesperrt hielt zu der Zeit, wenn sie nicht arbeiteten. Nicht unmöglich wäre es auch, daß der bei den Römergruben auffällige Mangel an Stollen als Maßregel zur Verhinderung des Entweichens der Verurteilten angesehen werden muß. Alle Sklaven wurden mit dem Brandmal versehen, zuerst auf der Stirn, wie Sueton berichtet (Caligula, c. 27), seit Konstantinus aber an Händen und Waden. Zur Bewachung dienten Truppendetachements, denen außerdem über Tage die Aufrechterhaltung der Ruhe und Ordnung unter den zumeist an abgelegenen Orten in großen Scharen zusammengehäuften Arbeitern oblag. Daß sich die Zahl der in einem Betriebe zusammenarbeitenden Menschen nicht selten auf Tausende belief, läßt sich außer aus den vielleicht als etwas übertrieben zu deutenden Notizen der Alten über spanische Gruben aus den Spuren an den mehrere Quadratkilometer großen Steinbrüchen Trajans in Ägypten sowie aus den Marmorbrüchen Numidiens ersehen.

Außerordentlich spärlich sind die Notizen über die Arbeiterverhältnisse bei den übrigen bergbautreibenden Völkern des Altertums.

Daß man bei den Assyrern und Babyloniern Sklaven die berg- und hüttenmännische Arbeit überließ, und daß man diese Arbeiter wohl nicht viel besser behandelte, als wir es von den Grubensklaven der Ägypter erfahren haben, können wir einerseits aus dem Charakter der Bergherren und der Art und Weise, wie sie mit den im Kriege überwundenen Volksstämmen umzugehen pflegten, schließen, andererseits aber auch unmittelbar aus der Tatsache, daß Nebukadnezar sich rühmt, »die Schmiede der Aramäer mit sich geführt zu haben«, um von ihrer Kunst zu profitieren.

In Israel bildeten die »Eisenschmiede«, charasch barzel, ein altes und angesehenes, von selbständigen Leuten betriebenes Gewerbe. Unter »Schmied« werden alle Metallarbeiter, wohl auch zum Schlusse die Bergleute, verstanden, ebenso wie der »Zimmermann« der Bibel sowohl der Holzhauer als der Bildschnitzer als auch der Architekt ist. Zur Herstellung der Stiftshütte braucht Moses einen Künstler aus dem Stamme Juda, einen hochangesehenen Mann, dessen Stammbaum in drei Generationen bekannt ist und »der geschickt ist durch den Geist des Herrn und weise, verständig und klug zu allerlei Werk, künstlich zu arbeiten am Gold, Silber und Erz, Edelsteine zu schneiden und einzusetzen usw.« Im Gebiete des Stammes Juda gab es ein »Tal der Zimmerleute« an der Straße von Jerusalem nach Jaffa zwischen Ludd und Ono, nahe der Grenze der Philister. Ein Hauptbetriebszweig der Schmiede und Zimmerleute von Ludd war die gemeinsame Herstellung metallblechbeschlagener Götzenbilder, deshalb heißt das von ihnen bewohnte Tal auch das Tal der Schmiede.

Es erhellt aus diesem wenigen, daß die Metallarbeiter in früher Zeit bereits einen angesehenen Gewerbestand ausmachten; neben ihnen werden besonders Salbenbereiter, Töpfer, Walker, Weber und Bäcker genannt, später noch die Barbiere. In den großen Städten pflegten sie in Straßen und Quartieren zusammenzuwohnen; so kennen wir in Jerusalem eine Bäckerstraße, ein Töpfertor.

Freie Leute waren die Bergarbeiter auch bei den Kelten, solange diese ihren Betrieb selbständig führten. Bereits bei Erwähnung des Hallstätter Salzberges hatten wir Gelegenheit, auf den Unterschied in den Gräbern und deren Beigaben hinzuweisen und auf die daraus zu ziehenden Schlußfolgerungen aufmerksam zu machen. Analog wie dort wird es auch an den anderen Zentren bergmännischen Betriebes gewesen sein, bis Roms Waffen die Bergleute zur Stellung der glebae et metallis adscripti herabdrückten.

Bei den Germanen haben die Bergwerksarbeiter niemals in dem Verhältnisse der strengen Leibeigenschaft oder gar der unwürdigen Sklaverei gestanden, wie wir es bei den Bergwerkssklaven der Alten kennen gelernt haben. Bei den Germanen herrschte jenes natürliche Verhältnis der Leibeigenschaft, wie es sich bei allen ackerbautreibenden Völkern herausgebildet hat und wie es auch in der älteren Zeit bei den Griechen und Römern bestand, bis durch die Phönizier der Mensch, zur Ware heruntergewürdigt, selbst in den menschlichsten Dingen die Gleichberechtigung und die Anerkennung seiner Menschenwürde verlor.

Bei der streng patriarchalischen Ordnung der Hausstände und Gemeinden bei den Germanen war die Stellung der »schalke« zum Herrn des Hofgutes kaum mehr abhängig und härter als die der jüngeren Familienmitglieder selbst. Als Ware wurde der schalk nie angesehen, wenn er auch seinem Herrn gegenüber recht- und schutzlos war. In dem Verhältnisse der Hörigkeit standen ursprünglich alle auf dem Grundbesitz eines anderen Ansässige, namentlich aber die bei Eroberung eines Landes Unterworfenen. Solange der Grundbesitz die einzige Form des Einkommens war, blieb dieses Verhältnis auch bestehen; als aber Städte entstanden und Handel und Gewerbe aufkamen, da hörte allmählich diese Art der Hörigkeit auf, und gerade aus diesen selbständig gewordenen Hörigen entstand der Kern des deutschen Bergmannsstandes. Von Anfang an stand der Bergbau betreibende Hörige in einem loseren Abhängigkeitsverhältnisse als die übrigen Hörigen, weil der Herr auf seine besondere technische, nicht eben von jedem zu erlernende Geschicklichkeit angewiesen war. Schon früh bildete sich eine Art von Korporationsgeist aus, bedingt sowohl durch den gemeinschaftlichen Beruf als durch die soziale Stellung als auch durch den Umstand, daß sie dem Sieger oft stammesfremd waren. Dieser Korporationsgeist zeigte sich äußerlich in der besonderen Kleidung, dann aber innerlich in einer Organisation der Arbeit und einer Art von Selbstverwaltung, die sich besonders im Mittelalter weiter ausbildete. Wegen der immer mehr zunehmenden Wichtigkeit des Bergbaus für Fürst und Volk und wegen der raschen Fortschritte der bergmännischen Technik konnte der Bergmannsstand schneller aus dem Stande der Hörigkeit loskommen und zu einem freien werden, der sich sogar manche Sonderrechte erwarb, von den Fürsten gepflegt und von den Bürgern geachtet wurde.

So wurde Deutschland zum zweiten Male das Vorbild für Europa und die zivilisierte Welt, wie es einmal schon durch die Verbreitung des Bergbaus dazu ward; im Gegensatze zu den Verhältnissen im übrigen Altertum sah man die Arbeit des Bergmannes nicht mehr als die schimpflichste an, sondern als die ehrenvollste, gerade wegen ihrer Gefahren und Mühen.

b) Betriebsleitung der Gruben.

Um einiges über die technische Betriebsleitung der Gruben zu erfahren, wenden wir uns zunächst wiederum ins Nilland.

Daß die Ägypter den Bergbau systematisch und auf Grund

ziemlich umfangreicher Kenntnisse in der Geologie ausübten, ist nach den uns überkommenen Andeutungen unzweifelhaft. Bei den Tempeln des »Welterbauers« Ptah bestanden Schulen, in denen die Kenntnisse in den Naturwissenschaften, namentlich Chemie, Metallurgie und Geologie in geheimnisvoller Lehre von den Priestern verbreitet wurden. Wie weit diese Bergschulen zurückreichen, ist unbestimmt, doch dürfte wohl die Entstehung der berühmtesten, der zu Memphis und der zu On (Heliopolis) befindlichen, nicht viel jüngeren Datums sein als die Eröffnung des Bergbaubetriebes am Sinai, die um 3760 v. Chr. stattfand. An diesen Schulen studierten auch manche Fremde; von den Griechen Herodot, Zosimus, Panoplitanus, Eusebius u. a. ist dies ausdrücklich bezeugt; von anderen, z. B. den Phöniziern, die in Memphis bekanntlich ein besonderes Stadtviertel innehatten, dürfen wir es voraussetzen, auch ohne daß ein schriftlicher Beweis dafür überliefert ist.

Aus diesen Priesterschulen gingen die technischen Leiter der Gruben hervor, die »Vögte«, Rois, von denen uns einige aus Denkmälern bekannt geworden sind. Unter Amenemhat I. wird ein »Vogt der Gruben« erwähnt, der beauftragt wird, goldhaltiges Gestein aus dem Mittaglande (Wadi Ollaqi in Nubien) mit einer Expedition zu holen (Brugsch, Gesch. Ägypt. unter den Pharaonen). Unter König Shepseskaf war ein Patah-Shepses, dessen Grab zu Saqqarah ist, Geheimschreiber, Oberpfleger des Heiligtums und Leiter der Grubenarbeit (a. a. O. S. 85). Unter Amenemhat II. legte der Minister Se-hathor einen Bergbau auf Gold in Nubien an. Schon unter Snofer I., dem »Herrn der Weisheit«, der um 3760 den Sinaibergbaubetrieb eröffnete, wird eines »Vogtes der Gruben« als eines technischen Beamten gedacht. Aber auch Steinbrüche standen unter ähnlicher Leitung; so erfahren wir z. B., daß unter Pepi die Steinbrüche von El-Kab durch einen »Vorsteher der öffentlichen Arbeiten des Königs« betrieben wurden.

Im laurischen Bergwesen lag die technische Leitung des Betriebes in der Hand von Aufsehern, die, zum Teil Sklaven, zum Teil auch Freigelassene oder Freie, wegen ihrer Sachkenntnis und Erfahrung nicht nur höher im Werte, sondern gelegentlich auch im Vertrauen ihrer Herren standen. So erwarb Nicias einen Grubenaufseher um den Preis eines Talentes, und Nicobulos setzte seinen Leibeigenen Antigenes auf einen wichtigen Vertrauensposten bei der Grube des Pantaenetos (Demosthenes' Rede gegen Pantaenetos, S. 22). Einzelne Grubenbesitzer mögen übrigens auch selber mit Hand angelegt haben; es erhellt dies aus der Demosthenischen Rede gegen Phaenippos, wo dessen Gegner ausdrücklich darauf hinweist, daß er, um es zu etwas zu bringen, mit seinem eigenen Leibe sich geplagt und in der Grube mitgearbeitet habe.

Im Verbande der römischen Grubenbehörden finden wir in ähnlicher Weise größere Scharen von Freigelassenen, denen die Vermittlung des Verkehrs mit den Arbeitern sowie den höheren Betriebsbeamten oblag. Es werden der Villicus und der ἐπιτηρήτης genannt, Kategorien, denen wir die Ausführung von Aufsicht und die untere technische Leitung wohl zusprechen dürfen. In den römischen Steinbrüchen finden wir als technisch geschulte Leute z. B. einen τεχνίτης, einen ’εργεπιστάτης oder Exactor, einen Probator, Leute, welche die Gewinnung und Bearbeitung der Steine überwachten und prüften. Daneben erscheinen auch Maschinenbauer (ἀρχίτεκτος, Machinator), von denen man mindestens Praxis voraussetzen muß.

Der Name, den die Werkmeister in den pannonischen Steinbrüchen führten, philosophi (Mathematiker) zeigt, daß sie Fachbildung besaßen, wenn sie auch meist Unfreie waren.

Daß man die meisten Techniker in den Steinbrüchen findet, indes solche in den Gruben seltener erwähnt werden, beweist, daß der Betrieb der Gruben kaum mit der Sorgfalt geführt wurde wie der der Brüche, die den kaiserlichen Baumeistern zu dienen hatten.

Auch die Bezeichnungen sind fremden Sprachen entnommen, ein Beweis für die bereits mehrfach beobachtete Behauptung, daß die Römer in bezug auf den technischen Betrieb abhängig waren von den Völkern, von denen sie die Gruben übernommen hatten.

Nicht selten finden wir auch Offiziere von Truppendetachements als Leiter von Ausgrabungen und zu Schürfarbeiten befehligt, selbst an Werken, denen eine obere Behörde in Gestalt eines Prokurators vorstand, und nicht etwa auf einem exponierten Posten, wo, wie in Britannien oder am mittleren Rheine, die Legionäre auf Gewinnung von Metallen angewiesen waren.

Die obere Leitung eines einzelnen Werkes oder mehrerer in einem Distrikte zusammenliegender Gruben lag in der Kaiserzeit gleichfalls in der Hand des Prokurators. Mitunter erscheinen sogar alle gleichartigen Minerallagerstätten einer Provinz einem Prokurator unterstellt. Dies hält Mommsen (s. Bericht der königl. sächs. Akad. d. Wissensch. 1852, 246) beispielsweise von den gallischen Eisenwerken für erwiesen; ferner kennen wir einen Junius, aurifodinis Dalmaticis praefectus; in Pannonien erscheint ein praepositus vectigalibus ferrariarum (cod. Inscr. lat. III, 3935). Der Prokurator amtierte im Namen des Kaisers und war, wie oben erwähnt, in erster Linie Finanzbeamter, erst in zweiter Hinsicht Bergbeamter, wenn man auch in der Besetzung des Prokuratorenamtes darauf Bedacht nahm, Leute anzustellen, deren Werdegang Garantien bot. So mag wohl Absicht darin gelegen haben, den Fruttedius Clemens, der vordem in Dalmatien und Istrien die

Prokuratorstelle besetzt hielt, auch in Galläzien und Austurien wieder darin einzusetzen; ferner wird ein Marcio, unter Marc Aurel Verwalter der Marmorbrüche, später Prokurator in Britannien, dann in Phrygien.

Einen Grundsatz kann man in dieser Praxis aber nicht finden.

In der Führung der Amtsgeschäfte der Grubenleitung unterstützte den Prokurator ein Bureau (ratio) von Rechnungsbeamten und Kanzlisten. Auf Inschriften werden ein γραμματεύς (Schreiber), ein Commentariensis oder Tabularius (Buchhalter) genannt, daneben Dispensatores (Kontrollore) Arcarii (Kassenbeamte). Auf kleineren Werken war der Stab der Beamten natürlich ein bedeutend geringerer; die angegebenen Notizen zeigen aber, wie der Verwaltungsapparat in Großbetrieben zusammengesetzt war. Zur Stellung eines Tabularius konnte auch ein qualifizierter Legionär kommen; so versah z. B. bei der Bergwerksdirektion zu Ampelum (Zalathna in Siebenbürgen) ein Legionär der in Karlsburg stehenden zwölften Legion gelegentlich dieses Amt.

Daß das Los der Bergbeamten in den weiter von Rom gelegenen Provinzen gelegentlich kein beneidenswertes war, erhellt aus der Tatsache, daß die Kaiser genötigt waren, denselben einzuschärfen, daß sie im Falle sie sich unter dem Vorwande feindlicher Einfälle vom Amtssitze entfernten, zurückkehren müßten und nicht früher zu einem höheren Amte berufen werden könnten, bevor sie nicht ihre Pflicht als Bergverwalter erfüllt hätten (C. r. l. XI., 6. 4): Cum procuratores metallorum intra Macedoniam, Daciam mediterraneam, Moesiam, seu Dardaniam soliti ex curialibus ordinari, per quos solennis profligatur exactio, simulato hostili metu, huic se necessitati subtraxerint, ad implendum munus retrahantur: nulli deinceps licentia laxetur prius indebitas explere dignitates, quam subeundam procurationem fideli sollertique devotione compleverint.

II. Quellen und Methoden bergbauarchäologischer Untersuchungen.

Soweit wir bis jetzt zu übersehen vermögen, leiten uns bergbaugeschichtliche Untersuchungen, d. h. Erörterungen über den Ursitz, den ursprünglichen Zustand und die allmähliche Verbreitung sowie die Entwicklung der nicht organischen Urproduktion sowohl nach technischer wie nach wirtschaftlicher Seite, bis in das fünfte vorchristliche Jahrtausend hinauf, in Zeiten, Gebiete und zu Volksgenossenschaften, welche für die geschriebene Geschichte so gut wie verschollen sind und im besten Falle von den Trägern »klassischer« Kultur als »barbarisch« bezeichnet werden.

Über den Bereich geschriebener Überlieferung hinaus hat uns die Archäologie, die »Wissenschaft des Spatens«, in ausgiebigster Weise mit einem Fundesreichtum aus Höhlen, Grubenwohnungen, Pfahlbauten, Abfallhaufen und Begräbnisstätten bekannt gemacht, aus dem sich Rückschlüsse auf eine sehr frühe und relativ hohe Kulturentwicklung ziehen lassen, eine Entwicklung, die auf eine umfassende Anwendung von Metallen gegründet war. Neben jenen Fundstätten birgt aber eine nicht geringe Zahl von alten Bergbauen und Metallgewinnungsstätten eine Fülle kulturhistorisch interessanten Stoffes, und während jene Stätten sich wenigstens einigermaßen sorgsamen und sachverständigen Schutzes erfreuen, erfahren diese Dokumente und ihre Fundorte nicht selten aus Nichtkenntnis ihrer Wichtigkeit recht wenig sachgemäße Beurteilung und unzutreffende Deutung. Es ist deshalb Zweck der folgenden Zeilen, die maßgebenden Gesichtspunkte zusammenzufassen, welche bei Auffindung und Untersuchung alter Bergbau- und Hüttenstätten zu einer angemessenen Deutung leiten sollen und können.

Bergbauarchäologische Erkenntnisquellen sind in erster Linie die Funde an den Stätten alten Betriebes; weniger, und nur für spezielle Datierung wichtig, die Zeugnisse zeitgenössischer Autoren.

Von den ihrer Natur nach allerältesten Betrieben, den Seifenbergbauen auf Gold, Magneteisen, Zinn und Edelsteine, konnte sich selbstverständlich eine Spur nicht durch Jahrtausende hindurch deutlich erhalten, und die hier gemachten Funde, höchste Seltenheiten, verdanken ihre Wiederbelebung lediglich rein zufälliger Beobachtung.

Ungleicher wichtig sind die Rudera des eigentlichen Grubenbetriebes, wie sie sich in Halden und Grubenbauen repräsentieren.

Die Halden, seien es solche von Erz, von Taubem oder von Schlacken, stellen gleichsam einen gedrängten Auszug aus den Werken der Alten dar; sie geben Kunde von der Beschaffenheit des Nebengesteins nach Lagerungsform, Zusammensetzung und Festigkeit, sie zeigen die Gang- und Erzarten der einst in Angriff genommenen Lagerstätten; je nach ihrer gegenseitigen Lagerung über Tage lassen sie Schlüsse auf die räumlichen Verhältnisse der Lagerstätten, ihre gegenseitigen Beziehungen und die Organisation des ehemaligen Betriebes zu; sie deuten die Ausdehnung der Baue nach Länge und Tiefe an, lassen den technischen Standpunkt der am Bergbau Ansässigen bei der Gewinnung, Förderung und Anreicherung der Erze erkennen und geben dabei einen Wink über das Maß der von den Alten geforderten Aufwendungen zur Überwindung der der Realisierung ihrer Zwecke entgegenstehenden Schwierigkeiten; endlich gestatten

Erzmassen in und auf den Halden eine Kombination über den Stand der Erzführung zur Zeit, als der Betrieb auflässig wurde, und damit einen Ausblick auf den Grund zur Betriebseinstellung, die danach als plötzlich und von außen kommend oder als eine auf innerer Notwendigkeit begründete erkannt werden kann.

Ein ehemals belangreicher Bergbau präsentiert sich nicht immer durch große Halden und Pingen, wie auch andererseits eine geringfügige Haldenansammlung nicht in allen Fällen a priori auf eine nur minderwertige Untersuchungsarbeit zu schließen berechtigt.

Lagen z. B. sehr reiche Erze vor, so hat man fast oder durchaus den ganzen Inhalt der Lagerstätte zugute gemacht, ohne wesentliche Halden davon abzulegen; waren andererseits arme Erze auszubeuten, so bildete unter Umständen die beibrechende Gangart die Hauptbelastung des Betriebes, und die ausgehauenen Grubenräume müssen dann im grellen Gegensatze zu den großen Haldenmassen stehen, wie z. B. am Mechernicher Bleiberge in seinen aus dem Altertum und Mittelalter stammenden Teilen zu sehen ist. Umgekehrt war der Bergbau von Spiritu Santo, dessen einst imposante Ausdehnung sich an dem Tagebau offenbart, so arm an Halden und die wenigen vorhandenen waren so klein, daß diese Reste mit dem noch offenen Baue in entschiedenem Widerspruche standen, einem Widerspruche, der sich nur durch die Annahme auflöst, daß das Vorkommen von Erz auf den abgebauten Lagerstätten entweder ungemein derb oder doch so edel war, daß es auch im weitläufig eingesprengten Zustande noch gut brauchbar war. Analog diesem Verhältnisse befand sich das Verhältnis zwischen dem ausgehauenen Hohlraume und den darin gelassenen Bergen und Sicherheitspfeilern, sodaß man allein aus diesen Umständen die abbauwürdigen Erzpartien auf 75 % der Gangflächen schätzen kann.

Funde von Münzen und Gerätschaften auf alten Halden lassen eine annähernde Bestimmung des Betriebszeitraums zu, doch sind Münzen bei der notorischen Armut der alten Bergleute, die nicht sonderlich oft Geld zu verlieren hatten, selten. Wertvoller sind in dieser Beziehung die etwa gefundenen Gerätschaften.

Aus der Form derselben kann man zwar kaum einen chronologischen Anhalt gewinnen, indem gerade sie durch Jahrhunderte hindurch in zähester Konstanz dieselbe geblieben ist — die heute im Mechernicher Bleibergbau gebräuchlichen langbehelmten, geschweiften Schlägel haben dieselbe Form wie die mittelalterlichen; die heute in Wieliczka gebrauchten Schrämhauen unterscheiden sich in nichts von den entsprechenden Gezähen aus der vorrömischen Zeit und römischen Epoche (s. a. oben bei dem Abschnitte: »Gewinnungsarbeiten« in betreff. der dazischen Gezähe) — um so instruktiver ist dagegen der Zustand der Erhaltung. Je älter das Instrument ist, um so mehr ist es verändert, u. U. vererzt, so daß sich nur die Umrisse noch erhielten, die Substanz indes durchaus umgewandelt wurde. Diese gänzliche Umwandlung der Substanz kommt namentlich häufig bei hölzernen Gezähen usw. vor.

Verwandt mit diesen Mitteln zur Zeitbestimmung sind die Umwandlungsprodukte von Haldenerzen und die Mineralneubildungen in verlassenen Grubenbauen, die um so älter sind, je weniger die Trockenheit der Baue und die schwierige Kristallisierbarkeit der betreffenden Mineralien eine Bildung von Metamorphosen und Rezidivbildungen begünstigte.

Endlich ist daran zu erinnern, daß in dem Baumwuchse auf alten Halden ein ziemlich scharfes Mittel gegeben ist, das Alter des einstigen Betriebes zu erkennen.

Bekannt ist, daß nichts sich so ablehnend gegen die Ansiedlung einer Vegetation verhält wie eine Halde, namentlich wenn diese aus einem schwer verwitternden Gestein besteht. Wo sich ein Gestein rasch mechanisch auflöst, wie in den Glimmerschiefer-, Tonschiefer- und Sandsteingebirgen, da bildet sich namentlich an Orten, welche die Feuchtigkeit länger zurückhalten, bald wieder eine, wenn auch sparsame, Vegetationsdecke; wo aber ein Gestein, wie Kalkstein, nur durch die Atmosphärilien chemisch zersetzt wird und seine Zerfallsprodukte sofort an diese abgibt gewinnt ein Pflanzenwuchs nur sehr langsam Boden.

Dazu kommt noch, daß alle Halden, vornehmlich aber Hüttenhalden, eine Anzahl von chemischen Bestandteilen im Überfluß enthalten, die dem Aufwuchs einer Vegetation direkt schädlich sind, namentlich Metallsalze. Es darf auch nicht übersehen werden, daß, ehe ein Baum auf einer Halde Fuß zu fassen vermag, der Boden aus einer sehr langen Bedeckung mit dem kümmerlichen Wuchse von Flechten und Moosen erst eine genügend dicke Schicht von Humus angenommen haben muß.

Endlich verdient auch die Tatsache Beachtung, daß mit dem ehemaligen Bergbau- und Schmelzbetriebe der Baumwuchs weit zurückgedrängt wurde; da nun sehr viele unserer Waldbäume, vor allem aber die Nadelhölzer, Geselligkeitspflanzen sind, die auf isolierten Punkten nicht gedeihen, vielmehr sich im Naturwalde nur durch allmähliches Herausrücken aus der Feuchtigkeit, Kühle, Beschattung und Samen spendenden Nachbarschaft des Urbestandes vermehren und ausbreiten, so mußte, ehe sich die Bedingungen wieder fanden, welche eine Halde zu einem geeigneten Baumwaldboden machten, der Baumwuchs wieder schubweise herangerückt sein.

Alle diese Umstände sind in Rechnung zu ziehen, wenn z. B. aus dem Funde einer Schlackenhalde unter einer mehrere Meter dicken Waldbodenschicht mit etwa 250jährigem Baumwuchs eine Altersbestimmung des dem Schlackenfunde zugrunde liegenden Betriebes vorgenommen werden soll. Wenn auch derartige Funde sich einer genauen Zeitbemessung unzugänglich verhalten, so verlegen sie doch das Alter der Halde um das Mehrfache über jene Zeit hinaus, welche die Altersanzeichen der heute dort bestehenden Vegetation darbieten. Als noch erheblich älter erweisen sich solche Halden, in deren Bestande man Reste eines von der heutigen Vegetation abweichenden Baumwuchses findet, weil eine solchergestalt angedeutete »Zwei-« oder gar »Dreifelderwirtschaft« der Natur nicht nur der zwei oder drei Wachstumsphasen bedarf, sondern auch jede Waldart sich überleben und absterben mußte, wonach erst der Boden für eine neue Vegetation empfänglich werden und diese keimen und heranwachsen konnte.

Im günstigsten Falle darf man den Zeitraum einer Zweifelderwirtschaft auf 300 Jahre, den einer dreifachen Erneuerung der Vegetation auf ein halbes Jahrtausend annehmen.

Die Ausbildung der einzelnen Betriebszweige kann man am ehesten aus den alten Bauen selbst herauslesen. Zwar sind diese selten in einem solchen Zustande erhalten, daß man sie ohne weiteres befahren kann; meist haben Gesteinsbewegungen und Verwitterung zum Verbruch beigetragen; gar oft hat man in späteren Zeiten den Betrieb von neuem, hie und da selbst mehrere Male, wieder aufgenommen, so daß die Spuren seiner ersten Phase verwischt sind.

Ohne zu sehr in Details einzudringen, sei hier nur auf folgendes aufmerksam gemacht:

Die Beurteilung der ehemals angewandten Gewinnungsarbeiten gründet sich auf Beobachtung der Gesteinsfestigkeit in Grube und Haldenmassen, auf die Korngröße und Gleichmäßigkeit oder Unregelmäßigkeit, auf die Auffindung oder das Fehlen von Bohrlochsläufen oder von verkohltem Holz vom Feuersetzen in Verbindung mit hohen, u. U. rauchgeschwärzten und in der Firste spitzbogig ausgefallenen Strecken. Eins dieser Merkmale wird sich stets zeigen, und dies ist für die Erforschung des ehemaligen Standes der Häuerarbeiten um so bedeutungsvoller, als gerade diese am letzten und spätesten sich zum Ersatz der menschlichen Hand durch maschinelle Vorrichtungen entschlossen haben, und weil selbst nur ein mäßiger, seit dem Ableben des betrachteten Betriebes gemachter Aufschwung ceteris paribus günstig für den Bergbau plädiert.

Um mit Sicherheit über die Nichtanwendung des Feuersetzens urteilen zu können, bedarf es entweder der Auffindung eines Gesteinsstückes mit einem Bohrlochslaufe oder der bestimmten Abwesenheit von Zeichen der Feuereinwirkung auf die gewonnenen und über die Halde gestürzten Berge und Erze sowie von verkohlten Holzstücken.

Dort aber, wo weder sichere Zeichen von Sprengarbeit mit Pulver noch von der Gesteinsgewinnung mit Feuersetzen zu entdecken sind, ist der Nichtgebrauch dieser Arbeiten nur aus der Größe der Haldengesteinsstücke zu erkennen. Diese bleibt bei der Handarbeit auf dem Gestein weit unter der bei Verwendung von Pulver oder Feuer entstehenden Korngröße, und die Gesteinsstücke sind auch viel gleichförmiger.

Im Vordergrunde der Rangordnung der Betriebszweige steht die Förderung, und zwar um so mehr, je weniger wertvoll die Einheit des zutage zu schaffenden Gutes ist, weil selbst eine sehr kleine Ersparnis an den Kosten der Einheit sich in günstiger Weise bei dem Gesamtergebnis multipliziert. Aus diesem Grunde kann aus der Beschaffenheit der Förderung ein Maßstab zur Beurteilung der einstigen Zustände eines Bergbaus abgenommen werden, und zwar ist der Ausgangspunkt zu dieser Betrachtung die Beschaffenheit der Zentralförderwege.

Je primitiver nämlich die Methode zur Ausbringung des Haufwerks in den die Transporte zusammenführenden Tagesausgängen gefunden wird, einen um so tieferen Stand muß dieselbe im Innern des Bergwerks gehabt haben.

Aus der Größe und inneren Beschaffenheit der Schächte ist unschwer der einzige Zustand der Förderung — Anwendung von Seil und Haspel oder Göpel[1]), andererseits lediglich Ausförderung auf den Schultern von Sklaven —, aus der Örtlichkeit eines Bergbaus und der Ausstattung mit natürlichen Kraftquellen oder dem Fehlen derselben die Art des motorischen Antriebes zu erkennen, womit zugleich eine annähernde Datierung ermöglicht ist.

Für die Beurteilung der Wasserhaltung ist das Studium von Stollenanlagen hinsichtlich ihrer Ausdehnung, Regelmäßigkeit und Sorgfältigkeit von höchster Bedeutung. Das Fehlen von Stollenbauten muß in allen den Fällen, wo das Gelände eine Anlage von solchen begünstigt hätte, den Schluß auf eine fehlende Belastung durch Wasser

[1]) Tiergöpel verraten sich immer an Rennbahnen, denen man unschwer ansehen kann, ob sie für 2 oder für 20 Pferde dienen mußten, wonach neben einem Dämmerschein über die Tiefe des Bergbaus auch ein solcher über die Art der Bewältigung derselben verbreitet wird.

rechtfertigen, während die Sorgfalt, Größe und Regelmäßigkeit der Anlage stets proportional dem Lastmomente zu finden sein wird.

Zu beachten ist dabei auch das Sohlsteigen, welches einen zeitbestimmenden Anhalt insofern abgibt, als das mehr und mehr zunehmende Bedürfnis nach einer vermehrten Wasserlosungsfähigkeit stetig zu einer Verringerung desselben zwang und z. B. in Deutschland seit der Mitte des 16. bis zum Ende des 18. Jahrhunderts eine Verminderung auf das Zehntel herbeiführte.

Während das Altertum unseres Wissens keinerlei Stollenvorrechte kannte, stellte ihnen das Mittelalter seit dem Erlaß der Bergordnung von Iglau besondere Privilegien aus, die zum Teil so ausgedehnt waren, daß der Stollenerbauer sogar gegen den Willen des Eigentümers einer Fundgrube durch dessen Feld gehen durfte. Im Jahre 1487 kam das Stollenneuntel auf, welches mit der Joachimsthaler Bergordnung von 1518 in Böhmen Eingang fand, von wo es seinen Weg in eine ganze Reihe von anderen Bergordnungen nahm. Um die Mitte des 17. Jahrhunderts verstieg man sich sogar zu dem Satze, daß ohne Stollen kein Bergwerk bestehen könne (Rößler, Bergbauspiegel, S. 26), und am 12. Juni 1749 widmete man ihnen im Erzgebirge sogar eine eigene Stollenordnung und den größten Teil der Zehntgebührnisse.

In genauem Einklang hiermit stehen die Steigerungen der an die Stollen gestellten Anforderungen hinsichtlich des Maßes der jährlichen Auffahrung, die in den Wenzelschen Konstitutionen von 1300 nur 1 Lachter betrug, 1534 in dem § 9 der Anmerkungen zum Bergwerksvergleich Maximilians aber auf das Dreifache festgesetzt wurde, ferner hinsichtlich der Erbteufe und der Verminderung des Sohlsteigens. Namentlich die Bestimmungen hinsichtlich der Erbteufe sind wesentlich einschneidender als irgendwelche andere; die Joachimsthaler Bergordnung von 1548 setzt in ihrem Art. 86 die Erbteufe auf $9^1/_2$ Lachter fest; Enterbung hatte nur bei 7 Lachter Mehrteufe statt, während dieselbe in der Bergordnung des Herzogs August zu Sachsen von 1573 und in der bayrischen Bergordnung von 1784 für sehr flache Gegenden auf die Hälfte herabgemindert wurde.

Das Sohlsteigen eines Stollens, noch um 1650 meistens zu 1 % festgesetzt, mußte sich bis um die Mitte des 18. Jahrhunderts in der Stollenordnung für das sächsische Erzgebirge auf $^1/_4$ % und in der bayrischen Bergordnung von 1784 auf 0,1 % vermindern, womit neben dem stetig zunehmenden Verlangen nach Mehrung der Wasserableitungshöhen über den Stollen zugleich mittelbar der primitive Zustand der damaligen Wasserhebeeinrichtungen dokumentiert ist, der es erklärlich macht, daß mancher sonst remunerative Bergbau nur an dem Lastmomente des übergroßen Wasserzudranges zugrunde gegangen ist.

Die kritische Betrachtung der Konfiguration, des Umfanges und des Erzinhaltes von Halden und Pingen läßt endlich eine Unterscheidung zwischen Hauptschächten und Hilfsbauen, dann aber eine Beurteilung der Entwicklung des Grubenbausystems zu, zumal man leicht angeben kann, welche Halden oder Pingen von Bauen herstammen, die neben der Lagerstätte abgesunken wurden, und welche Baue auf der Lagerstätte selbst standen.

Endlich geben die Aufbereitungs- und Hüttenhalden ein plastisches Bild von dem einstigen Stande der hierselbst angewandten Zweige der Technik, und zwar in der Qualität der in ihnen enthaltenen Erzansammlungen.

Offenbar wirkt ein Verlust an nutzbarer Lagerstättensubstanz um so nachhaltiger auf das wirtschaftliche Ergebnis eines Bergbaubetriebes ein, je mehr sich die Substanzmenge bereits der definitiven Zugutmachung genähert hat, da sich die Einbuße in jedem Falle zahlenmäßig aus dem inneren relativen Substanzwerte und dem Anteile an den auf diese verwendeten Ausgaben — Anlagekapital, Grubenbau-, Gewinnungs- und Förderkosten, Generalverwaltungsaufwand — zusammensetzt.

Überall, wo man Haldenerze findet, ist also die Zugutmachung der Lagerstätte in der Vorzeit um so primitiver betrieben worden, je mehr die örtlichen Verhältnisse eine Heranschaffung oder Akkumulierung von Waschwasser begünstigten, je haltiger die Erze sind und je kostspieliger — d. h. meist je tiefer — der einstige Betrieb war.

Klaubhalden, Pochhalden und Waschhalden charakterisieren sich aufs deutlichste durch Größe und Gestalt ihrer Bestandteile, indem den ersteren nur gröbere und scharfkantige, den letzteren indessen kleinere und abgerundete Stücke eigen sind.

Sichere Anzeichen von dem bei einem aufgegebenen Bergwerke seinerzeit üblichen Aufbereitungszustande fehlen in keinem Falle, und damit ist zugleich eine bestimmte Indikation zur Datierung des alten Betriebes gegeben.

Hinsichtlich der maßgebenden Gesichtspunkte, welche bei Auffindung und Untersuchung alter Bergbaubetriebsstätten Berücksichtigung verdienen, ist folgendes kurz zusammenzufassen.

Da die alten vom Tage aus horizontal eingetriebenen Baue nur sehr selten offen und fahrbar geblieben sind, vielmehr in den allermeisten Fällen vollständig verschüttet wurden, so verraten sie sich oft nur durch hervortretende Sickerwasser, die sich von anderen Wässern durch einen größeren Reichtum an metallischen Salzen auszeichnen. Namentlich Kupfer-, Eisen- und Salzlagerstätten sind solche Sickerwasser eigen, die ihrer Eigenschaften wegen als Indikatoren für alte Einbaue zu beachten sind. Der Augenschein lehrt, ob die Wasser ohne oder mit Druck austreten und geben danach Fingerzeige, ob man mit frei ausfließendem Wasser — und daher wasserleeren, bzw. nur mit Gesteinsschutt erfüllten Bauen — oder mit hoch akkumulierten Standwassern zu tun haben wird.

Ersterenfalls führt ein längs des Rinnsals ausgehobener Stolleneinschnitt ohne weiteres auf den verlassenen Einbau; im Falle des Vorhandenseins von Standwassern sind diese nach den üblichen bergmännischen Regeln zuerst abzuzapfen, ehe man an einen Einschlag in den Aufschlußbau zu gehen hat.

In einigen Fällen hat der Wiederaufschluß alter Stollen das Ergebnis gezeitigt, daß der »alte Mann« ein völliges Ersäufen der Grubenbaue und damit die Entstehung von unter Druck befindlichen Standwassern mit Absicht durch völligen Verschluß des Stollenmundloches bewirkte. Am Mitterberge bei Salzburg war ein keltischer Stollen am Mundloche gänzlich mit Holzbalken versperrt, deren Fugen mit Moos gedichtet waren und über denen sich noch eine Deckschicht von gestampftem Lehm befand. Überdies war an der Oberfläche Erde ausgebreitet, so daß sich nach Ansiedelung einer Rasendecke das Stollenmundloch gänzlich dem Auge entzog und in der langen Folge seine Existenz nur durch Austritt geringer Mengen unter Druck stehenden Wassers bekundete (Much, Mitterberg S. 7).

Zweck solcher Maßnahmen war jedenfalls die Verheimlichung der Grube zu einer Zeit, als die daran Ansässigen durch äußere Umstände, Einbruch fremder Völkerschaften oder sonstige kriegerische Ereignisse zur Flucht aus dem Besitze gezwungen waren.

Ihre Anwendung ist jedoch auf nur wenige Fälle beschränkt. Im übrigen treten wassergefüllte Baue nur in Gestalt von abflußlosen Gesenken oder Unterwerken auf und werden erst beim Aufwältigen alter oder Vortrieb neuer Baue im Innern des Grubengebäudes wahrgenommen. Ihre Nachbarschaft verrät sich durch Sprühwasser aus Fugen und weniger festen Stoßschichten, welches bei weiterem Vordringen an Menge zunimmt, statt, wie beim Anhauen von Tagewassern, nach und nach regelmäßiger zu werden oder abzunehmen.

Besondere Aufmerksamkeit verdient auch die Auffindung eines durchaus trockenen Horizontaleinbaus. Für seine Eigenschaft ist entweder die Natur des Gebirges bzw. des Gesteines verantwortlich zu machen, oder aber man hat tiefere Baue, eventuell mit besonderen Abflußausgängen zu erwarten, ein Umstand, der unzweideutig die Richtung für die weitere Arbeit der Wiederöffnung zu weisen vermag.

Beiläufig mag noch bemerkt werden, daß die aus stetig unter Wasser gewesenen Bauen hervorgezogenen Überreste, soweit sie aus

Bein oder Holz bestehen, in bedeutend besserer Erhaltung zum Vorschein kommen als Gegenstände aus trockenen Gruben, weil in jenen die mächtigen Erreger chemischer Zersetzungen, Wärme, Trockenheit und organisches Leben vollkommen fehlen.

Die Aufnahme der archäologischen Überreste des alten Aufschlusses geschieht in genauer Ortsbesichtigung, die sich bei ehemals wassererfüllten Bauen durch eine Wiederherstellung des ursprünglichen Zustandes der Gesteinsstöße durch Entfernung der Wasserabsätze sowie meistens eine Aufgrabung der Grubenbausohle ergänzt, da zurückgelassene oder vergessene Geräte usw. sich meistens auf dieser finden. Messung, Zeichnung bzw. photographische Aufnahme der befahrenen Baue ist unerläßlich, zumal solche alten Baue meist nicht um ihrer selbst willen besucht werden, vielmehr mit neuem Grubenbetriebe gar bald verändert, wenn nicht gar vernichtet werden.

Relativ viel einfacher gestaltet sich die Erforschung der obertägigen Bergbaubetriebsreste, unter denen vor allen anderen die Halden einen sehr bedeutsamen Platz einnehmen.

Die Größe der Halden ermittelt man durch mehrere sich kreuzende Schurfgräben, die bis auf den gewachsenen Boden vertieft werden. Aus Umfang und Kubikinhalt allein vermag man schon einen Schluß auf die Wichtigkeit der einstigen Anlage zu ziehen.

Die aus der Betrachtung der Aufbereitungshalden abzuleitenden Folgerungen wurden bereits zu Anfang dieses Abschnittes angeführt; es bleibt an dieser Stelle nur einiges über die Hüttenhalden zu sagen.

Da die Hüttenhalden lediglich aus dem wertlosen Abfall der Metallgewinnung bestehen, an dessen irgendwie ausgedehntem Transporte niemand ein Interesse hatte, so findet man sie auch heute noch am Orte ihrer Entstehung, höchstens um Wurfweite von den ehemaligen Schmelzstätten entfernt. Lagen diese auf oder an Bergen, so hat man sie in der Regel oberhalb der Schlackenansammlungen zu suchen. Da die Schlackenhalden im Laufe der langen Zeiten mit Erde überweht oder überspült wurden, so findet man sie oft metertief unter einer mit Rasen und Bäumen bewachsenen Oberfläche verschüttet, so daß sie nur bei tief einschneidenden Kulturarbeiten zum neuen Vorschein kommen.

Ausnahmsweise finden sich Schlacken auch in Bach- oder Flußbetten, sie sind dann aber stets durch Fluten aus höheren Gegenden verschwemmt worden.

Für die allgemeine Altersbestimmung ergeben sich die Schlacken auf Bergen und am Seegestade als die ältesten, indem die zu diesen gehörenden Schmelzen auf die Benutzung des natürlichen Windes angewiesen waren, der entweder stetig oder regelmäßig wiederkehrend zur Verfügung stehen mußte.

Der jüngeren Zeit, in der man bei Anwendung künstlichen Windes in der Wahl der Hüttensätze unabhängiger wurde, gehören die Schlacken in den Wäldern, also in der Nähe des Holzes und des Erzes, sowie in den mit aushaltenden Wasserkräften bedachten Tälern an.

Ganz streng ist jedoch diese Bestimmung nicht durchzuführen, weil sich die archäischen Hüttenformen zum Teil noch relativ lange neben anderenorts fortgeschritteneren Formen erhalten haben.

Das Prinzip der Behandlung der Erze in den Hütten ist immer das gleiche gewesen, indem das Erz in Kontakt mit dem Brennstoffe, während dieser verbrannte, reduziert wurde und das reduzierte Metall nebst den Schlacken schmolz. Nur insofern fand ein Unterschied statt, als in dem einen Falle Herde, im anderen Öfen angewandt wurden und man entweder mit oder ohne Gebläse arbeitete.

Auf Grund dieser Darlegung[1]) ist die Beurteilung einer alten Hüttenstätte relativ leicht.

Die wichtigste Vorarbeit hierzu ist die Bestimmung des Metalles aus den Schlacken, auf welches der alte Hüttenbetrieb gerichtet war. Da in sämtlichen alten Hüttenschlacken der Gehalt an Eisenoxydul vor allen anderen Basen vorherrscht, so sind sie schwer und schwarz und einander äußerlich sehr ähnlich. Zeigt indessen die Analyse außer Eisen ein anderes Metall, etwa Cu, Pb oder Sn, so kann man mit Sicherheit die Provenienz der Schlacke von der Erschmelzung dieses Metalles herleiten. Wenn die Schlacken jahrhundertelang in der Erde gelegen, so haben sie ihren ursprünglichen Glanz eingebüßt und sind meist so stark verwittert, daß man sie für Brauneisensteine halten sollte. Unverwandelte Kerne der Ursubstanz sowie Stückchen Holzkohle und Abdrücke von Gezähen beweisen ihren Charakter als Kunsterzeugnis; im übrigen weisen nur geringe äußere Anzeichen auf ihren Ursprung — weiße Verwitterungsbeschläge von Bleikarbonat bei Bleischlacken, von Kupferkarbonat bei Kupferschlacken, die man oft von Adern von Kupfersilikat durchzogen oder mit Kupfersteineinschlüssen versehen findet —. Hat man diesen Ursprung aber evident gemacht und aus der Lage der Halde die Entstehungszeit erkannt, so hat man die Schmelzapparate selbst aufzusuchen.

Diese findet man zumeist schon beim Aufdecken der Dammerde durch das Vorkommen rotgebrannter Erde — Ofenfutter —, Holz-

---

[1]) Vergl. die Abschnitte »Schmelzeinrichtungen« usw. bei III. Hüttenwesen.

kohlenstückchen, Metallbrocken usw. angedeutet. Ratsam ist es, die Ausgrabung dann möglichst flach vorzunehmen, damit die noch vorhandenen Ofenreste nicht zerstört werden. Die etwa vorhandenen größeren Steine sollen so lange unbewegt am Orte liegen bleiben, bis man ihre Lage zum eigentlichen Mittelpunkte, dem Herde, festgestellt hat. Meistens ist dieser mit Gesteins- und Schlackenresten ganz verfüllt, weshalb man bei seiner Ausräumung besondere Obacht walten zu lassen hat.

Leicht übersehen — namentlich von Nichtfachleuten — werden Formöffnungen und Stichlöcher bei Öfen sowie die Windkanäle bei Herden, auf deren Existenz hier nur hingewiesen werden soll.

Zeichnung oder Photographie ist unerläßlich, da sich solche Funde nach der Entdeckung nur selten lange erhalten lassen.

Zu beachten sind ferner Metallreste im Herde, die Auskleidung desselben, das Vorhandensein von Zuschlägen, Flußmitteln, die etwaige Gattierung, Düsenreste aus Ton, die Beschaffenheit des Brennmaterials und der Schlacken, aus welch letzterer — vollkommnere oder schlechtere Schmelzung — man nicht nur auf die Erfahrung der alten Hüttenleute, sondern auch, bei Beachtung der räumlichen Ausdehnung der Halden, auf die Existenz einer dauernden oder nur ambulanten Hütte — Erzeugung eines Nutzmetalles auf der freiwilligen oder gezwungenen Wanderung — schließen kann.

Die Reste der Brennmaterialerzeugungsstätte, des Meilers, finden sich in der Regel in der nächsten Umgebung der Hütte, weil man von hier aus nach der Erzeugung der Holzkohle keinen verlustreichen Transport mehr vor sich hatte.

Die Köhlerstätten zeigen sich leicht durch einen Lehmschlag im Boden sowie die Menge von Kohlenlösche und den in den Boden gedrungenen Gehalt an Teer an. Aus den Kohlenresten sowie aus Abdrücken auf gut geflossenen Schlacken kann man die Natur der angewandten Holzkohlen häufig noch sicher feststellen.

Die ursprüngliche Beschaffenheit der Hüttenerzeugnisse wird aus den nicht seltenen Funden von Eisenluppen und Eisenbarren, Bleibarren, Kupferscheiben, Zinnstangen klar, bedeutungsvoll sind endlich auch die nicht beabsichtigten Produkte in Gestalt der »Ofensäue«, die zumeist einer unrichtigen Beschickung oder einem verkehrt geführten Ofengange ihre Entstehung verdanken.

Fragt man endlich nach Anhaltspunkten, welche für die weitere Nachforschung nach alten Bergbau- und Hüttenstätten, über die die Geschichte schweigt, von Nutzen sein können, so kommen in erster

Linie Ortsnamen in der Zusammensetzung mit den Begriffen »Schmiede-, -Schmelz-, -Born, -Hammer, Eisen-, Blei-, Kupfer-, Zinn-« in Betracht, dann aber auch solche Lokalitäten, welche der Volksaberglaube mit dem Teufel, den »Heiden« oder den »Erdmännchen« in Beziehung gebracht hat. Die meisten dieser mit den letzterwähnten Bezeichnungen zusammengestellten Örtlichkeiten weisen auf einen recht alten Bergbau- und Schmelzbetrieb hin und sind geeignet, die Aufmerksamkeit zu erregen, selbst wenn in deren Umgebung heute weit und breit keine Spur von bergbaulichen Unternehmungen zu finden ist.

Schlußwort.

Im vorhergehenden zeichneten wir ein Bild von dem Zustande der antiken Bergbautechnik und ihren Trägern. Wenn auch die Schilderung wegen der stetigen Mehrung des Stoffes keinen Anspruch auf dauernde Vollständigkeit erheben kann, so gestattet sie doch zu erkennen, daß beim antiken Bergbau gar bald eine Grenze der Arbeitsmöglichkeit erreicht war und der Betrieb auf einer niedrigen Stufe monotoner Beschränkung stehen bleiben mußte. Nur weniger und nur in engen Grenzen kraftsparender mechanischer Vorrichtungen, dazu nur einer einzigen Art von Motoren zur Hervorbringung von Leistungen, dieser einen Art allerdings in einer fast beliebig großen Anzahl von Exemplaren konnten sich die Alten bedienen; es mußte daher die Bearbeitung des unendlich mannigfaltigen und ausdehnungsfähigen Bergbaugebietes mangels der Möglichkeit, sich zur Kunst zu entwickeln, rohes Handwerk bleiben, das in seinem inneren Werte noch tief herabgesetzt war durch den auf den Trägern des Berufes lastenden Fluch der Rechtlosigkeit, ja z. T. des Verbrechertums. Erst als die wirtschaftlichen und sozialen Verhältnisse der am Bergbau Ansässigen sich unter den Stürmen der Neugruppierung der Völker in Süd- und Mitteleuropa durchaus umgestaltet hatten und man im Bergmann den freien Mann und den Träger eines der vornehmsten Berufsarten zu sehen sich gewöhnte, vermochte sich der Bergbau zu der Kunst zu entwickeln, die er heute darstellt.

Diese Umwandlung der Anschauung vollzog sich am ehesten und am schärfsten auf deutschem Boden; daher ist Deutschland, an dessen Bergbau gerade die Geschichte der Technik im Mittelalter anknüpft, die Wiege der modernen Bergbaukunst geworden, und die alten Repräsentanten deutscher Bergtechnik sind die Lehrmeister nicht nur für Europa, sondern für die ganze von hier aus bergwirtschaftlich erschlossene Welt geworden.

Nachweis der benutzten Quellen

mit Ausnahme der aus Fachzeitschriften entnommenen, allein im Texte angegebenen Abhandlungen, Referate, Notizen usw.

I. Werke allgemeinen geschichtlichen und geographischen Inhalts.

Childrey, Histoire des singularités naturelles d'Angleterre; traduit par P. B. Paris 1667.
J. Pinkerton, Histoire of Scotland. London 1769.
Ritter, Vorhalle europäischer Völkergeschichte vor Herodot. Berlin 1820.
Mannert, Germania, Raetia, Noricum, Pannonia nach den Begriffen der Griechen und Römer. Leipzig 1820.
Ritter, Erdkunde. 19 Bände. Berlin 1822—1859.
Hoffmann, Die Iberer im Westen und im Osten. Leipzig 1838.
Fiedler, Reisen durch alle Teile von Griechenland. 1835.
Marcus, Histoire des Vandales. Paris 1838.
R. Lepsius, Die tyrrhenischen Pelasger in Etrurien. Leipzig 1842.
Russegger, Reisen in Europa, Asien und Afrika. 3 Bde. Stuttgart 1843—1847.
Craik, History of the British commerce. 2 Vols. London 1844.
Movers, Das phönizische Altertum. 3 Teile. Berlin 1849.
Mommsen, Das römische Münzwesen. Berlin 1850.
Wright, The Celt, the Roman and the Saxon. London 1852.
Dennis, Städte und Begräbnisplätze Etruriens. Deutsch von Meißner. Leipzig 1852.
E. v. Lasaulx, Untergang des Hellenismus. Münster 1854.
Conze, Reisen auf den Inseln des thrazischen Meeres. Hannover 1860.
— Reise auf Lesbos. Hannover 1865.
v. Peucker. Das deutsche Kriegswesen der Urzeiten. 3 Teile. Berlin 1860.
Schwarz, Ursprung der Mythologie. Berlin 1860.
Contzen, Die Wanderungen der Kelten. Leipzig 1861.
Frc. Lenormant, Die Anfänge der Kultur. 2 Bde. Jena 1875.
Arnold, Deutsche Urzeit. Gotha 1879.

II. Selbständige Werke bergbaugeschichtlichen Inhalts.

Caryophilus, De antiquis auri, argenti, stanni, aeris, ferri plumbique fodinis. Viennae, Pragae et Tergesti 1757.
Gobet, Les anciens minéralogistes de France. 2 tomes. Paris 1779.
Griselini, Politische und natürliche Geschichte des Temesvarer Banats. Wien 1780.
Beckmann, Geschichte der Erfindungen. 5 Bde. Göttingen 1782—1805.
Reitemeyer, Geschichte des Bergbaus und Hüttenwesens bei den alten Völkern. Göttingen 1785.
Ch. de Florencourt, Über die Bergwerke der Alten. Göttingen 1785.
Fortis, Mineralogische Reisen durch Calabrien und Apulien. Weimar 1788.
Fournel, Richesse minérale de l'Algérie. Paris 1849.
Ehrlich, Über die nördlichen Alpen. Linz 1850.
M. Koch, Die Alpen-Etrusker. Leipzig 1853.
Jahn, Die keltischen Altertümer der Schweiz. Bern 1860.
Lenz, Mineralogie der Griechen und Römer. Gotha 1861.
E. v. Sacken, Das Grabfeld von Hallstatt in Oberösterreich. Wien 1868.

Münichsdorfer, Geschichte des Hüttenberger Erzberges. Klagenfurt 1870.
Holm, Geschichte Siziliens. 2 Bde. Leipzig 1870.
Kordellas, Le Laurium. Marseille 1871.
G. Jervis, J. tesori sotteranei dell' Italia. Torino 1873—1881. 3 Teile.
Copeland Borlace, Historical sketch of the tin trade in Cornwall. Plymouth 1874.
Fischer, Nephrit und Jadeit, mineralogische Eigenschaften, urgeschichtliche und ethnographische Bedeutung. Stuttgart 1875.
Gooß, Die römische Bergstadt Apulum in Dazien. Programm des Schäßberger Gymnasiums 1877/78.
Fouquet, Santorin et ses éruptions. Paris 1879.
Stampfer, Vorgeschichte von Meran. Meran 1884.
Beck, Geschichte des Eisens. I. Band. Braunschweig 1891.
Pogatschnigg, Alter Bergbau in Bosnien. Wien 1894.
Binder, Laurium; die attischen Bergwerke im Altertum. Laibach 1895.
Ardaillon, Les mines du Laurion dans l'antiquité. Paris 1897.

Autorenregister.

Ortsregister.

Namen- und Sachregister.

Druckfehlerberichtigung.

Seite 5 Zeile 17 von unten »norisch« statt nordisch.
Seite 59 Zeile 1 von oben »Erhärtung« statt Erhartung.